U0054881

兩岸和平發展與互信機制之研析

The Study on the Development of Cross-strait Peace and the Regime of Cross-strait Confidence Building Measures

劉慶祥・主編

作者群：李承禹、段復初、夏國華
曾復生、張延廷、趙哲一、劉慶祥
（依姓氏筆劃順序排列）

目次

第一章　導論

（劉慶祥　博士）

本專書以「建構台海穩定發展，維護國家安全立場」為核心思維，屬純學術研究心得，不代表國防部及各個作者服務單位之立場。專書分別針對「我國國家安全目標與國家安全戰略之芻議」、「兩岸關係的發展與困境」、「兩岸和平發展的雙贏戰略：「接觸」與「嚇阻」之研析」、「二〇一五年我國防政策的 SWOT 分析」、「我國執行信心建立措施的現況與展望－以兩岸建立「信心建立措施」為例」、「兩岸軍事互信機制之建構－軍事互動的可能模式」、「美「中」台建構互信機制的關鍵要素」等七個面向，針對當前及未來的國內外情勢，提供當局建構一個新而有效戰略參考。

第二章「我國國家安全目標與國家安全戰略之芻議」，由張延廷博士撰寫。

眾所皆知，「國家安全」（National Security）一詞，第一次出現於 1945 年 8 月美國海軍部長 James Forrestal 出席參議院聽證會時所使用，其傳統意義多偏向軍事安全，1970、80 年代以來，隨著「綜合安全」的概念逐漸受到重視，「國家安全」的內涵朝向更為全面方向發展。至於戰略一詞其傳統看法亦屬「軍事領域」的問題。一直到 19 世紀末和 20 世紀初，隨著社會生產力的發展，戰爭問題複雜化，促使人們重新思考戰略問題。美國所提出之國家戰略就涵蓋了除軍事以外足以影響國家發展的所有因素。一般說來，國家安全目標的制定是以所處的安全環境為依據，並以此作為規劃國家戰略的參考。在我國國家安全目標的制定上，由於兩岸關係的特殊性，主要是建立在對兩岸關係的政治安全定位上。當前國內大致有兩種看法，一種以民進黨為代表，民進黨認為，兩岸政治定位必須採取對抗的作為，主張強化主權，希望藉由在政治對抗達到台灣獨立的目的，民進黨認為，如此才能確保國家安全目標的達成。而國民黨對兩岸的政治定位則持合作的看法，因此主張暫時擱置政治爭議，強化雙方合作交流，另一種看法則以國民黨為代表，國民黨認為，兩岸關係應建立在合作的前提上，尤其在中國經濟快速發展的同時，雙方唯有合作，才能促進國家發展，因此在兩岸政治定位上主張暫時擱置的看法。由於雙方所主張的兩岸政治定位差異極大，新政府上台後，一改民進黨政府時期對兩岸政治的看法，在台灣發展不能將中國排除在外的假設下，主張應正視中國崛起的事實，中國的崛起不但非台灣的威脅，如能妥善利用反而是台灣的機會。與其政府設下種種限制，阻止台商赴大陸投資，不如將其納入正式管道，由政府出面與對岸進行正式的會談，將兩岸經濟發展正式化，除了減少因法規限制所增加的成本外，政府也能有效管理及確保台商在中國投資的權益，以此達到提升國家經濟安全的目的，同樣的思維也適用於軍事安全與心理安全目標的達成。

我國的國家戰略共分政治、經濟、軍事及心理四大戰略，當前我國的政治戰略是以「擱置爭議」為核心，如新政府就任前對兩岸發展即提出「正視現實，開創未來，擱置爭議，追求雙贏」十六個字。以此思維，推動「外交休兵」、「活絡外交」，以此發展國際多邊關係，並彈性參與更多國際組織與活動，爭取更寬廣的國際空間。在經濟戰略方面，則提出「壯大台灣、結合亞太、布局全球」的主張，此戰略的規劃建立在台灣最大的市場、生產基地、投資對象都在中國大陸，影響台灣參與東亞區域整合的關鍵也是中國大陸，唯一能破解僵局、進一步推動台灣經濟的方法，就是在與中國經濟合作的前提下佈局全球。以此打造台灣成亞太經貿樞紐、外商亞太營運中心、台商全球營運總部。在軍事戰略方面，配合政治與經濟戰略的合作氣氛，新政府一改民進黨時期較側重「有效嚇阻」的作法，轉而以「防衛固守」為其軍事戰略的核心，據 97 年 9 月 8 日《聯合報》的報導，國安會正秘密研擬國家戰略，已沿用多年之「有效嚇阻、防衛固守」戰略構想將面臨大幅修正。另外，97 年 10 月 22 日，《中國時報》也有類似的報導，據報導指出，馬總統強調以「防衛固守、有效嚇阻」作為國防策略，不再沿用陳水扁政府的攻勢國防。在心理戰略方面，近年來，受到民主化與本土化的影響，國內國家認同極為分歧，往往給予中國在統戰上的運用空間。因此凝聚國家共識，推行全民國防，應是當前我國心理戰略的主要核心工作。根據 97 年《國防報告書》則認為，全民國防是以軍民一體、文武合一的形式，不分前後方、平時戰時，將有形武力、民間可用資源與精神意志合而為一的總體國防力量。也就是以國防武力為中心，以全民防衛為實體，以國防建設為基礎的全民國防，以強化全體國民之國家安全的認知及抗敵意志。

相較於民進黨政府，馬政府對國家安全環境的看法差距極大，也因此影響到對國家安全目標的設定，進而影響國家戰略的建構。就本文從政治、經濟、軍事及心理面的分析，馬政府國家安全目標的設定以政治面為核心，藉由淡化兩岸政治議題為出發，在「擱置主權爭議」的前提下，設定經濟、軍事及心理安全目標，進而建構由政治、經濟、軍事及心理所組成之國家戰略。值得注意的事，在弱化政治爭議的同時，雖然有助於兩岸其他方面，尤其是經濟面向的規劃及發展，然而面對中國的政治野心，國家整體安全亦面臨強大的挑戰，因此在事務性方面的設計應更為謹慎，才不至於落入中國政治統戰的陷阱中，如此才能獲得兩岸「政治擱置」所帶來的戰略效果。

第三章「兩岸關係的發展與困境」，由李承禹博士撰寫。

兩岸關係錯綜複雜，是歷史的延續，亦受區域及國際間的權力糾葛所籠罩。在分析途徑上，兩岸關係存在本體（ontology）與認識論（epistemology）的矛盾，然詮釋及分析方法（methodology）上更分別依附於內外環境中的理想主義（idealism）與現實主義（realism）意識型態而激辯。此多面向且詭譎多變的台海情勢，支撐著兩岸主動或被動的持續向前。

國內研究兩岸關係學者普遍具有某種共識，即影響兩岸關係發展的主要變項是台灣內部的政治氛圍，此一氛圍經常性地受到政黨利益、選舉、統獨光譜、政治意識型態等複雜因素操控，甚難理性以對。如再加入中共的制式反應，兩岸關係就變為更加難測與棘手。筆者從工作與研究經驗上可部分印證此觀點的合適性，特別在台灣民主化過程中，國內多元意見及族群融合程度往往會影響兩岸關係的樣貌。

因此，對我國而言，兩岸關係發展不僅有如一條歷史長廊，一幅幅懸掛其間的記憶圖像，訴說著過往六〇年台海兩岸的風起雲湧；兩岸關係更似一叢繽紛的闊葉喬林，隨四季轉動而發枝與落葉，並與時張弛。1949 年人馬雜沓的兩岸衝突紛亂延續至今，參與者多已枯朽凋零，但後人仍背負著前人意念，為各樣象徵性政治符號繼續持守著。而此種持守卻也成為圖像之一，高掛於長廊先頭。下一幅圖像為何？實難以預料，而此為兩岸弔詭之處。

本文乃以台灣為主體，透過兩岸關係的歷史性剖析，從中發掘貫穿兩岸的種種爭辯，企圖從爭論的枝節中梳理出可理解的癥結與系絡。文章中可以瞭解到，爭辯的場域包含強權利益的傾軋、國家意識型態的對抗、國內黨派政治的角力，以及深藏在民間的族群烙印，與同樣兼具外來和本土雙重身份的自我意識。早先來台者以本土優位自居，並極力主導此意識的擴張，但面對更早先的原住民時，卻又支吾其詞，無言以對；政客挾藉意識型態而掀起的族群對立在今日看來，令人不勝欷噓。然而，台灣政治結構主導政治資源分配，在政權更迭當中人民常居於弱勢。民主制度在國內來不及紮根就必須面對一次次重大的政治波瀾。兩岸關係也在此種變化莫測中，隨波濤前行。

現今的兩岸關係又進入另一個重要轉折點。中共改革開放三十年使其國力大幅提昇，經濟快速成長已成為最具影響力的新經濟體（OECD 預估 2015 年中共將超越美國成為世界第一大經濟體）。我國與大陸的關係值此重要轉變之際，台灣實無法以對抗姿態，自絕於全球化趨勢之外。縱使歷史上的兩岸關係長期處於對峙與互不信任，但此刻的兩岸關係卻是我國必須正視及借力使力的新領域。只要對台灣長遠發展有利，有助於人民生計及生活改善，政府都當營造出符合現實環境需求的兩岸關係願景。

又因中共政權本質及行為模式與民主國家差異極大，故此論述亦須理想及實際兼顧。檢視大陸改革開放歷程，中共往往以國家意識為先，穩定共黨政權的黨政一體模式為次。而對人民福祉及相關權益的重視，顯而易見的位居於後。此邏輯下，中共發展國家經濟的同時必須更嚴厲地抓緊社會控制；失衡的富裕過程，將迫使中共強化控制手段以防堵社會矛盾與衝突。地方治理上，中共中央企圖與地方切割，塑造出地方官吏腐敗無關中央，而共黨中央是協助人民解決地方腐敗的僅有依靠。中央階層，中共政治血脈及派閥鬥爭持續進行；2012 年「十八大」中共第五代接班梯隊將形成，胡溫領導是否能平穩交出棒給目前逐漸明朗的習近平及李克強，仍有待觀察。綜言之，大陸日益嚴重的官員腐敗、城鄉發展失衡、超大工安事故（礦災為最）頻傳、高官整肅運動（問責制）、全球經濟風暴損害、西藏新疆分離意識上升、及共黨內部派系權力爭奪及佈局等，皆為影響大陸穩定的重要變數。

在與中共進行兩岸協商談判時，上述變數均對兩岸理性對話造成影響。此也使質疑政府開放大陸政策者，更有憂慮的理由。質言之，質疑者的立場可以諒解，畢竟兩岸政體本質的差異為關鍵所在。相對於中共的國家意識優先，我政府無時不受到在野陣營、輿論媒體及民意所監督，必須適當對社會觀感做出回應。此民主國家的常態在面對中共威權體制時，即成為不對稱狀態。在中央主導下，中共可靈活地運用權謀與台灣進行協商，但我們則須將所有協商議題及過程攤在陽光下供社會大眾檢視。因此，大陸方面可清楚掌握台灣的需求及籌碼，而我們卻不易瞭解對方相對訊息。所以，當兩岸重啟協商談判及交流時，我方難免多所顧忌。

基此，本文一方面藉由歷史的發展與變遷，描繪兩岸關係的脆弱性及變動性；另一方面刻意拋開主觀立場，而儘量客觀陳述每一階段兩岸關係的景況，說明實非單一因素也非台灣能全權掌握。2008 年新政府帶來兩岸關係新氣象，筆者期待數年後懸掛於兩岸歷史長廊的圖像，將計數著此階段為台灣所做出的貢獻，並為中華民國永續發展奠立堅實基礎。

第四章「兩岸和平發展的雙贏戰略：「接觸」與「嚇阻」之研析」，由夏國華博士撰寫。

多年來，無論政治風雲如何變幻，兩岸同胞「求和平、求穩定、求發展」的強烈願望，始終是推動兩岸關係在曲折中不斷向前發展的重要動力。2008 年 5 月 20 日國民黨重新贏回執政權之後，確實為兩岸和平共處提供了過去八年難見的主客觀機遇。馬總統在就職演說中強調，追求兩岸和平與維持區域穩定，是我們不變的目標，台灣一定要成為和平的締造者。換言之，對兩岸、東亞和世界最好的方式是維持「中華民國現狀」「不統，不獨，不武」。現階段我們有防衛台灣安全的決心，我們致力於堅實國防，並非與中共從事軍備競賽，而是為了「預防戰爭」，進而使對岸的中共願意放下敵意撤除對台飛彈，展現其促進台海共榮共利的誠意與我政府展開協商，展開軍事交流，協商兩岸建立「軍事互信機制」，協商兩岸「和平協定」，讓台海成為和平、穩定的區域。

21 世紀初，亞洲地區和全球形勢正在發生深刻變化。一項是「全球化」現象不斷加深，另一個是中國大陸政經力量的崛起和持續擴大。「全球化」發展使得國與國之間相互依賴的程度日益增加，各國體認到戰爭一旦發生，不僅涉入戰爭的各方受波及，周邊國家、相關區域乃至全球都會受到影響，使得各國在使用武力前會更加仔細評估其成本效益。因此，「避免引發衝突」已成為危機處理中最被重視的政策選項，而國際間也更確認「和平」與「發展」具有密切的關聯性。這也是國際社會普遍期盼兩岸關係穩定發展的主要原因。

全球化時代，各國致力建構「全球和平」框架之際，政府將兩岸關係發展融入國際社會主要潮流，確有其前瞻性的安全戰略思維。由於兩岸隔絕已久，1990 年代初雖然浮現短暫的和解曙光，但卻在政治及意識形態干預下，未能將這道曙光擴展為兩岸的光明遠景，反而因 1995 至 96 年的台海危機，使兩岸瀕於戰爭邊緣，雙方自此又陷入零和對抗的思維。由於政府推動兩岸和解共榮政策，避免「零和競爭」，使僵持多年的兩岸關係近期逐步呈現緩和氣氛。馬英九總統日前接受墨西哥「太陽報」專訪時，針對兩岸目前狀況表示，兩岸關係不是「兩個中國」的國與國關係，而是一種「特別的關係」，兩岸主權爭議目前無法解決，但可用「九二共識」暫時處理；兩岸如果要簽署和平協議，大陸應該要先處理對台部署的飛彈；也就是台灣必須在沒有戰爭陰影的威嚇之下，才能與中共簽署和平協議，這樣我國的主權與安全也才得以保障。台灣必須建立足恃防衛力量，才能嚇阻中共採取任何軍事行動。

從兩岸關係、主權維護與合理軍購三位一體的思考來看，兩岸關係的複雜性絕非我國一廂情願就可以達成和平的目的，兩岸雙方的發展是一個動態平衡的關係，我們不能完全依靠中共或美國的承諾來實現和平，必須有足夠的防衛能力，方為促成兩岸和平的實現。從「預防戰爭」的角度，國軍持續藉籌獲先進武器，不僅是提升整體戰力的必要之舉，亦能藉此形成有效嚇阻的堅實力量，使敵人因「慎戰」，不敢貿然輕啟戰端。吾人認為，相關軍購的獲得也能充分展現國軍自我防衛決心，有助穩定台海情勢與兩岸關係正面發展。要做到預防戰爭必須做到以下事項：一、建立可恃嚇阻武力有效預防戰爭，二、戮力戰訓堅實國防兩岸談判後盾，三、敵情威脅猶存持續備戰才能止戰。

維持兩岸的和平與發展不僅是兩岸人民所共同企盼，也是兩岸政府與人民亟需努力的當務之急。現階段的兩岸最大「共識」是「維持現狀」，不論個人所認知的「維持現狀」為何，都代表了希望兩岸政治格局暫時勿需變化的心願，在此心願下雙方的認同的新價值是「和平、發展、雙贏」。近年來，「軍事互信機制」在兩岸政策的討論中被越來越多地提及。在 2005 年中共和國民黨以及親民黨達成的新聞公報中，均提到了建立「兩岸軍事互信機制」、避免兩岸軍事衝突和維護臺海和平穩定等問題。隨著和平發展逐漸成為兩岸關係發展的主題，使得建立「兩岸軍事互信機制」成為可能。當前兩岸關係穩定發展，彼此敵意亦逐漸化解，建立互信是目前擺在兩岸關係發展中的最重要問題，有了互信，兩岸之間才能化解疑慮，消除誤解，朝著追求雙贏，和平穩定的方向發展。建立互信包括雙方建立政治互信、軍事互信，政治領袖的個人品德互信等等。兩岸政府都知道，以過去這麼多年錯綜複雜的兩岸分歧而言，兩岸關係的改善必須循序漸進，由簡入繁，先經濟後政治，不能一下就卡死在政治分歧的糾結中。可以預期，兩岸未來在直航、觀光、經貿等議題上，必定會達成更多的協議，兩岸交流必然更加頻繁密切。透過頻繁的交流，密切的往來，兩岸或許終於會慢慢培養出「兩岸一日生活圈」、「命運共同體」、「兩岸共同家園」的感覺。兩岸當前應儘量把握時機，致力於建構一個穩定和諧的環境，利於兩岸關係的和平發展，為未來解決政治分歧，建立互信，奠下基礎。

第五章「二〇一五年我國防政策的 SWOT 分析」，由劉慶祥博士撰寫。

由於中共預計在二〇一〇年達到大規模作戰能力準備，二〇一五年之前達成決戰、決勝能力之準備。此外，前國防部長陳肇敏先生在民國九十七年十二月十八日於立法院外交及國防委員會，針對「全募兵制」執行期程表示，全募兵制將從一〇四年一月一日開始實施。因此，對我國而言，二〇一五年我國國防政策的 SWOT 研析，實有必要。

面對創造兩岸雙贏情勢的需要性，總統馬英九先生呼籲國防部要針對當前及未來的國內外情勢研擬一個新而有效的戰略。虛擬二〇一五年最理想的國防情境，國軍應建構成為「固若磐石」的戰力，同時要具備戰爭與非戰爭（救災）軍事能力。尤其在二〇一五年之前，國軍在兩岸和平發展過程中，首要功能就是使國家的外在生存威脅變更小，其次的功能就是使國家的外在生存機會變得更大，第三個功能就是環繞國軍的優質軍力為政府推動兩岸和解的主要後盾，第四個功能就是化解內在弱點成為強點俾有利兩岸進行談判。

檢視「九一一事件」之後，「植基於能力」模式成為美國主宰防衛計畫思維，也就是美國必須體認本身需要何種能力，以嚇阻並擊潰敵人。前瞻二〇一五年，國軍也必須體認本身需要何種能力，以嚇阻敵人，而這樣的體認吾人企圖從工商界常用的 SWOT 分析中獲得。

經由 SWOT 分析模式的邏輯，檢視「透過嚇阻力量使外在環境威脅極小化」、「創造合作機會使外在生存環境極大化」、「環繞國軍建構我優勢的總體防衛軍力」、「以風險管理機制化解內在環境的弱點」等面向，吾人有以下四項研究發現、五項國防政策相關擬案。

一、面對當前兩岸和平發展的氛圍下，為達「保衛國家安全，維護世界和平為目的」的目標，使中共的威脅極小化，唯有「透過軍購反制中共有形戰力威脅」、「透過全民國防教育建構國人心防」、「透過年度例行演習累積勝敵能量」等嚇阻力量方能有效因應。

二、在全球化時代，各國相互依賴程度加深。尤其伴隨傳統與非傳統安全威脅的增加，要創造外在生存環境極大化的基本想法，就是藉由合作的手段；換言之，就是透過議題的合作，使友我的盟邦支持我國的程度最大化，而使敵對的狀況極小化。

三、我國防武力有常備部隊、後備軍人和「全民防衛動員」三大體系，唯有環繞國軍建構我優勢的總體防衛軍力，方能防止中共武力犯台，維護台海地區安定，確保國家安全。因此，需要「國軍為兩岸和平發展的核心支撐」、「後備戰力是支撐國軍的戰力源泉」、「融民力於戰力支援軍事任務達成」等配套。

四、基於達成保衛國家安全的目的，國軍有必要針對中共之威脅辨識，並從「國防武器自主研發」、「廣儲兩岸談判人才」、「整合軍民智庫」等方向減輕與防範，且持續監督和回饋。

因應二〇一五年未來戰略環境的改變，以下個人提出因應未來挑戰的五項政策建議：

一、「二〇一五年國軍新而有效的戰略」擬案：（一）就戰略目標而言：前瞻二〇一五年，國軍在兩岸和平發展過程中，應扮演積極的角色；換言之，國軍應建構成為「固若磐石」的戰力，則兩岸談判越會有對等雙贏的成果。（二）就戰略環境而言：就是要創造和平的內外部環境，要營造我外在環境的生存威脅極小化、機會極大化，更要累積內在國防力量極大化、進而使國軍成為兩岸談判有利支撐。（三）就戰略手段而言：長期、全面、且整體有效的戰力經營手段，對中共應採取協商交流的手段、對國際應採取合作接觸的手段、對國內則應採取整合軍民力量的手段。（四）就戰略資源而言：從操之在我的角度檢視，無形戰略資源為團結的全民抗敵意志；有形的戰略資源則為在有限的國防預算下，透過高素質的國防人力，讓武器發揮最高效能。

二、「國防部一〇〇至一〇四年間國防政策基本目標」擬案：為「早期預警，消弭敵意」、「平戰一體，優質防衛」、「有效嚇阻，制變雙贏」。而「早期預警，消弭敵意」國防政策基本目標內涵：就是要避免衝突、預防戰爭的發生，必須先做好一些防範工作，採取的是「接觸」與「預警」二種手段同時進行、相輔相成。「平戰一體，優質防衛」國防政策基本目標內涵：就是營造國軍為兩岸和平發展之關鍵支撐，面對中共一直增強的武力威脅與挑戰，為了防衛我們國家的領土安全，國軍的「整備」與「部署」非常重要。「有效嚇阻，制變雙贏」國防政策基本目標內涵：就是面對國家安全受到傳統與非傳統安全的挑戰，以及世界各地愈來愈嚴重的恐怖威脅，「嚇阻」與「制變」是強化安全、有效防制與快速因應的重要方法。

三、「國防部一○○至一○四年間國防施政重點」擬案：除「精銳新國軍」、「推動全募兵」、「重塑精神戰力」、「完備軍備機制」、「重建台美互信，鞏固雙邊關係」、「建構優質官兵眷屬身心健康促進與照護」等六項國防部中程施政計畫優先發展課題之外，在「早期預警，消弭敵意」方面，分別有「藉由和平協定等議題創造兩岸和平」、「國軍應廣儲談判人才為兩岸和平發展效力」、「藉由傳統軍事安全議題與友邦合作」、「藉由非傳統性安全議題與友邦合作」等四項。在「平戰一體，優質防衛」方面，分別有「整合軍民智庫廣開國防事務相關研究風氣」、「國軍為兩岸和平發展的核心支撐」、「後備戰力是支撐國軍的戰力源泉」、「融民力於戰力支援軍事任務達成」等四項。在「有效嚇阻，制變雙贏」方面，分別有「透過全民國防教育建構國人心防」、「透過軍購反制中共有形戰力威脅」、「國防武器自主研發的深度與廣度賡續加強」、「透過年度例行演習累積勝敵能量」等四項。

四、「二○一五年國防理念基本想法」擬案：整體而言，前瞻二○一五年，中華民國之國防係以保衛國家安全，維護世界和平為目的，而我當前國防理念、軍事戰略、建軍規劃與願景，均以預防戰爭為依歸，並依據國際情勢與敵情發展，制訂現階段具體國防政策，以「早期預警，消弭敵意」、「平戰一體，優質防衛」、「有效嚇阻，制變雙贏」為基本目標，循操之在我之角度，以「和平為前提，國防做後盾」的戰略構想，建構具有反制能力之優質防衛武力。

五、其它建議：(一) 全募兵制要有全方位規劃：國防部應協調整合政府各部門針對從軍動機、生涯規劃、退伍就業等機制做規劃；（二）經粹案後備部隊組建：自二〇一五年起，由相關兵監學校宜開設班隊，訓練中、高級專長人員；此外，在政府搶救失業的此時，亦可借鏡美國經驗，關鍵領域後備部隊由現役退伍者志願參加之機制；（三）以「後備軍人輔導組織」為核心，成立全民國防志工支援軍事作戰；（四）強化「戰力綜合協調中心」機制之深度與廣度，俾利全方位因應戰爭實況；（五）因應戰爭實況之需要，落實於相關法律條文之中；（六）國防政策基本目標為預防戰爭、國土防衛、反恐制變，基於動員工作日趨重要，應融入於基礎教育、深造教育課程設計之中，更將之納入軍官團、士官團課程之一；甚至增設動員兵科。（七）於教育部爭取設立「軍事學門」，俾利營造國人研究國防之風氣。

第六章「我國執行信心建立措施的現況與展望——以兩岸建立「信心建立措施」為例」，由趙哲一博士撰寫。

在後冷戰時期，「信心建立措施」的許多方法被使用於國家間建立戰略關係的作法和手段，以強化彼此軍事交流與合作關係。軍事安全互信機制是敵對國家或鄰近國家為了減少敵意、降低緊張關係，透過區域性組織或相互間協定，以建立聯繫管道、公佈軍事訊息、律定查證制度等方式，確保和平與安全目標的達成。

事實上兩岸建構「信心建立措施」已在台灣成為熱門議題，在民間學者不斷提出，政府官員方面也都開始重視此一構想。大家都希望透過此一機制，建構兩岸長久和平、互助合作的環境，為兩岸進一步的談判創造有利的條件。雖然我方不斷釋出善意，並且在民國九十三年國防報告書中正式提出「兩岸正式結束敵對狀態」、「建立兩岸軍事互信機制」、「檢討兩岸軍備政策」及「形成海峽行為準則」等主張，但中國大陸一直對兩岸的信心建立措施及簽署和平協議採取保守的態度，因為中國大陸認為信心建立措施和簽署和平協議是主權國家之間的行為，如果和台灣建構信心建立措施便是承認台灣的主權，並無意進行兩岸的協商。

但中共國家主席胡錦濤在二〇〇七年十月十五日召開的中共十七大開幕式政治報告中正式提出兩岸「簽署和平協議」，是中共首次納入官方檔案中。[1]胡錦濤是第一個將和平協議納入中共黨內最高指導綱領來對待，為中共的兩岸政策提出指導性方針，值得我們進一步研究與關注。

民國 97 年 5 月 20 日馬英九總統上台後，致力於兩岸關係的和解與和諧，兩岸關係的正常化發展是馬英九總統的重要施政目標，在其五二〇就職以「人民奮起、台灣新生」為題的就職演說中，強調將以符合台灣主流民意的「不統、不獨、不武」理念，在中華民國憲法架構下，維持台灣海峽現狀，今後繼續在「九二共識」基礎上，儘早回復協商並秉持四月十二日在博鰲論壇中提出的「正視現實、開創未來、擱置爭議、追求雙贏」，尋求共同利益的平衡點。此外，兩岸不管在台灣海峽或國際社會都應該和解休兵，並在國際組織、國際活動中，相互協助、彼此尊重。[2]

新政府在國防政策上則採取守勢戰略為指導，建立「嚇不了」、「咬不住」、「吞不下」、「打不碎」的國防力量，但對中共軍事現代化，我們必須向國外採購先進武器，確保我國安全，並展開軍事交流、協商兩岸建立「軍事互信機制」；主張「台海非核化」，支持「東

---

1 中國時報（台北），民國 96 年 10 月 16 日，版 3。中共中央總書記胡錦濤 10 月 15 日在北京召開的中國共產黨第十七次全國代表大會提出政治報告時強調「台灣任何政黨，只要承認兩岸同屬一個中國，我們都願意同他們交流對話、協商談判，什麼問題都可以談。在一個中國原則的基礎上，協商正式結束兩岸敵對狀態，達成和平協定，構建兩岸關係和平發展框架，開創兩岸關係和平發展新局面。」

2 自由時報（台北），民國 97 年 5 月 21 日，版 4。

亞非核化」，並重申絕不發展核武及其它大規模殺傷性武器的長期基本政策。[3]

馬英九總統更在民國九十七年十月二十一日在國防大學「國軍九十七年度重要幹部研習會」中，以堅定語氣向三百多名國軍將領說「未來四年兩岸之間不會有戰爭」。但在兩岸關係上，我國需要強大的國防，因為國防可以扮演兩個重要的角色。第一，建構「固若磐石」的國防，貫徹「防衛固守、有效嚇阻」的建軍理念才能確保台灣「嚇不了、咬不住、吞不了、打不碎」，從而維持台海的和平與區域的安全。第二、建構「固若磐石」的國防，才能使兩岸談判更順利進行，台灣的實力愈強大，兩岸談判愈會有對等雙贏的效果。[4]

另外，前國防部長陳肇敏在民國九十七年十月二十九日接受媒體專訪時表示，在兩岸和解中，建立兩岸軍事互信機制可以達到確保和平的目標，但過程中，可能是先經濟、後政治、最後再軍事的流程，不論進展快不快、順不順利，都必須先做好準備。在軍事領域的部分，國軍若做好準備，當進程時機成熟，就可以立即執行，否則就會影響到整個進程，影響國家政策。將來若必須面對面的接觸，也要按整個進程、步驟規劃，可能最先接觸的是退伍人員、文職人員、再來低階、高階的人員，由低而高、由淺而深規劃，時機成熟，可能必須要高層面對面對談，建立相關機制，減少因發生誤會而動武的可能。[5]因此，兩岸建立信心措施的建立，是未來兩岸軍方一定要發生且要面對的重要問題。本文就以我國執行信心建立措施的現況與展望——以兩岸建立「信心建立措施」為例，進一步加以探討。

---

[3] 青年日報（台北），民國97年5月21日，版6。
[4] 中國時報（台北），民國97年10月22日，版11。
[5] 青年日報（台北），民國97年10月29日，版3。

第七章「兩岸軍事互信機制之建構——軍事互動的可能模式」，則由段復初博士撰寫。

台灣在經歷第二次政權輪替後，執政的國民黨本著之前與中共所建立的合作機制，開啟了兩岸之間和平對話的新契機。隨著兩岸緊張氣氛的緩和，雙方領導人均提出了對於今後兩岸之間終止敵對狀態，簽訂和平協定的相關說法。並且積極的尋求增進彼此互信的方法。塵封已久的「軍事互信機制」議題再次浮上檯面，為兩岸之間如何降低與消解彼此之間的不安全感與威脅感提出辦法。過去，兩岸軍事互信機制經常扮演的角色是一種我方的單口相聲角色，而且往往說說而已，一旦局勢出現逆轉或中共做出相對不友善的舉動時，軍事互信機制的論述便又沉隱到檯面下。從李登輝到陳水扁兩位總統的大陸政策來看，軍事互信機制每每僅止於我方單方面的宣示，台灣希望與中共建構這樣的機制，而中共基於對軍事互信機制傳統上是國家與國家之間的議題，對於台灣所提出的希望，通常是冷漠以對。故而，兩岸軍事互信機制的建構研究，便淪為台灣的單相思，喊喊而已卻始終無法取得進一步的成果。

事實上，兩岸軍事的互動一直處在一個相對隱諱不顯台面的位置上。兩岸自 1958 年八二三炮戰結束後，就沒有發生真正的武裝衝突。1995 年 1996 年的兩次飛彈威脅，雖可以視為是對台灣的一種武力示威或威脅，但基於雙方的節制與美國勢力的壓制，並沒有造成無法收拾的後果。兩岸之間似乎存在著某種默契，避免因為小事而擦槍走火，釀成巨變。故而，兩岸之間存在著某種自我的節制，不敢輕啟戰端。然而，戰爭有時是因為誤解，誤判或誤算所肇致的。誠如 Thucydides 在描述導致雅典與斯巴達之間所發生的貝羅奔尼薩戰爭（the Peloponnesian War）導因於雅典的強大與斯巴達的不安全感所構成安全困境結構，而國與國之間的溝通合作則是擺脫這種安全困境或囚徒困境的可能方法。[6]實驗證明，制度性的溝通有助於解決囚徒困境所產生的不理性結果。因此，透過制度性的合作將有助於避免戰爭，維護和平。

軍事互信機制的構思與實踐源於西方冷戰結構。西方列強未避免因軍事對峙所導致的不安全感升高，而陷入軍備螺旋而無法自拔，乃希望透過制度性的機制建立軍事互信，以避免誤判，誤認，誤算所形成的不安全感，進而降低東西對抗中的危機，避免戰爭的發生。這套機制透過逐步的發展與實踐，對維持冷戰時期的和平產生極大的貢獻，有效地避免了雙方的軍備競賽（儘管弔詭的是蘇聯是被軍備競賽所拖垮）。

隨著中共軍備擴張的加劇，我方的不安全感與日俱增，由於地緣與國際政治上的無法迴避。如何建構一個足以維護台海和平，兩岸安全的有效架構，便攸關我國的重大利益。傳統對抗式的思維是建構在東西冷戰的大架構下，在美國的保護傘下獲得和平，然而這種模式所付出的代價極為昂貴且不可靠。一旦戰略情勢變化，台灣往往是被犧牲的一個棋子，更有可能被迫必須進入到軍備競賽的螺旋中，最後力竭而敗而亡。因此，傳統對抗的思維勢必應有所改絃更轍，以合作代替對抗。由於兩岸間經貿的互賴已然成形，軍事對抗或衝突所引發的代價可能高到兩岸均不願意承受，雙方最佳的共同利益很顯然是合作而非對抗。故而，如何降低雙方的不安全感，降低對對方的威脅性，就變得有其必要性，而軍事互信機制就是其中一個可能的選項。

本研究主要是希望在兩岸政治領導人均釋放出和平訊息，期待雙方關係可以更進一步朝向和平穩定方向發展的大氣候下，從單方面的「漸進式互惠的降低緊張關係途徑」（Graduated Reciprocation in

---

[6] Joseph S. Nye, Jr. Understanding International Conflicts (New York: Addison Wesley Longman, Inc. 1997), pp. 9-16.

Tension-Reduction, GRIT）[7]，採取主動作為，伸出和平的橄欖枝，透過主觀理性的構想，提出種種可能想定。誠如學者 Marie-France Desjardins 對信心建立措施的思考，大多數的信心建立措施是建立在某些假設上面的，最重要的假設是信心建立措施的兩方均有加入信心建立措施程序的意願，各方因此才有機會進入信心建立措施的細節與設計的討論，而對話的過程中才有機會進行條件的談判，有談判才有機會達成某種協議，有協議才有機會轉變成為執行。而就總體的角度觀察兩岸軍事互信機制的建構上，兩岸的領導人必須具備勇氣與眼光承認與整合五個關鍵性的問題，將它們放入兩岸的政策中。這五個關鍵分別為：第一是兩岸之間的議價需將台灣需要國際空間的需求納入考量；台海非軍事化，在北京的政治需求下，台灣的領導人必須經常需要選擇一個可以滿足台灣內部需求與獲得北京妥協的政策，這是無法逃避的議價主題。第二是包含著北京的政治與機會成本。北京的台海政策存在於較大的政治與安全系絡中。北京必須把握用軍事威脅台灣政策來交換擁抱台北的政策。中國的領導者有義務重新思考在其對台政策中，保留值得保留者，修正過時者。第三，雙方的政策制定者必須明確的判斷他們願意接受以某些特定價值作為代價的成本與風險。第四，雙方必須決定在某種特殊狀況下會設定有限的付出，或者是要努力地去獲得更大的收穫。第五是時間的問題。何時是雙方重新接觸的最好時機？如果雙方都無法乘機取得長久的和平，它將會是一個戰略上的盲目，台海做為和平區的主張將協助影響這些機會。[8]

---

[7] Charles E. Osgood, “Reciprocal Initiative,” in James Roosevelt, ed. The Liberal Papers (Garden City, NY: Doubleday, 1962), pp.155-228.

[8] I. Yuan, Confidence-Building Across the Taiwan Strait: Taiwan Strait as a Peace Zone Proposal.（August 25,2008）.

從建構主義的角度看，兩岸之間如何彼此看待，彼此對對方的想像與雙方的共同想像為何，都將影響著兩岸關係發展的進與退，是越看越順眼，還是越看越不對盤，其實是受到雙方對雙方關係與對對方的基本看法的影響，而這樣的認知建構則是需要不斷的嘗試與改變方能做到，軍事互信機制最起碼可以表達出雙方不願意使用武力對付對方的態度，從表意到牽手合作是一個漫長且既期待又怕被傷害的過程，為了台海兩岸的和平與發展，都有必要誠意地走出艱難的第一步。至盼，值此兩岸和平最有機會的時刻裡，兩岸雙方的領導人物應記取過去的教訓，兩岸互動以誠信為重，注意大局，擱置小節，為兩岸共同的利益與人民，營造一個可能與未來。

第八章「美「中」台建構互信機制的關鍵要素」，由曾復生博士撰寫。

二〇〇九年七月二十七日，「中美戰略與經濟對話」，美軍太平洋總部司令基亭將軍表示，美方正密切注意中共潛艦武力和其他軍事能力的發展，準備與中共軍方就此議題進行對話。華府喬治城大學教授唐耐心建議，歐巴馬、胡錦濤與馬英九三位領導人，必須建立一個透明互信的對話平台與政策共識基礎，以維持台海地區的和平與穩定。

整體而言，美國的戰略規劃圈正在深思如何轉化共軍的戰略意圖，使中共的軍力成為亞太地區和平穩定的貢獻者，而不是破壞者。不過，從中共軍方的角度觀之，美「中」軍事交流與對話的限制因素關鍵，在於美國對中共的戰略意圖不明確。

此外，美「中」就「對台軍售與軍事交流」的議題仍然各有堅持且不易輕言讓步；同時，中共方面對於大幅度放鬆對台灣國際活動空間的限制，亦有相當程度的疑慮，因為中共方面擔心，萬一台灣又再度出現政黨輪替執政，屆時情況恐將難以掌握。而美國對台海地區的戰略目標就是「和平穩定與和平解決」，並希望中共與台灣方面也都能夠共同支持這個目標。目前，美國方面認為台美間的戰略觀有重歸一致的趨向，這種重歸一致是基於台灣的領導階層願意向北京重申，其無意挑戰中華人民共和國的基本利益。

隨著台海兩岸互動關係的質量俱進，擁有關鍵性指標作用的台美軍售關係，在美「中」台建構互信機制的複雜過程中將益顯敏感。從中共利益的角度觀之，台美軍售關係的維持，代表中共方面仍有必要在主權議題上緊守立場，以防範台美之間形成「兩個中國」或「一中一台」的利益共同體。從美國利益的角度觀之，美國也會擔心，一旦兩岸從經貿融合進入政治性整合階段，台美軍售與軍事合作關係在新形勢中，恐將面臨調整。

然探討美「中」台建構互信機制的議題，三方面都必須密切關注一個關鍵性的變數，也就是台灣人民意願的變化。台灣主流民意支持台海兩岸「不統不獨不武」現狀的心理基礎，確實有其務實面的政治經濟考量。倘若中國大陸的經濟發展深度與廣度，能夠進一步帶動政治體制朝民主化的方向改革，讓大陸的生活方式、生活環境、政治制度、經濟機會等，都能逐漸形成對台灣人民的吸引力，屆時，兩岸在共創雙贏的格局下，進一步協商建構軍事互信機制和簽署「和平協議」的政治議題，才有水到渠成的落實機會。

第二章　我國國家安全目標與國家戰略之芻議

（張延廷　博士）

壹、前言

「國家安全」(National Security）一詞，第一次出現於 1945 年 8 月美國海軍部長 James Forrestal 出席參議院聽證會時所使用，而「國家安全」的意義，傳統的定義多偏向軍事安全，[1]1970、80 年代以來，隨著「綜合安全」的概念逐漸受到重視，「國家安全」的內涵朝向更為全面方向發展，911 事件後，這趨勢更加明顯。除了軍事威脅之傳統安全議題外，在全球化效應帶來經濟、社會與人文環境的巨大變遷，非傳統安全的重要性與日俱增。舉凡經濟、金融、能源、疫病、人口、資訊、國土保育，乃至於族群、認同……等議題，莫不逐漸成為國家安全的全新挑戰。[2]而一國國家安全的目標，乃在對所面臨之安全環境做評估後所產生。

---

[1] Terry L. Deibel, "Strategies Before Containment," in Sean M. Lynn-Jones & Steven E. Miller, ed al, America's Strategy in a Changing World (Cambridge, Massachusetts: the MIT Press, 1992), p.41.楊志恆。「武器採購 爭取技轉助益經濟產業」。2004 年 7 月 7 日。http://news.gpwb.gov.tw/project/purches/ap/index_c.htm; Jordon, A., and Taylor, W. J., American National Security: Police and Process (Baltimore: The John Hopkins University Press, 1984), p. 3.

[2] 國家安全會議，2006 國家安全報告（台北：國家安全會議，2006 年），頁 3-4。

至於國家戰略，在先前與戰術一樣曾被視為純屬「軍事領域」的問題。這樣的看法一直延續到 19 世紀末和 20 世紀初，隨著社會生產力的發展，戰爭問題複雜化，政治、經濟、科技和精神等因素對戰爭的影響越來越大。從而打破了戰爭問題上的許多傳統看法，促使人們重新思考戰略問題。並有別於傳統純屬軍事領域的意義及內涵，而更廣泛的包含了除了軍事以外足以影響國家發展的所有因素。

在確定國家安全目標後，依照國家安全的主要威脅制定國家戰略，提出堅定而明確的對策。[3]我國國家戰略的內涵涵蓋政治、經濟、軍事及心理等，因之，本文將先以以上四個面向，對當前我國所面臨的安全環境做分析，據此釐清當前我國安全目標，最後再探討當前我國國家戰略。

貳、我國國家安全環境

一、政治環境

以全球層次論，後冷戰「單極為主的多極體系（multipolarty system）」架構下，是一個「一超多強」局面，新國際秩序架構已逐漸形成，美國也已居於主導國際事務議程的地位。[4]受到麥金德「心臟地帶」地緣政治思維的影響，美國對世界的治理的設定，在於抑制歐亞大陸足以挑戰美國霸權的國家或勢力，以此作為佈局世界的戰略依據。

---

[3] 錢振勤，「從國家安全戰略高度認識和研究資訊心理戰」，南京理工大學學報（社會科學版），第 21 卷第 4 期（2008 年 8 月），頁 109。

[4] Sean M. Lynn-Jones, "Realism and American's Rise," International Security, Vol. 23, No.2（Fall 1998）, pp.157-182.

美國名戰略家布里辛斯基（Zbigniew Brzezinski）所著之《大棋盤》（The Grand Chessboard）一書，正是反映此種思維的代表性著作，書中就明白揭示，美國在新世紀霸權地位的維持，端在抑制歐亞大陸形成任何足以與美國抗衡的霸權。[5]

冷戰結束後，中國已取代蘇聯成為挑戰美國全球霸權的主要國家，如從亞太區域發展觀之，後冷戰時期世界格局漸朝多極發展，使美國對國際事務影響力間接受到影響，亦使一些中等強國在國際或區域安全事務上有更多置喙空間，其他潛在強國亦較以往有較多合縱連橫的運作空間，因此中國國力強大後自當會亞太地區扮演更重要角色，對美國在此區域的治理形成挑戰。[6]

相對於戰後日德的崛起，美國對中國的崛起更感憂心，其原因為，如從地緣及戰略因素看，中國的崛起相對於日、德兩國有其不一樣的意義，其不同之處在於日、德是美國盟友，兩國在政治、軍事、經濟，同美國利益結合。更明確地說，戰後日本與西德經濟復興，是美國一手主導。相對地，中國統治中國大陸以來，華盛頓與北京長期對立，意識形態與戰略利益都不相同。[7]

在此時空環境下，「中國威脅論」之反中觀點因應而生，中國深知此種氛圍不利於國家整體的發展，近年來極力消彌中國威脅論的相關論述。以 2006 年 12 月 29 日對外發表《中國和諧外交白皮書》為例，此白皮書除了重新定位外交戰略之外，重要的作用在於

---

5 Zbigniew Brzezinski, The Grand Chessboard：American Primacy and Its Geostrategic Imperative（N.Y.：Basic Books/Harper Collins Publishers, Inc.,1997）.

6 James R. Holmes & Toshi Yoshihara, “The Influence of Mahan upon China’s Maritime Strategy,” Comparative Strategy, Vol.24, No.1（January/March 2005）,p.23-29.

7 高朗，「如何理解中國崛起？」，遠景基金會季刊，第 7 卷第 2 期（2006 年 4 月），頁 63。

以「和諧外交」來消弭國際社會對中國的疑慮；進而有助於穩定中國的外在環境，達到中國所謂的「和諧世界」，合乎中國自身「和諧發展」與「和諧社會」的目標。[8]

此外，在「十七大」政治報告外交部分中，持續宣揚「和諧世界」理念，特別強調對聯合國憲章、國際法及國際關係準則的重視，另亦新增單獨段落，陳述處理國際經貿問題之立場，顯示胡錦濤的外交政策風格將從韜光養晦轉向有所作為，意圖凸顯「負責任大國」角色，預料未來中國將積極參與國際多邊事務，[9]致力推動國際秩序民主化、世界多極化，同時防範國際社會各種形式的「中國威脅論」。[10]

簡言之，中國為因應經濟發展所衍伸的對外關係政策的轉變，使中國在國際的影響力大為提升。就美國的角度看，冷戰結束後，中國雖取代蘇聯成為美國主要的霸權挑戰者，然就全球戰略佈局看，隨著中國國力的上升，美國在許多外交政策（如反恐、裁軍、能源、環保、人口偷渡議題、打擊國際販毒、核武管制、化學武器擴散、導彈技術轉移、國際經貿規範、智慧財產權保護、打擊國際恐怖活動、推動聯合國事務、對第三世界軍售問題等）亦需要中國支持才能順利推展。[11]

---

[8] 吳瑟致，林佩霓，「台灣面對中國崛起的區域戰略與兩岸關係之初探」，展望與探索，第 6 卷第 9 期（2008 年 9 月），頁 29。

[9] 清華大學國際問題研究所所長閻學通就認為，中國對國際社會應該採取「積極參與」的態度，一方面積極防止美國聯合周遭國家共同遏止中國崛起，另一方面在國際上讓中國參與國際秩序的建構。換言之，中國應該以「鬥爭加合作」的方式，使國際社會正視中國的存在。閻學通，「中國崛起的可能選擇」，戰略與管理，第 2 期（1995 年 3－4 月），頁 11-14。

[10] 陸委會，「中共「十七大」會議初析」，大陸與兩岸情勢簡報（2007 年 11 月），頁 8。

[11] Harvey J. Feldman, “The U.S.-PRC Relationship: Engagement vs. Containment or Engagement with Containment,” paper presented to The Inaugural Conference of Asia-Pacific Security Forum, held in Taipei Grand Hotel, 1-3,

因此形成中美雙方既競爭又合作的互動模式。這種趨勢的發展亦意味著在中、美、台三角關係上，我國處於較為被動及被支配的角色。在中國因經濟快速成長，綜合國力大為提升的同時，將更直接、多層面地衝擊我國外在的安全環境。[12]在美國整體戰略的考量下，台灣在國際外交上仍無法突破僵局。值得注意的是，整體上，台灣雖扮演較為被動、不利的角色，但是中美雙方的戰略矛盾，仍是台灣可以運用之處。

二、經濟環境

1991 年，蘇聯瓦解冷戰結束，兩極化的國際局勢正式崩解，國際局勢走向多極，以往以軍事為核心的國際議題已逐漸為經濟所取代，經濟的競爭成為大國競逐的新戰場。為增加本身經濟的競爭力，區域性的經濟整合成為全球經濟發展的趨勢，發展反映在國際經濟關係的實際變化上則是區域貿易協定（RTAs）大幅增加。尤其在新區域主義的浪潮下，愈來愈多國家或政府選擇組建或參加優惠貿易協定（Preferential Trade Agreement, PTA）、自由貿易協定（Free Trade Agreement，FTA）、關稅同盟（Customs Union）、共同市場（Common Market），以及經濟同盟（Economic Union）等整合程度之不同的RTAs 制度性安排，依據 WTO 的統計，截至 2008 年 3 月，向 GATT／WTO 通報的全球 RTAs 數目已達 380 件（超過 200 件已生效），而 1995 年 WTO 成立後通報的就有 250 個以上，可見十年來 RTAs 增加速度之快，而其中近 90%都是自由貿易協定（FTAs）。[13]

September 1997; Richard A. Bitzinger, "Arms to Go: Chinese Arms Sales to the Third World," International Security, Vol. 17, No. 2 (Fall 1992), pp.84-111.

[12] 國家安全會議，2006 國家安全報告，頁 14。

[13] 參見WTO官方網站，http://www.wto.org/english/tratop_e/region_e/region_e.htm

此一趨勢也影響到東亞地區的經濟發展，各國隨著區域經濟主義的興起，也積極投入多邊及雙邊區域貿易協定的談判。1992 年東協國家倡議成立「東協自由貿易區」，另在亞洲金融危機之後，東亞地區國家認為應更加強彼此的對話與合作機制，因此，「東協加三」、「東協加一」「日本－東協」、「韓國－東協」和「東亞自由貿易區」等之倡議陸續出現，正以多重管道的方式嘗試締結自由貿易協定。上述倡議之東亞區域經濟整合組織，除「東亞自由貿易區」之外，其他的倡議皆基於政治外交考量將台灣排除在外。[14]

中國利用傳統的政治、外交手段，配合其逐漸壯大的經濟實力，不斷擠壓我國之經貿空間。不僅我國參與國際經貿組織、推動洽簽自由貿易協定等努力受到中國阻撓，甚至純屬民間性質的經貿往來，亦常遭到中國之政治干預。一旦我國進入中國以外之其他市場的可能性或競爭優勢遭到剝奪，則我國經濟將被迫導向更依賴中國，加劇上述向中國傾斜之經濟風險。[15]從近幾年我國對外投資資料顯示（表 2-1），我國對中國的經濟依賴度逐年提高。

表 2-1　我國對外投資統計表

單位百萬美元，%

時間 / 地區	1991-2007 年			2008 年 1-3 月			累計		
	件數	金額	比重	件數	金額	比重	件數	金額	比重
中國	36538	64869.1	55.40	184	1984.4	63.03	36722	66853	55.60
英屬中美洲	1881	20028.3	17.10	22	486.6	15.45	1903	20515	17.06

[14] 金秀琴，「東亞區域經濟整合之發展及對我國之影響」，http://www.cepd.gov.tw/dn.aspx?uid=1167

[15] 國家安全會議，2006 國家安全報告，頁 58。

美國	4583	8975.5	7.67	15	73.6	2.34	4598	9049	7.53
新加坡	400	4671.5	3.99	4	140.9	4.48	404	4812	4.00
香港	912	2672.9	2.28	9	31.4	1.00	921	2704	2.25
越南	348	1462.4	1.25	6	81.6	2.59	354	1544	1.28
巴拿馬	58	1178.7	1.01	0	0	0	58	1179	1.01
日本	427	1121	0.96	9	14.9	0.47	436	1136	0,94
泰國	274	1704	1.46	1	1.3	0.04	275	1705	1.42
菲律賓	123	512.3	0.44	1	1.4	0.04	124	513.6	0.43
南韓	129	250.7	0.21	2	228.0	7.24	131	478.7	0.40
德國	130	140.9	0.12	2	7.0	0.22	132	147.9	0.12
其他	1827	9506.5	8.12	29	97.3	3.09	1856	9608	7.99
合計	47630	117093.7	100	284	3148.4	100	47914	120242	100

資料來源：行政院大陸委員會，「兩岸經濟統計月報（184 期）」，http://www.mac.gov.tw/

如從雙方政治因素看，過於依賴中國的經濟關係，將增加中國在兩岸角力上之經濟籌碼。未來中國極可能利用對台的經濟優勢，進行經濟圍堵與封鎖的戰略，以期在對台施行軍事行動之前，得以有效中斷我對外經貿聯繫網絡、阻止戰略資源輸入等方式，力求癱瘓、削弱、重創我經濟實力，或以各種手段破壞我經濟重要設施與目標，甚而採取干擾、破壞我金融市場有效運作的策略進行市場金融戰，瓦解我軍民士氣，從而使台灣在經濟命脈受制於人的情勢下，逐步走向屈服於中國政治意志的方向。[16]

然值得注意的是，中國經濟的成長已成為世界經濟重要的一環，兩岸的經濟依賴日益加深，但是政治卻呈現對抗，兩岸政經關

[16] 同上註，頁 59。

係呈現「政冷經熱」的格局。因此，如何能在國家安全考量的前提下，為兩岸政治爭議重新定位，使雙方經濟走向合作雙贏，是政府應該思考的方向。

三、軍事環境

基於整體戰略考量，美國全球的軍事佈局，在太平洋方面，以美日安保條約為核心，配合新月形鏈島防線，從阿拉斯加經白令海峽、庫頁島、對馬海峽、台灣海峽、麻六甲海峽進入印度洋，沿線的地緣國家包括南韓、日本、菲律賓、台灣、泰國、印尼、馬來西亞、新加坡等國。[17]做為鞏固其歐亞大陸東岸之戰略圍堵線，其主要國家在冷戰結束後已由蘇聯轉變為中國。台灣因地處此防線之中心位置，固具有一定的戰略價值。

反之，就中國來說，台灣對其亦具有相同的戰略價值。如中國地緣戰略學者張文木即指出：「台灣是中國進入太平洋的門戶，是日本南下必經之途。控制一個與中國分離的台灣，美國就可北遏制日本、南威懾東盟、西可堵截中國。從美國的亞太地緣政治需求來看，使台灣、南沙、甚至西藏地區與中國事實分裂，符合美國與其盟國繼續稱霸世界的長遠戰略」。張並指出：「中國在台灣問題上與西方國家的鬥爭，不僅僅是中國為維護自身主權的鬥爭，還是中國為維護自身發展權的鬥爭」。[18]

以此觀之，台灣軍事的建構，不只侷限於兩岸軍力的發展，應涵蓋中美雙方權力競逐的相關因素。兩岸的軍事發展，在美國

---

[17] Robert H. Scales & Larry M. Wortzel, The Future U.S. Military Presence in Asia: Landpower and the Geostrategy of American Commitment（Carlisle Barracks, PA: Strategic Studies Institute, U.S. Army War College, 1999）.

[18] 張文木，中國新世紀安全戰略（山東：山東人民出版社，2000 年），頁 72-73。

的戰略盤算中，維持現況最符合其戰略利益，藉由雙方的軍事平衡，保持美國在兩岸軍事競爭中的戰略彈性。然近年來，中國開始展開軍力現代化，從 1990 年起，近 20 年來，國防預算每年皆呈現兩位數的成長（如表 2-2 所示）。美國智庫「蘭德」（RAND）指出，中國預計在 2050 年完成軍事現代化。[19]此發展已使兩岸軍力開始向中國傾斜，將直接衝擊美國在中美台三角關係上戰略平衡的運用。

表 2-2　中國國防預算（1997-2007）單位：人民幣億元

年份	國防預算		佔財政支出%		佔國內生產總值%		折合億美元	預算與決算差額
	總額	增長%	總額	佔%	總額	佔%		
1997	812.57	12.84	9233.8	8.80	74463	1.09	98.01	
1998	934.72	15.03	10771	8.66	78345	1.19	112.01	24.8
1999	1076.70	15.19	13137	8.20	82068	1.31	128.98	30.2
2000	1207.54	12.15	15879	7.60	89404	1.35	145.84	2.54
2001	1442.04	19.42	18844	7.65	95933	1.5	176.34	32.0
2002	1707.78	18.43	21113	8.03	102398	1.67	206.25	47.8
2003	1907.87	11.7	24649	7.74	116694	1.63	230.70	54.9
2004	2172.79	13.89	29362	7.72	159878	1.36	262.41	98.0
2005	2474.28	13.88	33709	7.34	182321	1.36	302	28.5
2006	2979.31	20.40	40213	7.4	210871	1.41	381.5	141.0
2007	3509.21	17.8	46789	7.5	226160	1.55	449.4	

資料來源：國防部，中華民國九十七年國防報告書（台北：國防部，2008 年），頁 57。

[19] Zalmay M. Khalilzad, Shulsky, Abram N., Byman, Daniel L., Cliff, Roger, Orletsky, David T., Shalapak, David, Tellis, Ashley J., The United States and a Rising China（Washington, D. C.:RAND,1999）, p.xii.

兩岸當前的軍事對比，根據 2008 年日本「防衛白皮書」指出，雙方陸、海、空軍力呈現：（1）中國陸軍軍力雖占優勢，但登陸台灣的能力仍有限，惟中國近年來致力建造大型登陸艦以提高登陸作戰能力；（2）在海、空軍上，過去中國在「量」上具壓倒性優勢，台灣則在「質」上占優勢，但中國軍事快速現代化，兩岸軍力平衡在不久的將來可能逆轉；（3）中國擁有許多射程涵蓋台灣的短程飛彈，而台灣則尚缺乏有效的因應對策。[20]從此資料顯示，未來兩岸軍事將逐漸向中國傾斜，軍事失衡將只是時間的問題。

中國軍事的發展，在經濟發展的前提下，不論武器或是軍事戰略的設計，都朝向打一場「高科技條件下的局部戰爭」，對台軍事運用也持相同的思維。2008 年美國像國會所作的報告《中國軍力》（Military Power of the People Republic of China 2008）第六章「軍隊現代化與台海安全」中即指出，中國近程對台採取脅迫戰略，是把武力與政治、經濟、文化、法理、外交手段相互整合以防止台獨。《反分裂國家法》對台灣問題採取非和平手段之宣示，除給予中國應對彈性空間，並反映其認為台海軍事衝突成本遠大於利益，而不急於統一的心態。但如台海一旦發生軍事衝突，在無法確定有效阻絕美國或國際介入前提下，最佳選擇是採取局部、高強度的非戰爭性軍事行動，如網電戰（computer network attack）、海上隔絕封鎖、水陸兩棲突襲等。[21]

綜合以上所言，中國快速軍事現代化，兩岸軍事平衡轉向有利中國，不久將來，台灣在質方面的優勢有出現重大變化的可能

---

[20] 陸委會，「日本 2008 年「防衛白皮書」有關中共軍事內容重點及各界反應」，大陸與兩岸情勢簡報（2008 年 10 月 9 日），頁 13。

[21] Office of the Secretary of Defense, "Annual Report to Congress: Military Power of the People Republic of China 2008" http://www.defenselink.mil/pubs/pdfs/China_Military_Report_08.pdf., pp.40-44.

性，將直接衝擊台灣的軍事安全。然而值得注意的是，兩岸軍事發生失衡，亦將衝擊美國在亞太地區的戰略佈局，因此，今後兩岸關係的發展、兩岸軍力的現代化和美國軍售台灣武器的動向值得矚目。

四、心理環境

近二十年來，台灣在政治、經濟、社會、人文等各方面，都經歷激烈的轉變。在政治上，從解除戒嚴、開放黨禁與報禁、社會運動風起雲湧、國會全面改選、省市長民選、總統直選，一直到政黨輪替，在在都衝擊著台灣原有的政治框架，解構了長期威權統治下的黨國體制與一元型態，讓台灣快速奔向民主的社會。然而，也因為威權解體、政治轉型，加上選舉動員、政黨競爭及各種內外因素的相互激盪，而使族群、認同、乃至於統獨、兩岸等議題持續糾纏籠罩。[22]

有關認同問題，國內學者楊永明認為，台灣民主化過程中有兩種台灣認同也在同時成型——「本土台灣意識」和「現狀台灣意識」。前者在威權時期因應而生，當時本土文化和認同被壓制，因此其有台灣主體為核心，主在追求台灣在國際社會之平等且獨立。「現狀台灣意識」則是因應「本土台灣意識」而產生的產物，其強調「台灣優先」的重要性，且重視維持現狀及維持經濟發展。現狀台灣意識對於現狀和平的重視程度，高於主權議題的訴求，因此特別強調兩岸關係維持現狀的平衡政策。這種觀點被本土台灣意識的主張者，歸類或標示為具有統派思維的大中國意識。[23]

---

[22] 國家安全會議，2006 國家安全報告，頁 26。

[23] 楊永明，「台灣民主化與台灣安全保障」，台灣民主季刊，第 1 卷第 3 期（2004 年 7 月），頁 1-25。

根據近期陸委會所做有關統獨問卷調查，此份問卷選項為六分類時，民眾主張「維持現狀，以後看情形再決定獨立或統一」的比率佔多數（三成五至五成二），「永遠維持現狀」的比率從不到一成至二成一，「維持現狀以後走向獨立」的比率一成一至一成七，「維持現狀以後走向統一」的比率不超過一成三。整體而言，廣義主張維持現狀的比率有七、八成（六成九至八成七），與歷年調查結果一致。至於主張「儘快獨立」或「儘快統一」的比率則為極少數，從不到一成至一成五。問卷選項為三分類時，民眾主張「維持現狀」（二成三至六成二）略高於「台灣獨立」（一成五至四成五），主張「兩岸統一」的比率則較少（從不到一成至一成九）。[24]

此項問卷顯示，台灣內部有關統獨的認同仍明顯分歧，台灣民主化後所產生之截然二分的對立僵局造成公權力的弱化，以及行政效能、立法運作效率的遲滯，進而影響經濟政策的推行、衝擊整體競爭力的提升，並衍生許多失序不安的社會現象，不但衝擊社會的安定團結與國家的競爭力，也造成台灣新興民主過程的信任危機。因之給了中國對台在心理戰上的運用空間，對台灣大作統戰宣傳。學者 K.J. Holsti 將國際宣傳視為執行外交政策的工具，以此影響外國人民、或特定種族、階級、宗教、經濟或語言團體內部民眾的態度與行為，國際宣傳要素包含：意圖改變他人態度、意見和行為的宣傳者、使用的文字、語言或者符號、媒體、受眾。[25]中國對台的心理戰略，主要是以宣傳戰為主，藉以達到收攏台灣人民的目的。

---

[24] 行政院大陸委員會，「2007 年兩岸關係各界民意調查綜合分析」，http://www.mac.gov.tw/

[25] K. J. Holsti, International politics: A framework for analysis（Prentice Hall, Englewood, N.J., 1983）, pp.192-195.

胡錦濤上台後，中國對台政策開始醞釀調整。2003 年底，新修編的《中國人民解放軍政治工作條例》明確提出：為了發揮政治工作的作戰功能，賦予解放軍開展法律戰、輿論戰、心理戰的任務，簡稱「三戰」。解放軍各部據此陸續推出「三戰」作戰計畫，其後，外交、宣傳和台辦系統也逐漸納入，扮演著參與者與配合者的角色，從軍方的傳媒管道，擴及到中國整體外交、宣傳及台辦系統傳媒，向全球發聲。其鬥爭場域更全面，手段更靈活、手法更多元、謀台思維更細膩，積極藉由「法理爭奪、輿論較量、心理攻勢」等手段，企圖為對台政治、軍事、外交鬥爭開創有利的條件。[26]中國的企圖，實際上就是在對我進行戰略資訊戰，一旦台灣內部受其影響而更趨分化，甚至動搖防衛意志，對我造成的安全威脅將難以估計。[27]

參、我國的安全目標

一、政治安全目標

自 1972 年台灣退出聯合國後，在中國「一個中國」的原則下，台灣國際空間受到嚴重的打壓，近年來隨著中國經濟快速發展，其國際地位亦大為提升，此一狀況更趨嚴重。2000 年民進黨上台，在彰顯主權立場的思維下，兩岸政治對抗的情況更為嚴峻，此種策略雖然提升了台灣主體性的認同，然而對國際空間的擴展並無幫助，反而喪失了應有的政治彈性。

就當前高度全球化的國際局勢看，兩岸問題不應只置於雙方關係的角度來思考，應提升至區域甚至全球的層級來分析，如此才能

---

[26] 國家安全會議，2006 國家安全報告，頁 78-79。

[27] 同上註，頁 74。

善用各種有利因素，提升台灣整體的政治安全。首先如就區域角度看，可從中日台三角關係來作為台灣的政治思考，中日兩國不論從歷史或是地緣政治的角度看，兩強在爭奪區域霸權上相互競爭，因此雙方呈現對抗的格局；如從全球角度看，中美台三角關係中；美國認為，中國最可能威脅其全球霸權地位，雖然在全球事務上許多國際事務上需要中國的合作，即使如此，本質上兩國仍屬相互對抗格局。因此，不論中美或中日關係，在既競爭又合作的態勢下，維持權力平衡成為必然的趨勢。[28]

因此在兩岸問題上，美國曾提出「台灣不獨立，大陸不動武，美國促成兩岸達成中程協議」政策，實質就是長期維持兩岸不統不獨的分離狀況。[29]其內容核心則是在政治先行擱置的前提下，雙方展開事務性的對話，為以往因政治因素無法解決的各項事務找出路，並確保兩岸能維持和平，避免戰爭。此項提議與馬政府主張「政治擱置，經濟先行」的立場相雷同。

綜合以上所言，雖然台灣身處此複雜的政治環境中，不免成為大國間相互縱橫的籌碼，乍看之下，台灣似乎陷於被動，然而就權力平衡的角度看，大國間的矛盾，恰可提供台灣可利用的空間。以達到另類[30]的國家政治安全目標。

---

[28] Kenneth Waltz 認為在國際政治的無政府狀態之下，國際間充滿衝突和戰爭的可能性與行為，然為了國家生存之故，極大化權力和使用暴力的合理化，都已成為普遍之現象。而或認為權力平衡是國家安全和世界和平的最佳保證，權力平衡則成了在無政府狀態之下國家生存的自然法則。Kenneth Waltz, “Reductionist and Systemic Theories”, Theory of International Politics（Mass: Addison-Wesley, 1979）, pp.107-123.

[29] 「中共軍事科學院 2000-2001 年戰略評估報告」，聯合報，1999 年 9 月 3 日，13 版。

[30] 這裡指另類在於馬政府的戰略盤算中，中國的崛起是不可逃避的現實，台灣如要發展，兩岸必然要展開合作，如此才能創造雙贏的有利局面，在政治面未取得共識之下，採取暫時擱置的方式處理，形式上台灣在政治上仍

二、經濟安全目標

國內對兩岸經濟安全，大致持兩種看法，看法不同主要源自於兩岸歷史定位的不同，第一種看法以民進黨為代表，在強調台灣主權及主張台灣獨立的前提下，必須對所有具中國政治象徵的事務進行切割，以支持其政治理念，並進而影響對兩岸經濟交流的看法，在維護主權堅持下，限制兩岸經濟交流的相關措施，壓縮了兩岸經濟交流的可能性。

第二種看法則是以國民黨為代表，此看法認為台灣的發展不能將中國排除在外，應正視中國崛起的事實，中國的崛起不但非台灣的威脅，如能妥善利用反而是台灣的機會。與其政府設下種種限制，阻止台商赴大陸投資，不如將其納入正式管道，由政府出面與對岸進行正式的會談，將兩岸經濟發展正式化，除了減少因法規限制所增加的成本外，政府也能有效管理及確保台商在中國投資的權益，以確保國家經濟安全。

這兩種看法皆有其理論基礎，民進黨注重主權，強調中國在政治及軍事上的威脅，經濟的合作越深，將陷台灣於中國統戰的陷阱中；因此 8 年執政期間，不斷強化台灣主權，以避免給予中國統戰的機會，但也因此使得當中國經濟發展快速，各國紛紛與其在經濟上緊密合作的同時，台灣無能以國家的高度，在兩岸經濟交流上做整體的規劃，錯失經濟發展的絕佳時機。

民進黨這種不安可以分成兩個層面來看：第一，在軍事上，中國大陸一直是台灣最大武力威脅的來源；第二，從經濟全球化的角度來看，台灣在參與全球化區域經濟整合的過程中，最大的課題就

未獲得進展，然實際上雙方卻因在擱置政治爭議的前提下，藉由多方的交往，除了事務性的問題獲得解決，雙方在政治安全上也有所提升。

是如何面對中國大陸，因此對台灣而言，「全球化」的主要內涵就是「中國化」，這是民進黨無論在政治信仰或是台灣主權上無法忍受的。[31]

有別於民進黨對兩岸經濟問題的看法，國民黨則認為中國經濟發展及國力的崛起不能視而不見，尤其當前，亞太地區為全球經濟發展重心，台灣位於東南亞、東北亞之間，周邊海、空域為國際間重要海、空航線交會處，連接日本、韓國、中國大陸，以及東南亞地區各國海、空交通線，因此，我國在經濟地緣戰略上的地位更顯重要，兩岸情勢發展不僅牽動區域安全與穩定，更影響世界各國在亞太地區之經濟利益。[32]因此在兩岸經濟發展上應可扮演更為積極的角色。與其逃避問題，不如正視問題才能解決問題。在此假設下，希望擱置政治爭議，以創造雙方事務性的合作，如此經濟問題才能導入正軌。

此外，國民黨也認為，兩岸間的經濟整合絕不是一種政策上的偏好，而是一個生活的現實，這個現實由一隻「看不見的手」所操控。它根植於中國和台灣在動態的國際比較利益鏈上所處的地位，由經濟全球化的力量和東亞生產的重新配置所驅動。不論兩岸政府採取什麼樣的政策，都最多只能加速或減緩這一過程。只要世界經濟仍由市場所主導、中國內部不發生政治動亂，台灣海峽兩岸沒有軍事衝突，這種兩岸經濟整合的發展趨勢是不可能發生根本變化的。[33]在此假設下，在馬政府上台後，在擱置政治爭議的前提下，

---

[31] 蕭萬長，「兩岸共同市場的理念與實踐」，http://www2.tku.edu.tw/~ti/new-inf/Shiou.pdf

[32] 國防部，中華民國九十七年國防報告書，頁 82。

[33] 王直，「加入 WTO、大中華自由貿易區、和兩岸經濟整合」，遠景基金會研究期刊，2003 年第 3 期，頁 9-10。

擴大雙方經濟交流，以確保經濟安全之策略，成為我國當前經濟安全的主要目標。

三、軍事安全目標

1979 年中國與美國建交，美國同時終止了對台灣和美國長達 25 年的「中美協防條約」。然事實上，美國並不想完全放棄與台灣之間的關係，故早在與中國建立正式關係之前，就預備了一項以國內法來規範台灣與美國兩國之間的關係，而這項法律即是由國會所提出之「台灣關係法」（Taiwan Relations Act），該法律並在中國與美國建交後的 3 個月由美國國會正式通過，使得台灣持續可以維繫與美國在商業、文化以及其他的非正式關係。[34]亦是這近 30 年來防衛台灣的最重要的憑藉。

美國思考兩岸問題，主要著眼於本身在全球的戰略佈局，台灣在美國亞太圍堵線地處中心地位，具有一定的戰略價值，此一戰略位置具備向周邊海洋投射武力之便利，並且對美國、日本、中國在西太平洋戰略利益的互動上，具有平衡作用，為亞太地區穩定與發展的關鍵槓桿。美國與日本在 2005 年「2 加 2 安全諮商會議」後的聯合聲明中，即把台海地區的和平列為兩國的共同戰略目標，此舉足以彰顯台海的和平、穩定對東亞區域安全，具有重大意涵。[35]

因此長期以來，美國在兩岸之間，一直扮演維持穩定與和平的重要角色，未來仍將如此。美國的台海政策基本上係依照四項原則：一、遵守「一個中國」的主張；二、阻止台海雙方用武力解決

---

[34] 杜衡之，「展開民國七十年代的對美外交關係——從遠程政策談到近程政策」，台灣關係法及其他（台北：台灣商務印書館，1983 年），頁 21。

[35] 國防部，中華民國九十七年國防報告書，頁 81-82。

統一問題；三、鼓勵海峽兩岸多方面接觸；四、不做兩岸和談的調停者。[36]

在「當家不鬧事」的戰略考量下，使世界各個戰略點保持穩定狀況是確保美國世界霸權的優先考量。學者 Robert Gilipin 認為國際政治體系變遷乃是在國家利益的考量之下而進行者，國家維繫國際體系與改變國家體系均需要考慮代價與利益之間的關係，而在改變國際體系的代價高於利益的情況下，國家是不會有改變國際體系的動機，此亦即言，國家認為維繫現狀的利益是高於改變現狀的代價之下，其會傾向於維繫現狀。[37]美國就是在此思維下思考兩岸軍事問題。

因此，在維持兩岸現況，並從中獲取戰略利益的前提下，美國對台軍事援助呈現兩個方式，一是藉由軍售來調節兩岸軍力的發展，使之保持平衡，以降低兩岸軍事失衡所引發軍事衝突的可能。根據台灣關係法，美國可提供台灣防衛性武器。對美國來說，所謂防衛性武器被視為一種相對性的概念，此概念隨著中國軍事發展呈現動態調整，在掌握主動權的情況下，美國可藉此對兩岸軍事在整體的戰略考量下，做出有利於本身的調節。二是藉由對台灣的軍事防衛，以嚇阻中國武力犯台的軍事企圖。然此項方式有其風險性，容易給予台灣誤解美國軍事支持的原意，如因誤解，造成兩岸軍事緊張，是美國所不願意見到的，因此，美國希望台灣必須自制，並一再重申軍事支持並非空白支票。

當前中國軍事戰略以「積極防禦」為核心，強調「遠戰速勝，首戰決勝」，以提升聯合作戰能力為國防現代化之指標，朝遂行亞

---

[36] 郭瑞華，「中共十七大之後的對台政策」，展望與探索，第 5 卷第 12 期（2007 年 12 月），頁 95。

[37] Robert Gilpin, “The nature of international political change”, War and Change in World Politics（Cambridge: Cambridge University Press, 1981）, pp.10-11.

太區域與全球性作戰能力發展，另不排除採取「先制攻擊」手段以確保主權完整；其戰略亦根據不同時期內、外情勢之變化，賦予「積極防禦」更寬廣的內涵。此外，中國為抗衡軍事先進國家，突破傳統軍事活動空間限制，秉持非對稱作戰思維，積極建構資電、網路與太空等領域之作戰能力，彰顯其作戰思維已由防禦性「積極防禦」之守勢作戰，朝向攻勢作戰「積極防禦」之境外作戰模式轉變，並強調先發制人。[38]此種思維亦適用於對台的軍事行動。

綜合以上所言，當前台灣軍事安全目標應建立在國家整體國防安全上，亦即當中國對台軍事行動時，能做好維護國家安全的目的。在整體考量下，兩岸維持和平對美國最為有利，對台軍購即是美國維持兩岸軍力平衡的重要工具。在美國因素的影響並考量中國軍事戰略思維下，台灣軍事安全的目標應朝兩個方向思考，一、如何藉由中美台三角關係的發展中爭取本身最大的軍事利益。二、如何確保台灣國防安全。

前者所思考的是利用中美之間既競爭又矛盾的關係，從中獲取最大的利益，亦即採等距交往的方式思考中美台三角問題。後者則是如何在美國軍事防護的前提下，確保兩岸開打後，可使台灣防衛能力時間延長，爭取美國軍力介入的可能性，確保國家安全。正如前國防部長陳肇敏 97 年 9 月 29 日在美國向媒體表示，台海兩岸雖有和解共識，但和解之路必須逐步推動，並不容易，國防部仍應將「國家安全」列為第一優先，這是台灣與對岸談判的籌碼，萬一將來中國翻臉不認人，國軍拿不出實力保衛國家，將是國防部最大失職。[39]因此確保軍事戰力的發揮，乃是軍事安全的首要目標。

---

[38] 國防部，中華民國九十七年國防報告書，頁 53。

[39] 「陳肇敏：兩岸和解之路國安應列第一優先」，http://tw.news.yahoo.com/article/url/d/a/080930/5/16t3o.html

四、心理安全目標

心理因素對國家安全而言，自古以來一直佔有重要的地位。如法國戰略學家薄富爾（Andre Beaufre）所說：只有當敵已產生某種的心理效果（psychological effect）時，然後才能算是已經獲得了一個決定性因素，也就是說，只有使敵人深信再繼續戰鬥下去是無效的，敵方的一切抵抗活動才會停止。[40]中國兵聖孫子在《孫子兵法》一書談及戰爭本質時指出，不戰而屈人之兵才是戰爭最為上層的謀略。而諸葛亮以空城計退司馬懿大軍更是心理戰的代表性演出。

以此觀之，心理安全對國家安全來說具有舉足輕重的地位。何謂心理戰，中國軍事專家沈偉光認為，「以人的心理為目標，通過多種手段傳達挑選出來的信息和徵候，影響人的感情、動機、推理能力，最終影響政府、組織和團體的行動。簡言之，心理戰是征服人心的作戰行動。它沒有槍砲聲、沒有硝煙，在無形的戰場上進行生死搏鬥。」[41]

在傳統觀念中，心理戰只不過是在戰爭中通過宣傳來瓦解敵軍的一種策略和手段。然而隨著大批高度精確化，智慧化，數位化和網路化武器裝備的廣泛運用，現代心理戰在資訊收集，生成、處理、傳輸和顯示方面，擁有了更先進、快捷和有效的物質技術手段，使心理戰的滲透性、時效性和震撼性遠遠超過了歷史上任何一個時期。[42]此外，心理戰除了運用於戰爭時期外，非戰期間亦是心理戰

---

[40] 紐先鍾譯，薄富爾（Andre Beaufre）著，戰略緒論（台北：麥田出版有限公司，1996年），頁27-28。

[41] 沈偉光，傳媒與戰爭（杭州：浙江大學出版社，2000年），頁143。

[42] 王鵬、歐立壽，「試論心理戰的地位與作用」，國防科技，2006年第3期，頁77。

運用重要組成部分，如上文所提，近年來，中國對台展開三戰策略，所營造之國際及島內的心理氛圍，已對台灣人民在心理上造成其戰略效果。

由於中國威脅台灣安全的手段日趨多元，包括傳統軍事威脅與非傳統威脅的手段，其手法也不斷推陳出新。面對新型態的威脅，我們不能再用傳統的思維來構築台灣的防衛。保衛國家的安全絕對不只是國軍的責任，而是政府與全民必須共同承擔的使命。政府應針對威脅型態的變化，每年進行全國性、全面性的推演，檢討缺失，調整策略作為，並且大幅增進全民國防教育，以凝聚全民向心力、認同主權、鞏固全民心防、提升保家衛國的抗敵意志。[43]

肆、我國的國家戰略

一、政治戰略

馬英九政府的政治戰略大致可分全球、兩岸與國內三個面向，在全球方面，馬政府採取「活絡外交」的方式。馬英九總統在97年的國慶講話中指出，我們應揚棄「烽火外交」，改以「活路外交」為主軸，維護中華民國主權，鞏固既有邦交，改善對外實質關係，尤其是重建台美互信，增進雙邊安全合作。我們也妥善處理釣魚台事件，不僅為台灣人民贏得公義與尊嚴，也為台日建立「特別夥伴關係」奠定基礎。同時我們逐步發展多邊關係，彈性參與更多國際組織與活動，爭取更寬廣的國際空間。[44]

43　國家安全會議，2006 國家安全報告，頁 88。

44　「總統主持中華民國建國 97 年國慶典禮」，總統府，http://www.president.gov.tw/php-bin/prez/shownews.php4?_section=3&_recNo=48

此外，利用大國間之矛盾關係，尋求本身最大的利益亦是活絡外交可以思考的方向。以中日關係為例，兩國本屬東亞兩大強國，在競爭的本質下，中國經濟崛起多少引起亞太第一經濟大國日本的不安與疑慮，另一方面，中國軍事力量也隨著中國經濟的崛起而增強，加以其軍備力量增強欠缺透明度，使日本對中國的疑慮愈加明確，在現實利害考量與內部感情因素的激化下，從而出現加速向普通國家轉型、加速軍事正常化、強化美日安保體制等作為。而這樣的發展又加深中國對美日安保體制強化等不安與疑慮。

根據《每日新聞》在 97 年 5 月初進行的民調顯示，對於有關「日本是否應該改變對中國的態度」等問題，大約有 51%的民眾認為，日本應對中國採取更嚴格的政策。[45]在政府方面，胡錦濤在 97 年訪日，針對中國方面關切的「台灣問題」，日方並未向中方做出「反對台獨」或「不支持台獨」的承諾，僅重申日方將繼續堅持在「中日聯合聲明」中就「台灣問題」表明的立場。此一發展顯示日本對兩岸問題的政策立場已越來越明確，亦即在改善中日關係之際，拒絕在「台灣問題」上向中國做出超越「中日共同聲明」的承諾。[46]中美之間的互動關係，亦出現類似的情況。因此，利用大國之間的矛盾關係，應有助於我國對外關係的發展。

在兩岸政治定位上，有別於民進黨政府，馬政府採取的政治戰略是淡化主權爭議，新政府上任前，副總統當選人蕭萬長和中國國家主席胡錦濤會面時，蕭萬長當場提出「正視現實，開創未來，擱置爭議，追求雙贏」十六個字。蕭萬長並提出兩岸直航由周末包機

[45] 中國時報，2008 年 5 月 6 日。

[46] 蔡明彥，「胡錦濤訪日與中日關係近期走向」，大陸與兩岸情勢簡報（2008 年 6 月），頁 3。

開始、儘速開放中國大陸觀光客來台、促進兩岸經貿正常化、恢復兩岸協商機制四項要求。[47]

新政府就任後，馬英九總統在國慶談話中，在提及兩岸問題時也指出，海基會與海協會應在「九二共識」的基礎上重啟中斷十年的協商，化解兩岸對立情勢，開創和平新局，穩定東亞局勢，贏得國際社會肯定。我們秉持「以台灣為主，對人民有利」的原則，在開放鬆綁的政策指導下，逐步推動包機直航、陸客來台觀光、小三通擴大以及台商回台上市等，為海峽兩岸開創一個開放而穩定的新局。[48]希望藉由政治爭議的擱置，共創兩岸雙贏的發展。

在國內方面，健全民主發展對兩岸政治的發展具有正面的意義，根據西方學者的研究發現，民主國家間不會發生戰爭，此種觀點被稱為「民主和平論」。如學者 Robert Dahl 在其名著《論民主》一書中，列舉為什麼要實行民主的原因之一，就是「現代代議制民主國家之間彼此不會互相交戰」。他進一步申論指出：「民主政府居然有這樣的長處，這大大出乎人們的預料和期望。但到了二十世紀的最後十年，事實已無可辯駁。在 1945 年到 1989 年間總共發生的三十四場戰爭中，沒有一起發生在民主國家中間。而且民主國家之間，幾乎不會想到要打仗，也不會進行備戰。往前推到 1945 年以前，這個觀察甚至同樣是真實的。」[49]

以此推之，台海和平與台灣國家安全的展望，一方面在於台灣維持自由民主體制並順利地邁向民主鞏固的目標，避免民主倒退甚

---

[47] 「綠營：蕭胡會擱置主權爭議恐埋未來障礙」，http://n.yam.com/cna/politics/200804/20080413037218.html

[48] 「總統主持中華民國建國 97 年國慶典禮」,總統府，http://www.president.gov.tw/php-bin/prez/shownews.php4?_section=3&_recNo=48

[49] Dahl, Robert A, On Democracy (New Haven, Conn.：Yale University Press, 1998), p. 57.

至於民主崩潰；另方面則繫於中國未來民主化能順利啟動，並在國際社會的協助下，穩定和平地進行民主轉型與民主鞏固的歷程，最終成為自由民主的國家。[50]

二、經濟戰略

隨著國際經濟互賴關係的廣化與深化，「對外經濟戰略」逐漸成為國家戰略規劃中不可或缺的一環與重點。「對外經濟政策」（foreign economic policy）、「國際經濟政策」（international economic policy）、「經濟外交」（economic diplomacy）、「經濟戰」（economic warfare）、「經濟制裁」（economic sanctions）、「經濟脅迫」（economic coercion）等涉及對外經濟關係的概念與做法，也因而時常出現在國家的對外戰略中，試圖影響與其他國家或區域的經濟與政治關係。[51]

兩岸關係在政治主權的爭議及對抗下，相互影響並壓縮我國經濟戰略的規劃彈性，民進黨政府執政時期的政治戰略並無助於兩岸經濟的合作，且有日益惡化的趨勢。即使如此，民進黨政府仍希望順應經濟全球化的發展趨勢，擴展我國與各國在經濟上的合作；2002 年 8 月陳水扁總統在大溪會議後的十點裁示提到，為落實「深耕台灣、布局全球」的經濟戰略，「經濟、外交等行政部門應加速推動與我貿易夥伴包括美國、日本及東協國家等簽署自由貿易協定，以全面開展對外經貿網絡，深化台灣經濟國際化。」[52]然而受制於兩岸政治僵局，成果極為有限。

---

[50] 李酉潭，「民主化與台灣的國家安全」，新世紀智庫論壇，第 42 期（2008 年 6 月 30 日），頁 51。

[51] David A. Baldwin, Economic Statecraf （Princeton, NJ: Princeton University Press, 1985）, pp.33-39.

[52] 「大溪會議／陳總統裁示全文」，http://www.ettoday.com/2002/08/25/319-1344056.htm

回顧前述 1990 年代以來相關的台灣對外經濟戰略與政策作法，從南向政策到布局全球幾乎都是以避免「西進」、降低對中國依賴與減少風險為目標。儘管如此，近年來中國已是台灣的最大貿易夥伴與對外投資地，當前兩岸經貿關係之密切更是史無前例，也是台灣首次如此深與廣地參與中國經濟發展進程，第一次出現與中國經濟興衰息息相關的現象。顯然，防止西進的策略並未全然奏效，兩岸經濟已出現非常明顯的、自發性的「功能性整合」與互賴特徵。[53]

新政府上台後，調整了以往的經濟戰略思維，總統馬英九以「壯大台灣、結合亞太、布局全球」作為主要經濟戰略，期望打造台灣成亞太經貿樞紐、外商亞太營運中心、台商全球營運總部，在意義上，可說是重啟以往「亞太營運中心」的願景。[54]雖然在思維上與民進黨政府強調根留台灣的主張相同；然而在面對中國經濟崛起的態度上卻不甚相同。民進黨政府由於在政治立場上希望與中國做完全的切割，因此不希望雙方經濟整合影響到其政治主張，因此極力排除與中國經濟整合的可能；新政府則認為，中國經濟的崛起是不可逃避的現實，雙方經濟的合作不但不是台灣的危機，如能利用本身的優勢，還能藉由中國經濟的崛起為台灣經濟尋求出路。因此，兩岸經濟佈局應先經濟後政治，在暫時擱置政治爭議的共識下，展開經濟的合作，如此才能為台灣做全球性的經濟佈局。

---

[53] 江啟臣，「新區域主義浪潮下台灣亞太區域經濟戰略之研析」，第四戰略學術研討會（2008 年 4 月 18 日），頁 18。

[54] 「亞太營運中心」的構想在於善用台灣經濟戰略位置的優勢，擴大與亞太各國的經貿連結。1995 年台灣政府核定「發展台灣成為亞太營運中心計畫」，並於 1997 展開第一階段工作，同年 7 月至 2000 年進行第二階段。第一階段的執行重點在於藉由法令與行政措施的增修，加速經濟體質的改善，以深化經濟自由化與國際化的程度；第二階段側重於推動投資營利相關法制，擴大各營運中心規模及提昇產業效率。經建會網站。http://www.cepd.gov.tw/m1.aspx?sNo=0001997&key=&ex=%20&ic=

此種經濟戰略的具體展現，可從副總統蕭萬長先生所提出之「兩岸共同市場」概念看出端倪；此戰略的規劃建立在台灣最大的市場、生產基地、投資對象都在中國大陸，影響台灣參與東亞區域整合的關鍵也是中國大陸，唯一能破解僵局、進一步推動台灣經濟的方法，就是承認台灣的發展與中國大陸脫不了關係。因此在現實上，「兩岸共同市場」就是「大中華市場」。[55]其具體作為在兩岸共同市場一個前提三步到位逐步完成：一個前提是「九二共識一中各表」，三步包括：一、三通直航，兩岸經貿正常化；二、簽訂經貿互惠協定；三、關稅同盟與貨幣同盟。兩岸先把政治歧異放一邊，就如同一九九二年兩岸對「一中」內容無法達成共識，決定以「各自表述」的方式暫時擱置爭議，在這個基礎上，平等而務實地追求經濟合作。[56]

此外，台灣也應在兩岸經濟合作的基礎上，擴展區域於全球的經濟部局。過去台灣三次南向政策的推出，雖以拓展台灣對東南亞國家的投資與經貿關係，其用意還是在避免台灣經濟過度向中國傾斜。在兩岸政治的限制下，並無法有效突破台灣被東協或東亞區域主義排除的困境。

不過隨著新政府經濟戰略的調整，台灣有必要重新調整過去的南進政策目標與內涵，在策略上台灣應將「南向政策」由過去消極性，分散對中國投資風險的策略目標，轉化為用「心」與東南亞交往、協助東南亞發展，促進台灣與東協多元交流互動的「『心』南向政策」。例如，台灣可對經濟發展程度較低的東南亞國家，提供普遍關稅優惠（Generalized System of Preferences, GSP），以提升相互關係，或思考東南亞版的「榮邦計畫」，達到睦鄰、富

---

[55] 蕭萬長，「兩岸共同市場的理念與實踐」，http://www2.tku.edu.tw/~ti/new-inf/Shiou.pdf

[56] 同上註。

鄰的目的。重點在透過用心交往，在協助引導東南亞的經濟發展或民主社會轉型上，扮演一個較積極的角色，以提升台灣經濟在區域影響力。[57]

三、軍事戰略

根據 97《國防報告書》中指出，「有效嚇阻、防衛固守」為國軍防衛作戰的戰略構想，基本理念在宣示我國是愛好和平的國家，但是國家的生存、發展一旦遭受威脅，我們有能力，也有決心，運用一切手段，使敵人付出慘痛代價，以保護國人生命、財產的安全，使國家得以永續發展。

「有效嚇阻」主要是憑藉建立具嚇阻能力的國防武力，使敵人在有意從事任何冒險進犯行動時，透過勝負不確定、可能得不償失等盤算的結果，促使其主動放棄發起軍事侵略行動的妄念。「防衛固守」則是當「有效嚇阻」策略未能改變敵軍謬誤判斷，仍悍然發起入侵行動時，我軍則透過快速後備動員機制的運作，凝聚國家整體防衛能量，在全民抗敵意志與力量的支持下，以三軍聯合作戰方式，由空中、海上、陸上，全面對敵人發起致命性的反擊，展現國軍守護國土的堅定決心。[58]

「有效嚇阻、防衛固守」其軍事含意兼具攻守意義，隨著不同政黨執政，依其政治主張而有所側重。在民進黨執政時期，在強化主權的原則上，兩岸在政治上採取對抗，因此在軍事上則較側重「有效嚇阻」，以配合政治面的主張。2000 年 6 月 16 日陳水扁在主持陸軍官校校慶典禮上，提出了「決戰境外」的作戰指導思想，強調要將守勢防禦調整為攻勢防禦，積極籌建源頭打擊力量，建構癱瘓

[57] 江啟臣，「新區域主義浪潮下台灣亞太區域經濟戰略之研析」，頁 25。
[58] 國防部，中華民國九十七年國防報告書，頁 114-115。

敵人發動戰爭的能力，優先強化海空軍力，發展深入敵境的精確打擊能力，將防衛縱深前推至敵人領土上等等，就是此種邏輯的延伸。

馬政府上台後，其政治主張於民進黨不同，在淡化兩岸政治差異的前提下，採取「政治擱置，經濟先行」的兩岸策略，因此對「有效嚇阻、防衛固守」的側重，一改民進黨時期較側重「有效嚇阻」的作法，轉而以「防衛固守」為軍事戰略的核心，據 97 年 9 月 8 日《聯合報》的報導，國安會正秘密研擬國家戰略，已沿用多年之「有效嚇阻、防衛固守」戰略構想將面臨大幅修正。[59]另外，97 年 10 月 22 日，《中國時報》也有類似的報導，據報導指出，馬總統強調以「防衛固守、有效嚇阻」作為國防策略，不再沿用陳水扁政府的攻勢國防。[60]再則 97 年 7 月，一篇刊載在美國海軍戰院月刊，由美國海軍戰院教授莫瑞（William S.Murray）所撰寫的《台灣防衛戰略再思》論文獲得馬政府的高度重視，文中所持論點與馬政府相吻合。

莫瑞認為，中國的軍事現代化基本上改變了台灣的安全選項。他在文中指出，以中國的飛彈戰力，就算台灣以「愛國者三型」全力防阻，中國還是有能力輕易摧毀台灣的機場跑道與港口設施，使國軍的戰機、船艦無法補充燃料和彈藥，也就無法再載。他也舉例，台灣將擁有 12 架 P-3C 反潛飛機，但是在敵人發動攻擊之前，這些飛機在偵搜、監控方面很有價值；一旦跑道被摧毀，這些飛機就沒有作業功能了。所以莫瑞認為台灣應該採行「刺蝟戰略」，也就是強化地面防禦，確保各項關鍵設施，讓台灣能夠經得起長程精準攻擊。如台灣經得起打，才能讓美國多一些時間評估及反應。因此與

---

59 「國安會擬國家戰略軍方未參與」，聯合報，2008 年 9 月 8 日，版 4。

60 「莫瑞刺蝟戰略馬政府重視」，中國時報，2008 年 10 月 22 日，版 A11。

其購買昂貴的空對地、空對海等飛彈，不如購買較便宜以陸地為基地的機動反坦克、反艦、防空飛彈、多管火箭，並強化裝甲及砲火戰力，還要布雷。如此一來，在敵人發動第一擊後，台灣依然保有防禦力量。[61]

莫瑞的論點是建立在美國軍事本位的立場，主張台灣應提高本土防衛能力，以爭取美國介入兩岸軍事的時間。但值得質疑的是，台灣並無戰略縱深，如以本土防衛作為軍事建設重心，或許有助於美國介入台海軍事的衡量時間。然而，就台灣本身來看，所付出的成本太過龐大，以台灣本土作為作戰戰場，即使美國軍事介入獲得勝利，屆時台灣已是一片焦土。況且，如從以往美國軍援的紀錄看，由於其獨特的社會文化傳統，美國對於海外用兵的人員傷亡承受能力是極度的脆弱，並且極不願意面對會以原始的方式（rudimentary ways）回擊而使美國陷入持久戰爭的敵人。換句話說，只要能夠造成美軍的大量傷亡，必能震懾其進一步的軍事行動。[62]此外，美國是否軍援，掌控權並非在我方，風險太大，台灣國防如建立在美軍援的思考上並不可靠，充其量只能作為考量的因素之一。

民進黨政府以往過於強調軍事的攻勢作為，兩岸軍事上容易發生脫序狀況，對美國來說，無法掌握台海軍事發展是一件相當可怕的事，況且在敵大我小的情況下，對我方不利。然而，如像馬政府為減低雙方軍事對抗的氣氛，捨棄本身戰略主動，將軍事建構在完全防禦性之陸戰作為上，並不符合我國地緣條件。此種調整相較於民進黨政府來說，可說是另一種偏執。

---

[61] 同上註。

[62] Thomas J. Christensen, "Posing Problems without Catching up," International Security, Vol. 25, No. 4 (Spring 2001), pp. 14, 17.

四、心理戰略

由於國家認同的分歧，往往給予中國在統戰上的運用空間。因此凝聚國家共識，推行全民國防，應是當前我國心理戰略的主要核心工作。近年來，全民國防已成為政府大力提倡的國防理念，尤其在 1996 年台海導彈危機之後，更普遍受到各界的重視。何謂全民國防，國防法第三條針對全民國防指出：「中華民國之國防，為全民國防，包含國防軍事、全民防衛及與國防有關之政治、經濟、心理、科技等直接、間接有助於達成國防目的之事務。」[63]另外，根據 97 年《國防報告書》則認為，全民國防是以軍民一體、文武合一的形式，不分前後方、平時戰時，將有形武力、民間可用資源與精神意志合而為一的總體國防力量。也就是「以國防武力為中心，以全民防衛為實體，以國防建設為基礎的全民國防。[64]

推行全民國防可從教育與實踐兩個面向著手，在教育方面，我國《全民國防教育法》於民國 94 年 2 月 2 日公布，第 1 條開宗明義：「為推動全民國防教育，以增進全民國防知識及全民防衛國家意識，健全國防發展，確保國家安全。」全民國防教育是最廉價且有效的國防投資。在全球化時代，國家安全的範疇已由傳統的軍事安全，擴及政治、經濟、社會發展和環境保護等綜合性安全趨向。為使全體國民能夠理解國防安全的內涵，具備「國防安全人人有關，國防建設人人有責」的認知，形成「全民關注、全民支持、全民參與」的全民國防共識。國防部積極透過各種教育宣導管道，增進全民之國防知識及防衛意識，同時策辦活潑、多元、寓教於樂的活動，吸引民眾關注國防、鼓勵民眾參與國防，務使全民在心理上

---

63 中華民國國防法，http://mil.hk.edu.tw/mio2/3/3.htm

64 國防部，中華民國九十五年國防報告書（台北：國防部，2006 年），頁 158。

認同全民國防，在行動上支持全民國防，以健全國防整體發展，確保國家安全。[65]

當前我國全民國防教育本著「教育普及」原則，整合相關部會、各級政府、全民防衛動員體系、學校及社會團體等單位，建構完善全民國防教育宣導體系，區分學校教育、政府機關在職教育、社會教育、國防文物保護與教育宣導等四類教育對象，以國際情勢、國防政策、全民國防、防衛動員及國防科技五大教育主軸，審度敵情威脅，務實執行各項教育宣導工作，期能達到提升全民憂患意識、建立全民防衛共識及凝聚全民抗敵意志之目標。[66]

在實踐方面，「全民國防」之實踐，主要是透過「動員準備」與「民防」兩大制度來落實，「動員準備」機制在中央應從國家安全會議統籌行政院各部會（包括國防部、內政部、交通部、經濟部、財政部等）之協調合作，到各地方政府之縣市戰力綜合協調會報機制的運作，將精神、人力、物資、財力、交通、衛生、科技、軍事等範疇加以整合，並透過平時之編管訓及演習的歷練，以落實動員準備制度。至於「民防」制度應結合防空之軍事需求及戰時治安維護與平時的災害防救，將納編之民防組織，有效的於全民國防機制中體現，以形成平戰一體、軍民結合的全民國防體制，共同維護國家安全。[67]

伍、結論

冷戰結束後，不論國內外環境面臨重大改變，2000 年首度政黨輪替更使台灣走向真正的民主化。然而隨著國內外環境的改變，

---

[65] 國防部，中華民國九十七年國防報告書，頁 232。

[66] 同上註，頁 232。

[67] 歐陽國南，「發揚抗戰精神落實全民國防」，國防雜誌，第 22 卷第 4 期（2007 年 7 月），頁 101。

我國國家安全目標及國家戰略亦須調整，以配合國家未來的發展。2008 年總統大選，大選結果代表國民黨之總統候選人馬英九當選，完成政黨二次輪替。

相較於民進黨政府，馬政府對國家安全環境的看法差距極大，因此也就影響到對國家目標的設定，進而影響國家戰略的建構。就本文從政治、經濟、軍事及心理面的分析，馬政府國家安全目標的設定以政治面為核心，藉由淡化兩岸政治議題為出發，在「擱置主權爭議」的前提下，設定經濟、軍事及心理安全目標，進而建構由政治、經濟、軍事及心理所組成之國家戰略。

值得注意的事，在弱化政治爭議的同時，雖然有助於兩岸其他尤其是經濟面向的發展及規劃，然而面對中國對台灣的政治野心，國家整體安全亦面臨極大的挑戰，因此在事務性方面的設計應更需謹慎，才不至於陷入中國的政治統戰陷阱中，如此方能共享因兩岸「政治擱置」所帶來的戰略效果。

第三章　兩岸關係的發展與困境

（李承禹　博士）

壹、前言

過去六十年的政治分治造成兩岸關係的時起時落，而中共三十年的改革開放結果，也促使兩岸政權影響力相互易位。今日的中國大陸政權已非冷戰時期的中共，在美蘇之間夾縫求生，臺灣也非當年自由民主橋頭堡的臺灣，聚集世人眼光展現出為民主奮鬥的驕傲。當前的兩岸在歷經過去的對抗、交流、封閉的波動階段，如今又呈現另一次的關係演變。2008 年我國總統大選後的第二次政黨輪替，開啟兩岸再次交流互動的新契機，然而事過境遷，由於兩岸政經實力消長與變化，臺灣在新的互動階段往往愁於欠缺利基，談判籌碼薄弱而倍感艱困。的確，兩岸關係的重啟交流對我國而言有不得不為的現實考量，但對中共而言，何嘗也有不得不為的壓力；臺灣是基於安全利益與經濟利益考量，大陸政權則是由上而下日益升高的「反獨」壓力。弔詭的是，此股壓力是由前政府執政八年所建構出的，而此時卻成為新政府與大陸進行交流協商時的最大利基與籌碼。由此可清楚看見兩岸關係發展的變動性，而檢視今日的互動交流過程，兩岸脆弱的互信也常使交流格局在進一步退兩步的遲疑中蹣跚而行。儘管如此，兩岸重啟互動仍然充滿想像空間，特別是對我國而言，兩岸問題幾乎是外交、經濟、國防與內政問題的核心，兩岸關係的大幅改善與利益建構，實為新政府施政的「重中之重」。

貳、兩岸關係的繼往開來

一、冷戰歷史際遇的延續

兩岸關係（the cross-strait relations）發展一直是全球關注的焦點，原因在於兩岸間潛藏極大的不確定性；兩岸關係的任何改變，都將受到亞太區域的高度矚目（danger zone）。[1]就歷史觀察，1950 年代冷戰時期，台海兩岸成為東西方角力的主戰場之一。表面上「國共」兩政權隔海對峙，實際上是由美國及蘇聯建立渠道各自支援兩岸政權。此不僅形成海峽兩岸的意識型態對立，更引發多次緊張關係與危機（兩岸歷史上四次台海危機，見表 3-1）。縱使在美蘇勢力消退後的 1980 年代末期，兩岸此種對立的本質並未有太多改變；惟因經貿往來與人民互動日漸頻繁，軍事對峙的對抗模式逐漸退居幕後，兩岸進入另一晦暗不明的交往階段。[2]

---

1 美軍太平洋指揮部司令吉亭（Timothy Keating）評論亞太地區三個主要衝突熱點為：台海、朝鮮半島及印巴，見《中國評論新聞》，2007 年 1 月 14 日。

2 1980 年代末期迄今，中共對台灣的武力威脅雖未曾消除，但隨著兩岸關係與國際局勢改變，中共改變對台採取武力行動的優先選項。本文所謂晦暗不明的交往階段，主要指涉兩岸的「統獨糾葛」：中共對台主權主張愈高漲，台灣民意的獨立意識則愈升高。此種雙向互動過程在 1995 年到 2007 年底間，多次被檢證出具有顯著相關性。

表 3-1　1949 年後的四次台海危機

時間	台海危機	發展過程
1949-1950	第一次台海危機	中共繼 1949 年 10 月 1 日宣布「建政」（中華人民共和國）後，決定延續對國民黨的軍事行動（中共稱「解放台灣」）。10 月 24 日中共挾「解放廈門」之攻勢，進犯金門古寧頭。25 日攻佔古寧頭後，因缺乏後繼兵力，遭金門守軍圍殲。古寧頭戰役失利，中共中央於 1950 年提出「解放台灣、海南島和西藏」的戰鬥任務。[3] 1950 年韓戰爆發，同時美國第七艦隊巡防台海，中共被迫擱置攻台計畫，轉投入「抗美援朝」戰爭。[4]
1953-1955	第二次台海危機	1. 1953 年 7 月韓戰結束，台美簽訂《共同防禦條約》，中共主力部隊自朝鮮返國。[5] 2. 1954 年 5-11 月間，國共發生數次海戰，雙方互有損傷。 3. 1954 年 9 月中共兩次砲擊金門，測試美國協防台灣決心。 4. 1955 年 1 月共軍進犯大陳及一江山島，在美軍第七艦隊掩護下，國軍撤退。[6]
1958-1959	第三次台海危機	1. 1958 年 8 月 23 日共軍砲擊金門，揭開八二三砲戰序幕。[7] 2. 9 月 2 日國共兩軍爆發「料羅灣海戰」（九二海戰）。[8]

3　《中美關係文件彙編》（19401976），（香港：70 年代月刊，1977 年 3 月），頁 192。

4　張虎，《剖析中共對外戰爭》，(台北：幼獅文化事業民國，民國 85 年 7 月)，頁 19。

5　1954 年 12 月 2 日外交部長葉公超與美國國務卿杜勒斯共同簽署中美共同防禦條約（Mutual Defence Treaty between United States and the Republic of China），內容指出：1.明白宣示台灣在國際外交的地位，並表示台、澎絕無可能被當成美國的外交籌碼。2.在於驅散中共對美國協防台灣所抱持的懷疑。3.此條約將使中美政府間軍事安排的共同防禦得到調整。

6　徐學增，《蔚藍色的戰場——大陳列島之戰紀實》（北京：軍事科學出版社，1995 年 2 月），頁 6-8。另見陳志奇，《戰後美國對華政策之蛻變》（台北：帕米爾書店，民國 70 年 4 月），頁 93。

7　林正義，《1958 年台海危機期間美國對華政策》，（台北：台灣商務出版，民國 74 年），頁 44-45。

8　徐焰，《金門之戰 1949-1959》（北京：中國廣播電視出版社，1992 年)，頁 249-250。

		3. 美國增援部隊及裝備進入台海周邊（航母 7 艘、重型巡洋艦 3 艘、驅逐艦 40 艘），10 月 6 日中共發佈文告，宣布停止砲擊金門。[9]
1995-1996	第四次台海危機	1. 中共為報復李登輝前總統訪美行程及康乃爾大學的講演，展開第四次台海危機序幕（台海飛彈危機）。[10] 2. 1995 年 7 月 21-28 日，中共在東海進行導彈及火砲演練。共軍江西鉛山導彈基地發射東風 15 導彈 6 枚，目標為富貴角北方 70 海浬處。 3. 1995 年 8 月 15-25 日，中共進行第二次導彈及火砲演練。隨後中共東海艦隊實施海空聯合作戰及海上封鎖演習。 4. 1995 年 11 月南京軍區於福建沿海地區實施陸海空聯合作戰演習。1995 年 12 月 19 日尼米茲號航母通過台灣海域。 5.1996 年 3 月中共再次導彈試射，從福建永安、南平飛彈基地發射四枚東風 15 導彈，三枚射向高雄外海（距高雄港 30 至 150 海浬海域爆炸），另一枚射向基隆外海 29 海浬處。 6. 1996 年 3 月 12-20 日，共軍在東海及海南島展開第二次海、空實彈軍事演習。 7. 1996 年 3 月 18-25 日，共軍展開第三次陸海空三軍聯合登陸演習。 8. 1996 年 3 月美國獨立號及小鷹號航母於台海會合，實質介入台海危機，中共停止軍事演習。

資料來源：筆者自行整理。

在四次台海危機中，中共 1995 及 1996 年對台飛彈試射與軍事演習，乃是極具嚇阻性的軍事行動，為要報復李登輝前總統訪美言論，並藉機干擾我第一次總統直選。換言之，除第四次台海危機外，

9 《建國以來毛澤東文稿（七）》（北京：中央文獻出版社，1992 年），頁 479。

10 資料來源為國防部於 2006 年 3 月 7 日「台海飛彈危機 10 週年」記者會所公布之解放軍對台七波軍演過程。另見亓樂義，《捍衛行動：1996 臺海飛彈危機風雲錄》（台北：黎明出版社，民國 95 年）。

其餘三次中共均派出實際兵力與我軍發生激烈衝突（包括八二三砲戰）。四次危機對台海安全造成重大威脅，更是台灣居民記憶中永難磨滅的刻痕。基此可瞭解，中共對我們的威脅並非僅存於想像，而是真實地發生在過去的歷史中。惟兩岸互動不完全只有衝突，在危機當中也存在著往來，尤其是民間經貿與文教交流，往往不是對立的意識型態可全然切割。

參、兩岸關係發展的五個階段

筆者透過五個不同階段的兩岸關係發展，來界定政府及民間作用於兩岸的努力與突破。首任陸委會主委黃昆輝曾於民國八十一年十二月撰文闡述兩岸關係的發展過程，將兩岸互動界定為三個階段（軍事對抗、和平對峙及民間交流三時期），[11]而延續黃昆輝的界定，筆者於後加入兩個時期：兩岸停止接觸時期、重啟交流時期。此兩時期與我國重要的兩次政黨輪替時間相合；隨著執政黨的更迭，政府的兩岸關係在政策上也產生極大差異。

一、軍事對抗時期（1949-1978）

國共內戰的結束造成兩岸長期分治與對立。1949 年「中國共產黨」於北京建立政權，國民政府則因戰爭失利播遷來台，中共當時意圖藉由軍事手段完成「統一中國」目標，兩岸因而劍拔弩張。政治上互不承認對方存在及合法性，並糾結於聯合國「中國代表權」問題，而我政府則極力保住台灣這最後的復興基地與反共堡壘。

---

[11] 黃昆輝，〈當前大陸政策與兩岸關係〉，行政院陸委會 81 年 12 月 20 日「公益系列講座」。http://www.tpml.edu.tw/TaipeiPublicLibrary/download/eresource/tplpub_periodical/articles/1004/100401.pdf

兩岸隔海對立初期，政策上中共對外宣稱要以武力「解放台灣」，而我國則誓言「反攻大陸」。雖經過 1949 年金門古寧頭戰役及 1958 年的「八二三砲戰」，台海緊張情勢仍然持續。1960 年代由於中共爆發文化大革命，兩岸煙硝味驟降，但外交戰場的交鋒卻未曾停歇。自 1962 年起，中共每年委由同為共產集團國家的友邦申請加入聯合國，由於受到冷戰對峙氛圍影響，西方國家多數承認由我政府在聯合國的代表權，並跟隨美國承認我在國際上的合法地位。[12]因而在 1960 年代，相較於中共，中華民國居彈丸之地卻擁有可觀的外交成果（1969 年我國邦交國數目達到 68 個高峰）。

與此同時，中共由於「文革」爆發，且對外先後與蘇聯、印度交惡，導致外交呈現孤立傾向，僅有 24 個邦交國。不過隨後雙方外交實力即開始發生轉變，中共逐漸取得國際承認。[13]1971 年 10 月 25 日台灣退出聯合國，隨即聯合國大會通過第 2758 號決議，承認中華人民共和國取得聯合國中國代表權。[14]此時期台海兩岸均堅守「一個中國」原則，此一原則隨著中共在聯合國取代中華民國後

---

12 包宗和，《美國對華政策之轉折：尼克森時期之決策過程與背景》（台北：五南，民國 91 年）。此書為包宗和教授碩士論所改寫，對尼克森當時對華政策，以忠於史實的態度加以陳述，企圖還原政策之原貌，並對政策得失進行檢討。

13 陸以正，〈不再是機密的外交秘辛〉，臺北：《國家政策研究基金會》，民國 91 年 7 月 24 日。

14 1971 年 10 月 25 日聯合國大會第二十六屆會議通過二七五八號決議：〈恢復中華人民共和國在聯合國的合法權利〉。主要內容為：「回顧聯合國憲章的原則，考慮恢復中華人民共和國的合法權利對於維護聯合國憲章，和聯合國組織根據憲章所必須從事的事業都是不可少的。承認中華人民共和國政府的代表是中國在聯合國組織的唯一合法代表，中華人民共和國是安全理事會五個常任理事國之一。大會決定恢復中華人民共和國的一切權利，承認她的政府代表為中國在聯合國組織的唯一合法代表……。」決議文最後以非常不客氣的字眼提及：將中華民國代表驅逐出聯合國及所屬一切機構。此為我國在國際上所遭遇到最嚴重的外交挫敗與恥辱的時刻。

在國際間更為鞏固；即使有國家願意「雙重承認」北京與台北，然而兩岸政府均不接受。[15]我國的外交關係為此大受打擊，至 1976 年與我國維持邦交的國家計 26 國，其餘世界各國多轉向承認中華人民共和國，包括 1972 年與中共建交的日本及 1979 年的美國。

美國的態度在此時期對兩岸的定位產生主導作用。1949 年後美國雖先承認在台灣的中華民國為中國合法主權，並在 1954 年與我國簽訂《中美共同防禦條約》以對抗共產勢力的蔓延。[16]而 1950 年代起，美國即界定台海兩岸分治現狀為符合其國家利益最佳狀態，隨即美國與中共更在 1972 年《上海公報》及 1979 年的《建交公報》裡，表達「認知」（acknowledge）海峽兩岸都屬於「中國」，台灣是中國一部份的立場。美國曖昧的「認知」態度，其實為保有其在兩岸的最大利益（《上海公報》、《建交公報》、《八一七公報》合稱美「中」關係中最重要的「三個聯合公報」）。[17]

---

[15] 所謂「雙重承認」意表外交上的彈性與權宜之計，但事實上仍屬一廂情願。國際法上只有「單一承認」，也就是承認或不承認的零和關係。「雙重承認」的前提是承認國和兩個被承認國一致接受才能成立，只要三方之中有一方不接受就不成立，但基本條件是國際上須先承認「兩個中國」的存在。回顧 1970 年代的國際局勢，願意與兩岸維持雙重承認的國家基本上並不符合國際法與國際慣例，故兩岸不接受雙重承認實屬自然之事。

[16] 見國立中央大學「台灣教學歷史資料網」，公開之《中美共同防禦條約》，2008 年 12 月 23 日擷取。http://140.115.170.1/Hakka_historyTeach/relation_detail.php?sn=12

[17] 國內學界對美中「三個公報」見解頗為分歧，從國際法及美國國內法角度觀之結果大不同。國內「台灣主權未定論」主張者認為，「三個公報」並無法確立台灣主權歸屬中國大陸，美國在「三個公報中」的曖昧態度，及「台灣關係法」法源依據卻可認定台灣主權的暫時狀態。但部分國際法學者認為三個公報雖未直接宣判台灣不存在於國際，但卻認為台灣屬於中國之一部分。惟國際法與美國國內法並不能有效解決歷爭議與變更強權態度，因此三個公報縱使並不代表台灣地位歸屬中國，但卻清楚顯宣告中共代表中國合法政權。而筆者認為中華民國事實主權並不因台灣主權歸屬而受影響，「三個公報」或中國的聯合國代表權問題也不影響中華民國事實主權。

此時期，中共在國際間爭取承認和支持，美國亦為建立美中關係正常化，表達出不反對中共對台灣擁有主權的主張，直到 1971 年阿爾巴尼亞為首的中共友好國家於聯合國大會提案，中共正式取代我國參與聯合國運作。因此可知，在 1970 年代的冷戰氛圍中，國際間實仍存在國與國、陣營與陣營間的現實利益角力，1971 年我國因此成為大國利益下的犧牲者，被迫退出聯合國，1972 年美中《上海公報》，更是台灣受制於中共「一中原則」的開始，我外交空間因此遭受重大壓迫。[18]

二、和平對峙時期（1979～1986）

和平對峙時期，我國在風雲變色中勵精圖治，中共由武力解放台灣轉而採「和平統一中國」策略（和平統戰重點時期）。中共繼 1979 年與美、日建交後，為營造國際和平氣氛，1979 年 1 月 30 日中共人大會提出「告台灣同胞書」提倡「三通」（通郵、通商、通航）、四流（經濟、文化、科技、體育交流）與「一國兩制」；但同時卻宣示未承諾放棄使用武力解決台灣問題。[19]當時蔣經國總統立即揭示「三不政策」（與中共不接觸、不談判、不妥協），並提出「以三民主義統一中國」予以反制及回應。[20]1981 年 9 月 30 日，中共「人大」委員長葉劍英發表「進一步闡明關於臺灣回歸祖國實現和平統一的方針政策」，即一般通稱的「葉九條」，企圖軟化我政府立場。[21]

---

[18] 詳見行政院陸委會：美國與中共簽定之「上海公報」及「八一七公報」全文。http://www.mac.gov.tw/big5/rpir/1_11.htm

[19] 詳見行政院陸委會：一九七九年元旦中共人大常委會「告臺灣同胞書」全文。http://www.mac.gov.tw/big5/rpir/1_1.htm

[20] 詳見行政院陸委會：故蔣總統經國先生於民國六十八年四月四日提出「三不」政策全文。http://www.mac.gov.tw/big5/rpir/3_6.htm

[21] 詳見中共中央文獻研究室選編，〈關於臺灣回歸祖國實現和平統一的方針政策〉《三中全會以來重要文獻選編》（北京：民出版社，1982）。

此時期看似和平，但卻暗潮洶湧，大陸不斷以喊話方式，對我實施統戰策略。但統戰終究敵不過事實的檢證，國人很快察覺：統戰僅是中共的兩手策略，為是要誘使台灣向其稱臣。1979 年美國卡特總統（Jimmy Darter）宣布與我國斷交，隨後中共與美國加速拓展實質關係，此變化是我國退出聯合國後又一次重大外交挫敗。1981 年中共與美國簽訂《八一七公報》，鄧小平也在 1984 年為兩岸的走向提出「一國兩制」的基調（鄧六條）。《八一七公報》延續《上海公報》對一個中國的界定，使台灣僅能被迫在美國與中共所建構的框架中活動。[22]故和平是假象，對峙才是事實；台灣未能察覺大陸一絲一毫的善意，而中共在國際間對台灣的打壓更不停歇。

和平對峙時期的我國，雖未受到中共砲火威脅，但中共藉由拓展與美國的實質外交，使我國的國際及外交空間持續受到打壓。此為中共強迫我接受「一國兩制」的手段，台灣必須在此種嚴峻的內外交迫中，尋找可能的活路。

三、民間交流時期（1987～2000）

不尋常的年代，的確能激發出不平凡的意志。民間交流時期的台灣正由威權走向民主開放，領導人的智慧與勇氣不言而喻。此時期兩岸展開較頻繁的互動，兩岸首次交流主要開啟於 1987 年蔣經國總統的「開放大陸探親」政策。基於人道考量，近 40 年的兩岸阻斷再現契機。一批批因戰亂來台的「外省」老兵，拎著大包小包行李與久別親人相擁而泣的畫面，令人感嘆萬分。兩岸為處理此巨大的變革，1988 年行政院成立「大陸工作會報」，協調各機關處

---

[22] 同註 18。

理有關大陸事務；1990 年我政府成立「國家統一委員會」，以《國家統一綱領》來規劃台灣的中、長程發展，並主導兩岸後續政策。之後，1991 年行政院正式成立「大陸工作委員會」，掌管日益頻繁的兩岸民間往來與互動政策。而為能代表政府直接與大陸方面溝通談判，同年又成立「財團法人海峽交流基金會」，[23]以此民間機構充當政府「白手套」，突破現行兩岸政治障礙，進行具實質效益的事務性協商。

大陸方面亦同，1988 年中共國務院成立台灣事務辦公室（與中央台灣事務辦公室同一批人馬），主導對台政策。1991 年又成立「海峽兩岸關係協會」成為與「海基會」的對口單位。大陸為吸引台商投資，及藉由台灣經驗擴張其經濟改革成效，1990 年三月間第一個臺商協會「北京臺資企業協會」成立，開始處理台商投資事宜。我政府為釋出善意，也由李登輝總統試探性地抛出：「如中共當局能推行民主政治及自由經濟、放棄在臺灣海峽使用武力，不阻撓我們在一個中國前提下開展對外關係，則我們願以對等地位建立雙方溝通管道、全面開放學術、文化、經貿與科技交流。」[24]

此時期，從民間交流到政府層級的談判協商，兩岸均有所斬獲。雖然大陸方面屢以政治性協商及一中原則，要脅我政府直接與其進行主權議題對話，然而台灣仍是技巧性迴避敏感政治性與定位議題。1993 年，中共頒佈《台灣問題與中國統一》白皮書，[25]1995 年又提出《江八點》，宣揚其一國兩制與和平統一的大方針。我政

---

[23] 見行政院陸委會「兩岸大事記」，時間序。http://www.mac.gov.tw/big5/mlpolicy/cschrono/scmap.htm

[24] 李登輝總統於第八任總統就職演說中的文告。

[25] 詳見 1993 年 8 月中共國務院台灣事務辦公室、國務院新聞辦公室中聯合公布：《台灣問題與中國統一》白皮書，北京，《人民日報》。

府則以李登輝總統的《李六條》回應（內容比較參閱表 3-2），隨後又傳達出兩岸兩會可進行協商的立場。[26]李總統強調：「在兩岸分治的現實上追求中國統一」，但中共強硬地不認同任何分治的語意。[27]兩岸交流至此，遇見難解的主權及定位障礙。1995 至 1996 年，中共更藉由報復李總統的美國康乃爾大學之行，對台展開一系列的文攻武嚇。此所謂的「台海飛彈危機」為兩岸近 20 年的交流劃下休止符。兩岸自此進入官方隔海放話，但民間卻往來熱絡的不正常景況。

表 3-2　《江八點》及《李六條》內容參照

	江八點	李六條
主要內容	統一原則：一中 VS 分治	
	堅持一個中國的原則，是實現和平統一的基礎和前提	在兩岸分治的現實上追求中國統一
	統一進程：一中 VS 對等	
	反對臺灣以搞「兩個中國」「一中一臺」為目的的所謂「擴大國際生存空間」的活動	兩岸平等參與國際組織的情形愈多，愈有利於雙方關係發展及和平統一進程
	談判原則：一中 VS 放棄對台用武	
	雙方可先就「在一個中國的原則下，正式結束兩岸敵對狀態」進行談判，並達成協議	中共放棄對臺澎金馬使用武力，就雙方如何舉行結束敵對狀態的談判，進行預備性協商
	經貿交流原則：三通 VS 經貿正常關係	
	大力發展兩岸經濟交流與合作，加速實現直接「三通」	增進兩岸經貿往來，發展互利互補關係

[26] 參見行政院陸委會大陸資訊及研究中心提供之「江八點」全文。http://www.mac.gov.tw/big5/rpir/1_4.htm

[27] 參見行政院陸委會大陸資訊及研究中心提供之「李六條」全文。http://www.mac.gov.tw/big5/rpir/1_5.htm

	文化交流：促進和平統一 VS 兩岸交流基石	
	中華文化是實現和平統一的重要基礎	以中華文化為基礎，加強兩岸交流
	統一方式：一國兩制 VS 台灣不同於港澳	
	要充分尊重臺灣同胞的生活方式和當家做主的願望，保護其一切正常權益	兩岸共同維護港澳繁榮，促進港澳民主

資料來源：筆者彙整。

綜論民間交流時期的兩岸互動情勢，可清楚看見一來一往的過招與拆招。然而，我政府已逐漸朝兩岸關係正常化的務實大方向前進，而中共卻仍未改變其刻板的「一國兩制」及「和平統一」方針，因此兩岸關係難有重大突破。此時期，大陸發生舉世震驚的「六四天安門事件」，加上東歐共黨陣營垮台與蘇聯解體（1989～1991年）。中共被迫加強內部控制，以因應可能的情勢變化，對台策略上則採取「政治更左、經濟更右」政策以調節。

四、停止接觸時期（2000～2008）

(一) 後李登輝時期

停止接觸指涉的是兩岸在官方階層暫停接觸，但民間的往來卻持續進行，尤其在經貿來往及投資上，台灣更大幅度西進，規模也日益擴張。

李登輝前總統在 1999 年 7 月接受「德國之聲」專訪時表示，中華民國自 1991 年修憲以來，已將兩岸關係定位在「國家與國家，至少是特殊的國與國關係（Special state to state relationship）」，而非一合法政府、一叛亂團體，或一中央政府、一地方政府的「一個中國」內部關係。[28]此專訪立即受到中共中央臺辦、國臺辦等官方涉台機構嚴厲批判。李總統隨後雖在接見美國在臺協會理事主席卜睿哲（Richard Bush）時，進一步說明：中華民國推動建設性對話與良性交流的大陸政策並沒有任何的改變，日前所提的「特殊國與國關係」論述，是以「國家元首的身分表達及反映我國大多數人民的心聲，此為民主國家尊重民意的展現。」[29]然而，並不被大陸當局接受。「特殊國與國關係」論述後（中共定調為「兩國論」），中共官方及民間密集地透過媒體對台喊話。例如，當時掌管涉台政策的中共國務院副總理錢其琛，即點名要辜振甫代李總統收回「兩國論」。[30]而傳統態度最強硬的中共軍方及外交部門亦同時升高批判力度。

軍事上，1999 年 8 月 1 日《解放軍報》社論傳遞「戰爭並不遙遠」的威嚇訊息，8 月 16 日又在天安門廣場利用國慶閱兵預演展現其軍力，警告意味濃厚。[31]8 月 31 日解放軍透過廣播傳達大陸廣東省將展開大規模軍事行動，同日又在《解放軍報》報導計畫在東海舉行潛艇演習、在新疆的高海拔地區進行導彈試射，加強對台實施武力進犯的企圖與宣示。1999 年 9 月 11 日，北京中央軍委對

---

28 見〈李總統登輝先生接受「德國之聲」專訪全文〉台北，中央社，1999 年 7 月 10 日。「德國之聲」是世界第三大廣播公司，電台廣播頻道每日以多種語言向全球播送。此次專訪是由行政院新聞局局長程建人陪同，並安排「德國之聲」總裁魏里希（Dieter Weirich）與亞洲部主任克納伯（Gunter Knabc）及記者西蒙嫚索（Simone de Manso Cabral）等人直接採訪李登輝前總統。

29 見政院陸委會，「海峽兩岸關紀要」民國八十八年七月版。http://www.mac.gov.tw/big5/mlpolicy/cschrono/8807.htm

30 何明國、陳鳳馨，〈辜振甫：願再赴大陸進行對話〉，台北，《聯合報》，民國 88 年 10 月 15 日。

31 〈世界並不太平，戰爭並不遙遠〉，北京，《解放軍報》，社論，19999 年 8 月 1 日。

外宣布，「中共解放軍完全有足夠的實力武力解決臺灣問題，目前已做好渡海登陸作戰準備」，「只要中央一聲令下，人民解放軍將會出色完成任務」。[32]至此，中共軍方拉高武力威嚇的態度已為明確，中共中央亦等待台灣的軟化及回應。外交上，當時中共駐美大使李肇星表示，「不排除使用武力制止臺灣搞獨立」，並要求美國不要干涉中國的內部事務。[33]9 月 6 日中共駐聯合國副代表沈國放對國際傳達「若中共動用武力解決『臺灣問題』，不會違反任何國際法，聯合國將無權也不可能干涉。」[34]的跋扈言論，引起譁然。

此段過程可看見兩岸問題的敏感性，稍有認知差異，都可能引發嚴重的後續效應。縱然，國際間乃依循大國的「一中」態度來看待兩岸，不否認是「中國」自己的問題；但在衝突升高時刻，卻又無法否認台灣問題與國際無關，而僅是中國大陸的內政問題。1999 年李總統「特殊國與國關係」論述造成的兩岸政治風暴與軍事危機，充分顯現兩岸和平共處的高度困難。

「特殊國與國關係」論述的發展，最後使大陸海協會會長汪道涵無法如期來台。海基會董事長辜振甫雖就李登輝總統所提「兩岸關係是特殊的國與國關係」舉行說明會，強調「特殊的國與國關係」就是兩岸 1992 年所達成「一個中國、各自表述」共識。辜振甫談話的同時，海基會同時將談話稿傳給中共「海協會」，惟「海協會」在二個小時內，即以辜振甫談話稿「嚴重違背一個中國原則」為由，傳真退回給海基會。大陸海協會指稱辜振甫談話「不倫不類」，並

32 〈中國解決台灣問題決心不會被現代化武器嚇阻〉，北京，《解放軍報》，1999 年 8 月 18 日。

33 〈不排除武力制止台獨立，李肇星促美勿介〉，北京，《中國新聞社》，1999 年 8 月 20 日。

34 〈中國常駐聯合國副代表說：武力解決台問題不違反任何國際法〉，《中新社》，紐約報導，1999 年 9 月 4 日。

重提「兩會交流對話基礎不復存在」。[35]隨即中共北戴河會議確定海協會會長汪道涵取消十月訪臺行程。

(二) 民進黨政府時期

之所以詳細闡述兩岸停止接觸的成因，乃是為說明兩岸互動的高度不確定性與極度缺乏互信。溝通與互信原互為因果；廣為溝通才可增加互信，反之互信基礎決定溝通的深度及廣度。1999 年底的兩岸緊張態勢，不僅引起國際高度關注，連美國政府在國會的強力表態下，也要求必須有所行動。區域動盪似已難免之時，9 月 21 日台灣發生南投集集大地震（「九二一」大地震），連遠在台北的多處建築物亦受到地震影響而倒塌（東星大樓）。我政府全力投入救災及相關工作，而大陸方面由於國際輿論關注，對台的強硬態度也大幅衰減。直至 2000 年 3 月，全國在震災復原中完成總統大選，並造成第一次的政黨輪替。

陳水扁總統的大陸政策與國民黨政府時期有極大差異。基本上，民進黨政府絕不同意中共的「一中原則」，另為區隔民進黨與國民黨的政治意識型態，民進黨乃支持台灣本土意識的抬頭，而後更發展成與歷史及地理的「中國」清楚切割。

大陸方面，在我總統大選結果出爐後，中共「中央臺辦」、「國臺辦」立即發表聲明：「世界上只有一個中國，臺灣是中國領土不可分割的一部分。臺灣地區領導人的選舉及其結果，改變不了臺灣是中國領土一部分的事實，我們願意同一切贊同一個中國原則的臺灣各黨派、團體和人士交換有關兩岸關係與和平統一的意見。」此態度說明中共對台灣政治可能轉變的極度擔憂，恐怕台灣會朝「急

---

[35] 中共國台辦，〈海協負責人就所謂「辜董事長談話稿」發表談話〉，北京，《人民日報》，1999 年 7 月 31 日。

獨」前進。[36]2000 年 4 月 1 日中共國臺辦新聞局長張銘清表示，「除非臺灣新領導人接受一個中國原則，否則中國不會接受任何所謂的密使或代表」[37]此間接表示兩岸協商之門的關閉。若兩岸無重大契機及共識產生，否則此種官方停止接觸的景況將持續下去。

質言之，此溝通與互信的「螺旋效應」，可以是螺旋上升，也可以是螺旋下降。[38]2000 年開始的兩岸停止接觸則是兩岸關係的螺旋下降，愈沒有溝通，則愈無互信，反之亦然。然而，此時期民間交流的需求卻未受政治僵局影響，而呈現更加熱絡的景象。主要原因在於，兩岸政治立場的衝突並不能阻隔人民對經濟、文化及生計的追求，尤其是 2000 年後，台商中小企業赴大陸投資設廠已成為延續企業生命的必然選擇，其中不乏龍頭產業的科技大廠。基此，攸關兩岸人民及金融與經貿交流需求，成為政府的艱鉅挑戰。在對立意識型態懸而未決的時刻，政府並不具政策放寬的信心。而大陸卻大幅釋出利多，以籠絡到大陸投資設廠的台商，並鼓勵台灣民眾赴大陸觀光、旅遊及從事文教活動。

此一來一往又形成兩岸政策的拉鋸戰。雖官方停止接觸，但民間強大需求仍促使官方仍必須因應兩岸情勢的轉變。為方便金馬人民無須經由台灣往返大陸，2001 年 1 月依據「試辦金門馬祖通航實施辦法」，開始試辦金馬小三通。[39]翌日，官方金廈通航參訪團從金門料羅港順利啟航「小三通」。

---

[36] 〈錢其琛：主要承認一個中國，台灣不接受一國兩制也可談〉，台北，《工商時報》，民國 89 年 9 月 10 日。

[37] 〈張銘清指出不能模糊和回避一個中國原則〉，香港，《文匯報》，2000 年 5 月 26 日。

[38] 比爾・蓋茨（Bill Gates）曾就企業經營中的正負反饋迴圈問題，提出所謂「正回饋迴圈」又稱「正向螺旋」。見王美音譯，比爾・蓋茲著，《擁抱未來》（The Road Ahead）（台北：遠流出版社，民國 85 年）。

[39] 見行政院陸委會，《試辦金門馬祖澎湖與大陸地區通航實施辦法》全文，民

這時期，政府各部會的大陸政策乃各彈各的調，自有主見。主管單位陸委會採取加強管制政策，海基會功能因而逐漸式微。經濟部經貿政策則由李登輝總統時期的「戒急用忍」朝「積極開放，有效管理」方向調整。然而，行政院卻意圖在大框架上動手角，扭轉原先「國統綱領」的未來統一論。其他如文化、教育、體育、觀光旅遊等，則低調的維持綿密交流。

雖然民進黨政府不願就「一中原則」有任何妥協，但海基會董事長辜振甫仍再三對 1992 年的兩岸建立的「一中各表」提出說明，以為兩岸留下一絲僅有的淺薄共識。辜振甫嘗試說明新加坡辜汪會談中，兩岸所建立的一個中國各自表述（一中各表）共識。辜先生在答覆記者詢問時強調：一九九二年會談期間，兩會曾先後交換十三個版本的表述方案，隨後並有口頭表述方案，中共稱雙方已達成「兩岸均堅持一個中國原則」的共識，但我方所理解的共識卻是「一個中國各自以口頭表述」，隨後即擱置該項爭議。此廣義的「一中各表」，中共雖無立即承認，但也並不否認。中共官方雖仍立基「一個中國」原則，但也樂見台灣將「一中」成為各表的前提。

然而，即便台辦系統可以接受，中共外交體系仍一貫強硬地加以批判，並由中共國務院副總理錢其琛在對臺宣傳工作會議中，重提所謂「新三句」：即堅持世界上只有「一個中國」；大陸和臺灣同屬於「一個中國」；中國的主權和領土完整不可分割。[40]此「新三句」隨即成為兩岸停止接觸時期，中共官方的標準回應。

國 89 年 12 月 15 日。http://www.mac.gov.tw/big5/law/cs/law/95-2.htm

[40] 郭艦、陳建，〈國台辦副主任解讀錢其琛統一問題「新三句」〉，《中新社》，2001 年 02 月 20 日。

總結兩岸停止接觸時期的政經情勢，政治上可謂陷入「一個中國」的僵局，而經濟則持續交流互動。政治方面，大陸只願意在「一個中國」前提下與台灣展開接觸、協商。而陳水扁政府則想盡一切辦法，尋找可以讓中共接受的說詞來規避「一中原則」。例如，2004年2月陳總統召開中外記者會說明和平穩定互動架構內容包含「一個原則、四大議題」，一個原則是確立和平原則，四大議題包括建立協商機制、對等互惠交往、建構政治關係、防止軍事衝突。陳總統強調，願意主動邀請中共指派代表磋商推動兩岸協商的方式，以便依循「一個原則、四大議題」進行正式談判。畢竟，陳總統的「一個原則」不是「一中原則」，此與2000年就任演說的「四不一沒有」相同，都未解決中共一中原則疑慮。[41]以中共剛愎的傳統態度，除非中央囑意讓步，否則以陳水扁總統的政治色彩，民進黨政府的兩岸政策勢必會受到對岸極大阻撓。

陳水扁總統的兩任任期中，台灣與大陸就在此種不信任的磨合中渡過。此八年，主管兩岸事務的陸委會乃以較保守的緊縮政策看待兩岸互動，而陳總統則大力推動本土優先與去中國化政策，直間接對兩岸事務造成衝擊。在台灣，「中國」一詞逐漸顯得隱諱，自中央到地方「中國」概念均被導向等於窮兇惡極的中共。民進黨政府刻意營造一種仇共的「中國」情節，使國內的族群對立更加升高。當然，此種轉變對中共而言不會受到影響，但對台灣則形成嚴重的力量內耗。尤其是在不同的選舉中，皆可看見政客們對族群對立的操弄。中共當局也經常地高分貝批判陳水扁政府「反中」立場，此更給予民進黨加以炒作的機會。

---

[41] 陳正杰，〈陳水扁接受華盛頓郵報專訪問答全文〉，《中央社》，民國93年，3月29日。

五、重啓交流時期（2008 年迄今）

(一) 新政府就任後的兩岸開放政策

2008 年的兩岸關係，兩岸在本質上都起了莫大變化。520 馬總統就任後，延攬李登輝總統時期的陸委會主委蘇起擔任國安會秘書長，由於馬蘇二人對大陸事務的嫻熟（馬總統曾任陸委會副主委），且對民進黨過去八年大陸政策多所質疑。因此，新政府上任後，立即改變前八年兩岸不接觸的作法，重啟兩岸良性交流與互動。原因至明，馬政府認為：台灣要向前發展，必須先處理好兩岸問題。兩岸問題不只關係台海的安定，也是中華民國走出現有困境的先決條件。

故而，新政府上任後的第一個努力重點即在改變過去以對抗為主的兩岸思維，在不失國家尊嚴及利益的基礎上朝向「和」的方向發展。重啟交流是新政府的重要政策，兩岸交流的原則必先確立，因而馬總統在就職演說中提及「不統、不獨、不武」的新概念，[42]此種擱置主權爭議，務實進行各項交流的作法，不僅是對國人的宣示，尚且是對中共的善意呼籲。

2008 年總統大選後，行政院陸委會最新民意調查結果顯示，有 68.7%的民眾認為未來一年的兩岸關係會變得比較緩和，僅有 5.5%的民眾認為會變得比較緊張。超過九成（91.1%）的民眾主

---

[42] 民國九十七年五月廿一日，馬英九總統在國際媒體記者會中表示，黨對黨接觸可作為兩岸關係之第二軌道，此一軌道當然不致於與現有軌道（海基海協）衝突。同時，也將落實「不統、不獨、不武」的政策。「不統」表示，在我的任期內，我將不會與中國大陸談及兩岸統一議題。其次，「不獨」表示，我將不會支持推動法理台獨。而「不武」應該不需要解釋了。因此，我提過，我將在中華民國憲法架構下維持台海現狀，我們將維持現狀，而台灣地位也將維持現狀。

張廣義維持現狀，且有 81.7%的民眾對中國「一國兩制」發展兩岸關係的主張持反對的立場。此說明民眾對新政府突破兩岸對峙僵局的期待，但也不願見到過度改變現狀而立即朝向統獨的某一方傾斜。[43]

基於兩岸人民共同需要，尤其是國人的經濟改善需求，執政黨（國民黨）對大陸展開一系列叩門之旅。自 520 後迄今，計有連戰、蕭萬長、吳伯雄、江丙坤等黨政高層人士分別與中共中央進行會晤。雙方也分別就新局勢的展開，分別公布對兩岸互動的期待（16 字訣，見表 3-3）。

表 3-3　兩岸雙方互動交流的具體方針

時間	地點	十六字箴言
2008.4.12	蕭萬長於博鰲論壇會見胡錦濤時提出兩岸關係 16 字箴言	「正視現實、開創未來、擱置爭議、追求雙贏」
2008.4.29	胡錦濤於釣魚台賓館接見連戰夫婦時提出 16 字箴言	「建立互信、擱置爭議、求同存異、共創雙贏」
2008.5.20	馬英九總統 520 就職演說，重申蕭副總統在博鰲論壇時提出的 16 字箴言	「正視現實、開創未來、擱置爭議、追求雙贏」
2008.5.27	吳伯雄登南京中山陵時提出兩岸 16 字箴言	「掌握契機、正視歷史、面對現實、掌望未來」
2008.6.13	江丙坤於北京釣魚台賓館拜訪胡錦濤時提出兩岸交流 16 字箴言	「和平繁榮、相互尊重、建立互信、共創榮景」
2008.10.29	馬英九總統在大陸海協會會長陳雲林來台進行兩會協商前，先行為兩會協商的立場定調	「正視現實、互不否認、為民興利、兩岸和平」

資料來源：筆者彙整。

---

[43] 行政院陸委會，〈陸委會：近七成民眾期待未來兩岸關係會變得比較緩和〉，行政院陸委會新聞稿，民國 97 年 3 月 28 日。

大陸方面是以胡錦濤的指導為主，由上而下一條鞭式地掌控對台政策；台灣方面由於須跨越現存的不對稱障礙，[44]而是由國民黨開啟與中共高層的互動，化解長期以來的對抗思維。在野人士及部分學者或有質疑新政府以國民黨領軍，對中共高層進行的國共交流模式，有損國家尊嚴與不利政府運作。然而，若知悉中共政權發展的黨政一體特徵，就能瞭解「國共平台」的確是與中共高層接觸的絕佳途徑。況且，以國民黨執政黨身份，兩岸藉由政黨交流先行溝通、探底，亦為提升政府溝通效率及降低風險的有效方法。簡言之，國共平台若是在受監督的原則下進行，此模式實為兩岸間特殊的互動管道（中共高層並不同意台灣方面將國共平臺界定成「第二管道」，胡錦濤認為國共兩黨溝通管道，就是兩岸交流的主要軌道）。[45]

(二) 兩岸對「九二共識」的新認識

2008 年 6 月 12 日，海基會董事長江丙坤率領海基會協商代表赴陸談判，並與大陸方面在兩岸週末包機以及大陸居民赴台旅遊等事項上達成共識。其間，江董事長與中共總書記胡錦濤會晤時，提出在「九二共識」基礎上恢復兩岸協商，而胡錦濤同樣回應在「九二共識」的共同政治基礎上恢復商談並取得實際成果，「只要雙方秉持『建立互信、擱置爭議、求同存異、共創雙贏』的精神，就一定能夠不斷推動兩岸商談進程。」胡錦濤首次以「九二共識」巧妙替代中共堅持已久的「一中原則」，似乎是為兩岸持續性交流互動

---

44 長期以來，國際間普遍的「一中」立場，現縮了我國的國際參與空間，即便是兩岸重起交流的過程，仍必須由兩岸政黨間的互動先行。國共兩黨基於歷史淵源，加上大陸為黨政色彩，由國民黨開啟與中共高層的交流，成為台灣突破兩岸對抗思維的有效策略。

45 紀碩鳴，〈胡錦濤認為國共是第一軌〉，香港，《鳳凰博報》，2008 年 6 月 17 日。

建立方便渠道。此使民進黨政府時期極具爭議的「九二共識」，一時之間成為兩岸均可接受的原則與共識。

由前陸委會主委蘇起所建構出的模糊「九二共識」，基本上即是所謂「一中各表」。然而，大陸方面不提「一中各表」（以免挑戰到「一個中國」原則），而以「九二共識」帶過。台灣的「九二共識」則強調「各表」：依據憲法架構的一中是目前的中華民國（涵蓋中國大陸）。此當初民進黨政府時期所謂沒有共識的「九二共識」，竟成為兩岸均可接受的共識，也凸顯出兩岸互動的複雜與詭譎多變。

兩岸政策的改善及突破成為新政府上台後較亮眼的政績。新政府基本上是以先經濟、後政治的模式（中共也認同），重啟兩岸事務性協商及交流。然而回溯民進黨及更早的李登輝政府時期，中共卻屢次以政治議題要脅，要台灣先確立「一中原則」，才可進行協商。基此，的確看得出中共立場的轉變。民進黨政府的去中國化政策，驅使中共意識到必須重視與馬政府的關係，中共認為此是兩岸關係改善的重要契機。

此時期對中共而言至為重要，從大陸的國家戰略觀察更為清晰：台灣與大陸的情感距離與現實關係能否為從過去八年的「分」轉「合」，關係到胡錦濤的歷史定位。胡錦濤知道兩岸間的「統獨」問題並非一朝一夕可解決，但至少可做到「去分轉合」（去除「急獨」）。基於前八年民進黨政府與大陸的緊張關係，中共對馬政府具有較高的期待與好感，並認為馬政府上任後是重修兩岸關係的「黃金戰略機遇期」。[46]胡錦濤在歷次黨內會議時（政治局學習會）再三提示做好兩岸工作。此具有多重目的的對台工作指示，也成為馬政

---

46 李彥增，〈重要戰略機遇期〉，北京，《中國共產黨新聞網》，2008 年 9 月 25 日。

府執行兩岸政策時的一大利多。[47]簡言之，站在台灣民眾利益的角度與中共打交道不再是行不通，因為此也符合中共的當前政治利益。只不過，中共會「放」到何種程度？實有待檢視，惟就歷史與經驗而言，台灣不必有過高的期盼。因為，從鄧小平時期開始，中共內部文件顯示的對台政策方針，「一國兩制、和平統一」是從未改變的

(三) 520 後政府大陸政策的調整

520 後，政府的大陸政策是依循在馬總統競選時的政策主軸，優先提升台灣在兩岸的經貿及文教交流利益，漸次促進兩岸和平。[48]馬總統對外宣示台灣將是「和平締造者」，並追求台灣海峽的和平及穩定；[49]此明顯的是與陳前總統「烽火外交」形成對比。為落實馬總統的兩岸政策，前行政院劉兆玄院長出席中華民國工商協進會工商早餐會時表示，2008 年底前，陸續要完成 67 項的法規鬆綁，2009 年則將有 142 項議題將陸續推動鬆綁。其中，兩岸經貿

---

[47] 2008 年 4 月 29 日，胡錦濤接見到訪的連戰榮譽主席時說到：「當前台灣局勢發生積極變化，兩岸關係呈現良好的發展勢頭」，「新形勢下，兩岸同胞都期盼，兩岸關係展現新氣象，出現新局，我們國共兩黨，要進一步加強合作，繼續推動兩岸關係和平發展」，參見〈胡錦濤：兩岸關係呈現良好勢頭，續推動和平發展〉，《東森新聞》，2008 年 4 月 30 日。另見，2008 年 6 月 13 日，胡錦濤接見江丙坤所率領的協商代表團時提到：「今天，兩岸比以往任何時候都更有條件攜手合作、共同發展。協商談判是實現兩岸關係和平發展的必由之路。」，〈胡錦濤會見台灣海基會董事長江〉，《中國評論網》，2008 年 6 月 13 日。

[48] 2008 年 6 月 25 日馬英九總統接見由美國前國防部長裴利（William Perry）率領的「美中戰略安全議題訪問團」時表示，我們是和平締造者，會追求台灣海峽的和平與穩定。改善與中國大陸的關係，會先從經濟領域開始，逐漸涵蓋到國際空間，以及雙方未來可能討論的和平協定。

[49] 林憬屏，〈馬總統投書泰媒：台灣是亞太和平締造者〉，台北，《中央社》，2008 年 12 月 20 日。

法規鬆綁將列為工作重點，鬆綁範疇包括開放兩岸貨運包機、證券及期貨業投資大陸、陸資來台投資生產事業等。[50]事實上，這些鬆綁政策的宣示，直接切中兩岸經貿長期以來的不對稱。兩岸台商在對大陸或全球貿易時，總是站在不利的基準點上耗費較大營運成本。

因此 520 後，政府較具體的作為包括：(1)兩岸兩會（海基、海協）簽署「海峽兩岸包機會談紀要」及「海峽兩岸關於大陸居民赴台灣旅遊協議」；(2)行政院通過「試辦金門馬祖與大陸地區通航實施辦法」修正案，開放臺灣及港澳居民，經許可後得由金門、馬祖入出大陸地區（大三通）。[51]；(3)放寬兩岸如基金、ET（指數股票型基金）、香港掛牌企業來台二上市（櫃）、台灣券商投資大陸基金公司等金融往來相關措施。[52]

---

50 李佳霏，〈未來施政主軸 劉兆玄提五實踐策略〉，台北，《中央社》，2008 年 7 月 25 日。

51 2008 年 6 月 19 日行政院院會通過的「試辦金門馬祖與大陸地區通航實施辦法」修正案，全面開放臺灣地區人民、外國人、香港及澳門居民，得持憑入出境有效證件，經內政部入出國及移民署查驗許可後，由金門、馬祖入出大陸地區。

52 行政院計畫打造台灣為「亞太資產管理與籌資中心」，促成兩岸金融監理機制運作，基此，行政院金管會將陸續調整放寬陸資投資措施：(1)基金型態之外國機構投資人免出具聲明書，不再要求外資提出資金非來自大陸地區之聲明；(2)開放台港 ETF（指數股票型基金）相互掛牌，開放國內業者募集之 ETF 可至香港上市，同意香港 ETF 來台上市交易；(3)開放香港交易所掛牌企業得來台第二上市（櫃）暨發行 TDR（存託憑證）等有價證券；(4)開放證券商直接投資大陸基金管理公司、期貨公司及間接投資大陸證券公司，並開放期貨商直接、間接投資大陸期貨公司，以及證券投資信託事業直接、間接投資大陸基金管理公司；(5)放寬基金投資涉陸股之海外投資限制。郭穗，〈具發展亞太資產中心優勢，台灣稅改會成立〉，台北，《自立晚報》，2008 年 6 月 26 日。

大陸海協會會長陳雲林來台後，又與我政府簽訂「四項協議」（海、空運交通及食品安全與郵政合作）。[53]陳雲林來台期間雖不平靜，但四項協議卻也開啟兩岸事務性協商及合作的新紀元。政府在大陸政策上的大幅鬆綁，雖是落實馬總統選舉政策，且有利於台灣經貿長遠發展。但在野陣營及民間亦存有極大的不安全感。民進黨擔憂台灣的不利的國際現實處境，無法在大陸政策大幅開放中佔到便宜。然而，馬政府也知悉此一不利基礎，故重申短時間內不觸碰兩岸政治及主權議題，並強調在兩岸的和平談判之前，大陸方面有必要先撤除飛彈以結束法理上的敵對狀態。[54]

綜論之，2008 年是兩岸重啟交流重要時刻，同時存在眾多契機與風險。持平而論，台灣要在兩岸政策鬆綁中獲得立即好處實為一廂情願，但大方向是正確的。過去八年的官方互不往來，民間經貿與文教交流卻如此頻繁，由於政府的不作為，致使大陸台商及台灣競爭力正逐漸退化中。目前國際大環境並不利於台灣繼續採取保守的自我孤立政策，兩岸重啟良性互動與交流已是台灣不得不為的求生之路。此在馬政府中已是共識，但對於在野陣營及民眾輿論，仍極待溝通與說服，尤其是在國家安全層次的疑慮。

---

53 林楠森，〈兩會台北協商簽署四項協議〉，《BBC 中文網》，2008 年 11 月 4 日。

54 馬英九總統接受「紐約時報」專訪時表示，在一、兩年內快速開展台灣與中國大陸的經貿關係，不只是週末的包機直航及增進觀光交流。在經濟議題獲得解決之後，才會討論其他方面的問題，包括台灣被限制的「國際空間」的問題及台灣海峽的安全問題。並重申在兩岸的和平談判之前，有必要先撤除飛彈以結束法理上的敵對狀態。楊明娟，〈馬總統接受紐時專訪 強調開展兩岸經貿關係〉，台北，《中央社》，2008 年 6 月 18 日。

換言之，馬政府就任後的許多大陸政策，在目標、操作及利益的解說上，十分不足。往往提供在野陣營大做文章或曲解的機會，最後總是影響到民眾的視聽。好政策扭曲變質為壞的政策，此為馬政府經常須面對的執政障礙。

肆、兩岸關係發展的困境

兩岸關係的主要困境存在於國際與國內兩大區塊中，若以議題界定則可區分為與主權有關的定位問題（國際），及兩岸同樣關注的統獨問題（國際、國內）。此兩區塊、兩議題，關係著台海區域的穩定，因此同受兩岸及美、日兩國高度關注，但除關注主體的複雜外，影響上述兩議題的核心變項、依變項尤為重要。核心變項上，由於歷史緣故各自衍生的「主權觀」、「利益觀」較為特別，也互不讓步。而依變項上，美、日及區域或國際間，對兩岸的界定隨著台灣及大陸的互動（接近或者拒斥）而有所調整。簡言之，兩岸之間存在著「建構主義」（constructivism）的「認知」功能，由敵對到合作的認知改變，[55]會影響區域與國際對兩岸的界定。此兩岸關係的動態發展，也使現實力量居於弱勢的台灣被動因應與調整。

一、中共對「一中原則」底線的堅持

由前述兩岸關係的五階段發展可以瞭解到，兩岸間錯綜複雜的互動情勢，實與國際環境與兩岸內部需求息息相關。然而，兩岸皆是以「自我需要」為前提看待對方，各自利益盤算與薄弱的互信基礎，致使兩岸關係較難有重大突破。例如，中共堅持對「一中原則」

[55] 秦亞青，〈國際政治的社會建構：溫特及其建構主義國際政治理論〉《美歐季刊》，第十五卷第二期，民國 90 年夏季號，頁 231-264。

絕不讓步，在國際上不容許中華民國與其同時出現，尤其是關係主權國身份的聯合國及相關組織，中共更將兩岸同時存在某一國際場合視為禁忌。當然，此種現實主義的國際特徵並不足為奇，一國的利益往往建立在相對國家的損失上。

但若將此種現實主義模式套在兩岸間，就顯得格格不入。中共一方面否認中華民國存在，中共是中國唯一代表，另一方面又希望中華民國能模糊的存在，以代表台灣與中國的臍帶關係。存在與不存在同時成為中共對兩岸關係的曖昧態度。事實上，中共的目標只有一個：即讓至今仍然存在但其認為已成為「過去式」的中華民國，能成為現今「中國」的一部份，且統一於「中國」。此種由中共界定，且除兩岸稍可理解而世人不易明白的「中國」定位，在國際間逐漸成為一種迷惑。

二、台灣國際空間的嚴重限縮

現實主義傾向是由具影響力的行為體（actors）來解釋此種迷惑，因此美國與中共同時具有對「一個中國」論述的解釋權。美、「中」在 1972 年的《上海公報》中，清楚地將此種模糊不清的「中國」論述「清楚化」。《上海公報》裡，中共強調：「……中華人民共和國政府是中國唯一合法政府；台灣是中國的一個省，早已歸還祖國；解決台灣問題是中國的內政，別國無權干涉」，而美國回應：「美國認知到，台灣海峽兩岸的所有中國人都認為只有一個中國，台灣是中國的一部份。美國政府對此立場不提出異議。並重申由中國人自己和平解決台灣問題的關心。……隨著這個地區緊張局勢的緩和逐步減少在台灣的武裝力量和軍事設施。」1978 年的《八一七公報》也進一步論及美國對台軍售議題，美國並做出逐漸減少對台軍售的承諾：「……美國政府茲聲明其並不謀求執行一對台銷售武器之長期政策，對台灣武器銷售在職貨量上均不會超過美『中』兩國建立外交關係後近年來賭台灣所提供之水準，美國意圖逐漸減少對台灣之軍售……」。

美「中」《上海公報》與《八一七公報》大幅度限縮台灣的國際生存空間，因而使台灣的地位日益險峻。而始作俑者的美國並未一昧地站在中共的立場，反而是以其國家利益再次扭轉此種傾斜。美國與台灣斷交後，為保持其在亞太的戰略利益，使其能持續將影響力置於台海兩岸，1979 年公布具平衡作用的《台灣關係法》此國內法。企圖藉由台美關係的法制化，使中共的「中國」代表權論述不全面地危及台灣的生存與安全:「……任何企圖以非和平方式來解決台灣前途之舉－包括使用經濟抵制及禁運手段在內，將被視為對西太平洋地區和平及安定的威脅，而為美國所嚴重關切；」「提供防禦性武器給台灣人民；維持美國能力，以抵抗任何訴諸武力、或使用其他方式高壓手段，而危及台灣人民安全及社會經濟制度的行動。」[56]「……美國將使台灣能夠獲得數量足以使其維持足夠的自衛能力的防衛物資及技術服務」[57]。

當然，此是依循著兩岸關係由具影響力的「行為體」來定義的現實主義模式。針對《台灣關係法》，中共雖表不滿，但只能形式上抗議，而台灣雖感欣慰但卻似乎又無任何具體獲益。此種台海兩岸的內外環境演變，仍持續上演著。1971 年 10 月後的國際政治（中共取得中國在聯合國的代表權）逐漸走向不利於台灣的局面，中共逐漸緊抓「一個中國」策略，企圖以此扼殺我國的國際生存空間。60 年過去，台灣的國邦交國從 68 個降為目前 23 個，

---

[56] 《台灣關係法》第二條，全文公布於美國在台協會（AIT）網站：http://www.ait.org.tw/zh/about_ait/tra/.

[57] 同前註，《台灣關係法》第三條。

亞洲無一邦交國存在，邦交國中無一是大國（更無常任理事國）。邦交國中多數（12 個）位處中美洲（南美洲一個）。中共在國際空間對我的極力打壓，是近 40 年來我國在國際政治中面臨的外交困境寫照。至今，中共仍未在國際政治領域對我有所放鬆。中共的觀點認為，國際外交為主權國家的行使領域，因此不容許台灣有任何機會。

三、「統、獨」爭議與選項

台灣內部問題可能是兩岸關係中的最主要變數。「統一」與「獨立」對中共而言，不是一個選項，而是關係其對內及對外主權原則，故僅有一個主張：即只有一個中國，台灣屬中國領土的一部份。此主張在 1972 年的《上海公報》中被清楚界定。但台灣對於「統獨」選項則較複雜，基本上除了「統一」與「獨立」外，尚有「不統不獨」的維持現狀，以及「緩獨」、「緩統」與「急獨」、「急統」等。台灣的多元選項並不令人意外，台灣的移民文化層層疊疊地將各時期遷移來台的居民組合在一起，也就無法僅由單一面向去觀察台灣的統獨意識型態。

民國三十八年後隨國民黨政府來台的大陸各省居民，早已逐漸凋零。這些目前佔全台人口 10%比例不到的所謂「外省籍」族群（外省第一代），[58]在統獨光譜上應是最支持統一的族群，卻也是最堅持反共的一群。六十年後的今天，最支持「反共」與「統一」的這一族群漸漸失去影響力，反之，支持獨立的比例有逐漸升高趨勢（23%支持獨立，8.1%支持統一），但卻也衍生急獨（16.3%）與

---

[58] 目前台灣族群組成分佈狀況為：閩南人超過 3/4（77%），客家人與大陸各省市人各佔一成左右，原住民不及 2%，另外也有不到 1%的受訪者不確定其族群認同。參見徐富珍、陳信木，〈臺灣當前族群認同狀況比較分析〉，臺灣人口學會 2004 年會暨「人口、家庭與國民健康政策回顧與展望」研討會論文，頁 5。

緩獨（6.7%）的區分，且與急統（3.8%）、緩統（4.3%）壁壘分明。質言之，與急統的發展相近，贊成急獨的比例也正迅速下滑中。[59]故而急統、急獨恰成為台灣政治意識型態光譜的兩端，相互對立著。

若檢視此種政治意識型態光譜可以發現，佔較多數者（且持續擴大中）的是維持現狀，等待後續發展再作決定（41.8%），而贊成永遠維持現狀者有 12.1%。[60]此種近似現實主義的思維，著重當前發展者，佔台灣政治意識型態最大比例。從現實需求面來考量，有助於民眾認識到自己的現在與未來定位。就目前而言，如何能夠使台灣在民主自由價值、經濟發展及融合的多元文化中，更具體的提升實質力量，才是人民需要且應重視的。當然，此還包含與一般國家相同的自我防衛決心及能力。

就統獨光譜分析，台灣必須在國際社群裡得到對等、尊嚴的認同及存在，且成為一個所謂的「正常國家」（民進黨的見解）。惟此發展可能會觸及三種可能變化：(1)台灣得到國際承認，與中華人民共和國切段關聯而「獨立」；(2)與中國大陸完成統一（形式主權或實質主權的統一）；(3)與邦聯制的精神一致，台灣及大陸統合在一個統一的主權架構下，互不隸屬且主權共享。統獨光譜說明，我們期待擁有完整主權，所以第一種及第三種較為台灣人民接受，而第二種則較難接受。

長遠觀察，台灣無可避免會觸碰這三者選項，但卻可以盡量延緩處理此一問題的時機，直到內外環境均有利於台灣時，再去正視它。所謂內環境乃指：中華民國的實力日益堅強，大陸政治改革趨近或等於民主國家，而國內多數意識型態願意面對此三選項。外環

---

59 統獨統計資料取自 2008 年《遠見雜誌》9 月號的調查，時間恰逢北京奧運結束，陳水扁總統涉嫌洗錢弊案。

60 同前註。

境則是國際支持與認同愈來愈向台灣傾斜，而台灣對區域與國際的影響力增加。此時，則可積極處理長遠發展的問題，且可主導朝有利於台灣的方向前進。

伍、結語

一、兩岸關係改善當中，政府宜加強對國人的溝通與說服

兩岸關係持續正向發展與良性互動，必須有賴於國人對新政府兩岸政策的支持及理解。誠如前述，除國際因素之外，突破兩岸關係發展的困境，最重要的仍然是促進兩岸互信基礎及化解國內疑慮。尤其是後者，關係到兩岸政策的緊縮或開放。毫無疑問的，目前兩岸政策開放走向最大障礙，在於國內分歧的政治意識型態，及不同政黨的非理性對抗；此不僅耗費國內資源，亦漸失競爭優勢。

故在目前兩岸開放政策中，政府實有進一步擬聚國內共識的必要。馬總統在就職演說中表示，期盼海峽兩岸能共同開啟和平共榮的歷史新頁；提出秉持「正視現實、開創未來；擱置爭議、追求雙贏」，尋求兩岸共同利益平衡的呼籲。雖經過近七個月的努力，兩岸中斷近 10 年的制度化協商管道得以重新恢復，雙方關係更呈現相對和緩，但國內仍有一種潛藏的憂慮，並且與政治意識型態相結合。520 以來，近半數民意反映國人對於政府處理兩岸關係並對穩定未來兩岸關係的能力具有信心（49.1%民眾支持馬總統目前兩岸開放政策，38.5%持否定態度），[61]但正反意見比例差距不大，且在相關配套措施上，民眾對政府有著更深的期許與要求。隨著日後兩

---

[61] 《遠見雜誌》2008 年 10 月號所行進的民調結果。

岸愈來愈頻密的互動，在彼此互信尚待建立的同時，政府的大陸政策宜更審慎穩健，以省思輿論憂慮，貼近民眾需求。

520 至今，即便馬總統的開放政策是正確的，但具體政策仍有待溝通與釋疑。政府屢次對國人宣示秉持「以台灣為主，對人民有利」的原則，並在「不統、不獨、不武」與「維持現狀」的前提下，進行兩岸協商。但馬總統對兩岸和平應該建立在台灣「要繁榮、要安全、要尊嚴」的「三要」主張，尚未能使民眾真實感覺到。民眾仍在等待開放政策政後帶來的榮景及利益。然而，真實的狀況是，政府開放政策並無法保證台灣經濟及民生環境立即改善，國際大環境與國內整體經濟政策的配套和規劃，才能使台灣逐漸在兩岸開放政策中獲利。

對大陸政策而言，兩岸應擱置不必要的政治爭議，務實面對現狀，透過現制度化協商管道，持續就經貿及兩岸交流所衍生的各種問題展開協商，維護人民權益。但由於中國大陸日漸崛起的國力，以及長期以來台灣人民對中共缺乏信任，因此交流過程中，國人必然更加關切台灣的安全與生存威脅。[62]然而現今兩岸關係已不可能用單純的威脅來看待中共，同時也要將之視為機會；我們應力求「威脅最小化、機會最大化」，在兩岸互動中，善用我方優勢，從而轉化為我方利基。

---

62 中共國力崛起後的隱憂與威脅，論述者眾，惟曾任美國國務院亞太事務副助理國務卿 Susan L. Shirk（謝淑麗）的近作《脆弱的強權》中有深入且專精的剖析。溫哈溢譯，謝淑麗著，《脆弱的強權》（Fragile Superpower: How China's Internal Politics Could Derail Its Peaceful Rise）(台北：遠流出版社，民國 97 年)，頁 18-46；310-328。

二、「實力」與「關係」的改善是目前台灣可行的方向

其次，國內政治意識型態亦左右兩岸政策的長期發展。質言之，目前仍不宜貿然處理兩岸長遠發展上的政治（主權）問題，因為尚未有勝算的地步。所以，僅能謹慎而務實地增加台灣實力。「實力」與「關係」的改善是我國立即可行方向。

「實力優先論」為台灣首要努力方向。國人必須先認識台灣的內外優劣勢，去除劣勢（或轉換劣勢）並提升優勢，此種站在國家階層的 SWOT 分析是有意義且必要的功課。台灣實力分析會遇見兩個可能的變項難題：(1)某一特定時間（或短時間）的分析是否即為台灣未來的實力全貌？可否吻合。(2)其次，定位為動態的實力研究，結果是否會莫衷一是（變項分歧或過多）。此兩障礙剛好可成為台灣實力分析的第一步驟。無論如何，橫切面（某時期）的台灣實力研究，及縱向（系統性）的動態台灣實力分析，為國家利益分析的重大工程。換言之，抽象實力或可轉換為具像的經濟力、政治力、軍事力及參與區域事務的影響力。

關係改善上，主要是針對與大陸、美國、日本為等相關國家的關係（含台灣周邊國家）。其中以與大陸關係為最，其次是美、日關係。就國家戰略階層，兩岸關係的惡化將不利台灣與世界接軌，全球化的時代，台灣任何經貿活動及國際事務參與，都會牽動兩岸敏感神經。因此，與大陸保有良性互動，透過密切協商取得諒解及共識，實為斧底抽薪的辦法。美、日自不在話下，兩國與台灣關係長期友好，在台海區域間扮演重要的關鍵角色。民進黨政府由於數次衝撞美國在台海的利益（製造區域間的緊張），逐漸失去美國政府的信任，並促使美國重新考慮未來介入台海爭端的必要性。此皆凸顯台灣在外交上的特殊處境：即失去堅實盟友的信

任，比失去一兩個邦交國在外交上還來得嚴重。政府有必要改善與美國的關係，並恢復美國的信任。日本亦同，惟與日本關係的維護必須謹慎地在兩岸關係改善中進行，避免陷入中日兩國的利益和情感糾葛。

三、建立多元認同價值，凝聚社會共識與團結

解嚴之後，由於社會逐漸開放與多元意識抬頭，政府窮於因應社會開放後所帶來的衝擊。近年，在欣慰獲得民主成就同時，台灣也承擔如巴柏（Karl Popper）於《開放社會及其敵人》（*The Open Society and its Enemies*）中所描述的「民主悖論」壓力。民主並非萬靈丹，民主政治更非倚靠奇蹟而可得。[63]當台灣從解嚴走向1996年的總統直選，正沈浸在所謂的「民主奇蹟」時，殊不知民主的副作用也正在侵蝕台灣社會內部的包容、信實與公義。民主必須植基於成熟的公民文化，且人民也須體認民主價值不僅在於個人自由，而是在於對民主制度的尊重及妥協。此般公民文化與民主體認都必須經過時間的洗禮和沈澱，實無奇蹟可言。政治學大師杭亭頓（Samuel P. Huntington）在《第三波：二十世紀末的民主化浪潮》（*The Third Wave：Democratization in the Late Twentieth Century*）中

63 莊文瑞譯，卡爾・巴柏（Karl Popper），《開放社會及其敵人》（台北：桂冠，1992年）；另見卡爾・巴柏，《猜想與反駁：科學知識的增長》（上海：上海譯文出版社，2005年）。巴柏提出，民主雖是防止極權專制，但有時民主的效率反而不如專制主義，但開放社會的價值卻不是在效率，而是減少專制可能帶來的巨大危害。而民主仍有其悖論，如自由悖論，波普認為，自由取決於制度，而不在於平等；國家的干預也必須是間接與制度化的，而不能專斷及私人式的。因此，巴柏反對國家將道德政治化，將道德視為一種國家意志，他強調：開放社會應該是政治道德化。其次，在寬容的悖論中，他主張民主政體裡的寬容不應適用在反對民主制度的人身上，但在和平時期，寬容的原則應限制在最低水平，不能以對不寬容者不寬容為理由來剝奪反對的聲音。

也強調，民主的「制度化」是民主政體能否維繫的關鍵。新興國家若無法落實民主鞏固（democratic consolidation）階段，其政體亦可能倒退為原來的專制政體（democratic reversal）。[64]

在政治發展上，台灣要跳脫所謂的民主奇蹟迷失，正視己身的缺陷而向民主鞏固階段努力。鬆散而不成熟的民主政體，容易成為政客假借民主之名行摧殘民主之實的溫床。基此，所有政治領袖（政黨及政府領導人，上層政治菁英及意見領袖）對台灣的公民文化及建立成熟的民主體制皆是責無旁貸；換言之，台灣民主的亂象，各時期政治領袖亦須負最大責任。

政府大陸政策的穩定和延續，的確須植基於國內成熟的政黨政治與公民文化。分歧的意識型態與非理性政黨競爭，將使台灣在面對多變的兩岸關係時，喪失競爭力。回顧六十年來的兩岸關係史，我們正從對抗思維中走向兩岸合作。在此政策調整中，也唯有團結一致的台灣，才能使國人渡過各種風險與考驗。

---

64 杭亭頓（Samuel P. Huntington），《第三波：二十世紀末的民主化浪潮》（台北：五南，2008 年）。

第四章　兩岸和平發展的雙贏戰略：「接觸」與「嚇阻」之研析

（夏國華　博士）

壹、前言

多年來，無論政治風雲如何變幻，兩岸同胞「求和平、求穩定、求發展」的強烈願望，始終是推動兩岸關係在曲折中不斷向前發展的重要動力。兩岸關係發展藍圖的最初設計和提出，是在2006年4月16日，由中共胡錦濤總書記在會見來訪的中國國民黨榮譽主席連戰時，第一次有系統論述了兩岸和平發展的思想，指出求和平、促發展、謀合作是時代的潮流，也應成為兩岸關係發展的主題[1]。

2008年5月20日國民黨重新贏回執政權之後，確實為兩岸和平共處提供了過去八年難見的主客觀機遇。無論是中共胡錦濤主席口中的兩岸「建立互信、擱置爭議、求同存異、共創雙贏」，或馬英久總統所聲稱的「兩岸關係非屬兩個中國」概念，大體上都算是雙方展現的最大善意[2]。

---

1 劉紅，「兩岸關係進入戰略機遇期」，刊於華夏論壇，2008.9.16。網址：http://hk.huaxia.com/gate/big5/blog.huaxia.com/html/05/8405_itemid_1314.html，上網檢視日期：2008.9.18。

2 吳東野，「未來兩岸和平發展的一些觀察」，2008.10.5，網址：http://www.cdnews.com.tw，上網檢視日期：2008.10.11。

目前兩岸達成週末包機，陸客來台觀光之後，因適逢奧運，兩會協商將在奧運之後再度展開，但是這些大多是事務性協商，真正的重頭戲是「外交休兵」、「台灣的國際空間」、「兩岸共同市場」與「兩岸和平協議」等議題，這些議題乃台灣民眾至為關切，因為這些都是考驗大陸的態度是否真誠和解與台灣生存尊嚴的關鍵[3]。

馬總統在就職演說中強調，追求兩岸和平與維持區域穩定，是我們不變的目標，台灣一定要成為和平的締造者。換言之，對兩岸、東亞和世界最好的方式是維持「中華民國現狀」「不統，不獨，不武」。現階段我們有防衛台灣安全的決心，我們致力於堅實國防，並非與中共從事軍備競賽，而是為了「預防戰爭」，進而使對岸的中共願意放下敵意撤除對台飛彈，展現其促進台海共榮共利的誠意與我政府展開協商，展開軍事交流，協商兩岸建立「軍事互信機制」，協商兩岸「和平協定」，讓台海成為和平、穩定的區域。

由於當前敵情威脅並未完全消滅，國防武力的籌建是政府追求和平的最大後盾，因此，國軍仍必須要有所準備，做到「預防戰爭」，才能嚇阻敵人輕啟戰端，進而使對岸的中共願意放下敵意，與我政府展開協商，以維護區域的和平與穩定發展[4]。

貳、我國當前面臨綜合性安全處境

21 世紀初，亞洲地區和全球形勢正在發生深刻變化。一項是「全球化」現象不斷加深，另一個是中國大陸政經力量的崛起和持

---

[3] 謝志傳，「兩岸和平發展路線有隱憂」，中央日報網路報，2008.7.29，網址：http://www.npf.org.tw/particle-4501-1.html 上網檢視日期：2008.10.11。

[4] 參見王崑義部落格，「致力堅實國防 追求兩岸和平維持區域穩定」，2008.5.21。青年日報專訪。網址：http://blog.sina.com.tw/wang8889999/article.php?pbgid=22448&entryid=579785，上網檢視日期：2008.9.18。

續擴大。在「全球化」的發展下，國際政治的焦點逐漸從過去的「兩極對抗」轉移到「反恐」、「抗暖化」、「經濟衰退」等需要跨國合作的新議題[5]。傳統上，國家都在追求自己國家利益的極大化，但由於全球化的普世化，已把各國的國家利益框在一起，即各國在追求自己的國家利益時，還必須考量到與其他國家間的政經互動，即彼此間的相互依存的「互利」關係；也因此，在全球化的世紀，國家與國家之間所出現的「衝突」，也出現新的形式，並衍伸出新的解決方案，如軍事、政治、經濟、生態等議題，不再是過去現實主義所謂的「零和」思維，而是包括了在合作與競爭中創造「互利」的雙贏觀點。尤其近來國際原油價格大幅上漲，而中國的崛起更使國際大宗原物料和糧食價格不斷上揚，問題日益嚴重，在全球對人類造成安全、能源、經濟和生存環境方面極大影響。

「全球化」發展使得國與國之間相互依賴的程度日益增加，各國體認到戰爭一旦發生，不僅涉入戰爭的各方受波及，周邊國家、相關區域乃至全球都會受到影響，使得各國在使用武力前會更加仔細評估其成本效益。因此，「避免引發衝突」已成為危機處理中最被重視的政策選項，而國際間也更確認「和平」與「發展」具有密切的關聯性。這也是國際社會普遍期盼兩岸關係穩定發展的主要原因。我們的國家在接受如此挑戰的同時，內部也經歷兩次民主政黨輪替，顯示台灣人民對政府有很大的期待，希望順利帶領國家通過「全球化」的各項考驗。以下謹就我國當前面臨安全處境綜合提出幾點看法：

---

[5] 引自外交部網站，外交部歐部長立法院第七屆第一會期外交業務報告，2008.6.25。網址：http://www.mofa.gov.tw/webapp/ct.asp?xItem=32211&ctNode=112&mp=1，上網檢視日期：2008.10.14。

一、中共對台策略

(一) 以黨壓政

民進黨執政時，強調台灣主體性，欲從走出中國，故中共採取全面封鎖策略防止台灣走出去。面對執政之國民黨，由於馬總統表示將在「不統、不獨、不武」原則與「不修憲」、「九二共識」基礎下，與北京重啟兩岸對話。中共認為國民黨基本上想要維持現狀留在原地不動，因此未來對台政策將以「拉進」國民黨為主，更寄希望於國民黨以將台灣拉入中國[6]。

由於馬總統將未來兩岸關係走向定位於「不統、不獨、不武」，想在維持現狀架構下，以恢復兩會會談的模式走向「兩國互不否認」，中共為改變馬英九大陸政策所隱藏的「以拖待變，隱性台獨」性質，將採「以黨壓政」做法以為因應，從以下作為可見端倪：

1.2008 年 4 月 29 日邀請國民黨榮譽主席連戰赴陸訪問，確定連在國共平台之崇高地位；主張由國共平台而非「兩會」作為兩岸事務協商機制，避免「兩會」一復談即因「一中」爭議而陷僵局。

2.2008 年 5 月 28 日邀請國民黨主席吳伯雄訪陸，將吳拉抬為國共平台「繼承人」，確保「以黨壓政」之持續性。

圓滿辦好奧運為中共 2008 年之「重頭戲」，為正國際視聽，中共對台策略將配合「和平」奧運之順利舉行，營造「和解」氛圍並在中共功賞過罰「天朝」心態下，兩岸兩會以迅雷不及掩耳的速度，在北京簽訂兩項歷史性的協議「包機週末化」與「開放陸客來

---

6 董立文，「新政府上任後的兩岸關係形勢評估」，2008.5.25。網址：http://news.gpwb.gov.tw/newpage_blue/news.php?css=2&nid=33036&rtype=1 上網檢視日期：2008.10.5。

台觀光」，並且於 7 月 4 日成行，做為給國民黨之禮物。但在統一的問題上，將會傾力的「以黨壓政」，要求「實質性的推動統一的進程」，當前兩岸蜜月期預判在奧運會至今年底將結束。

(二)「先經濟，後政治」的務實主義

兩岸關係自國民黨勝選後，兩岸關係面臨難得歷史機遇。目前兩岸達成週末包機直航及大陸游客赴臺協議及實施，有望進入和平發展期。然而，由歷史原因造成的兩岸結構性矛盾並未得到解決，兩岸關係仍面臨諸多挑戰。

以胡錦濤為首的中共第五代領導人，在歷經台海風雲際會後，把握了「歷史機遇」，作出務實的抉擇。便是對主權爭執的擱置，不再糾纏於「一中」的泥沼，以包容性更大的文化名詞－「中華民族」，結合模糊性之政治原則－「九二共識」，創造「中華原則之九二共識」，終使困擾多年的主權定位之爭，找到合理的解決途徑[7]。此一新務實主義，充分反應在北京重新調整後之對台政策-「先經濟後政治」最高指導原則。

其實，中共談判一向堅持主要立場先站原則，在主權議題上，已訂定「先經濟」時期之主權表述，乃以「九二共識」為主，以「反對台獨」為從；前者為明，後者為晦。此於胡錦濤與連、宋、吳等泛藍主席的公報或談話中均無例外，馬英九總統上任後，陳雲林於 5 月 22 日發表的重要談話亦然。值得思考的是，根據北京所界定的進程，兩岸「政治」何時出現？是由北京單方面決定呢？還是由雙方共同決定？當然，「一個中國」原則是可以暫時但無法永遠迴避的，第五代乃至於第六代領導人是否持續兩岸交流初級階段之模

---

[7] 趙建民，「兩會復談後的兩岸關係展望」，歐亞專欄，2008.8.12。

糊主權表述原則，以「九二共識」處理「結束敵對」及其他政治問題，毋寧是觀察未來兩岸關係是否出現另一個「機遇」的最佳指標。

二、外交孤立

我國國際處境困難，尤其近年來中國大陸經濟發展快速，在全球和區域政治的影響力愈來愈大，也使我國外交空間受到壓縮。為解決台灣「國際空間問題」，李登輝時期最早提出「務實外交」，陳水扁時期又提出「烽火外交」，其本質與「務實外交」相同，只是更具攻擊性。馬總統就任後在檢討「烽火外交」衝撞性與挑釁性的基礎上，提出「活路外交」模式[8]。

李前總統時期的「務實外交」最終目標在於「確保台灣主權之完整」。但這種認知與兩岸現實有明顯差距，結果「務實外交」不僅沒有帶領台灣走出「外交」困境，反而日益被邊緣化。而當前馬總統的「活路外交」將「外交政策」的最終目標調整為「確保並提供台灣生存與永續發展之良好環境」。可見，生存不再是唯一的最高目標，發展才是台灣更高的目標和理想；而生存與發展的良好環境必定是和平的環境，沒有了和平，生存受到威脅，發展更是無從談起。因此，「避免引發衝突成為危機管理中最被重視的政策選項，而國際間也更確認'和平'與'發展'具有密切的關聯性。這也是國際社會普遍盼望兩岸關係穩定發展的主要原因。」[9]在兩岸長期對峙的情況下，倘若我國仍然選擇以改變政治現狀作為外交的主戰場，不僅缺乏相應的綜合實力及國際支持，也會造成兩岸不必要之緊張與衝撞。反之，我方若能暫時擱置政治面的爭議，以全球第 21 大經濟體

---

8 黃偉偉，「台灣『活路外交』與『務實外交』的區別」，2008.9.25。網址：http://www.chinareviewnews.com，上網檢視日期：2008.10.5。

9 同附註 5，頁 2。

身分及民主活力發揮國際影響力，則台灣的外交就能走出一條活路。過去台灣海峽一直被國際社會視為易引爆衝突的地區，若干關於我國國際競爭力評比，也因為兩岸關係存在不穩定因素而受到負面影響。

政府目前外交最高指導原則為「尊嚴、自主、務實、靈活」，意即：中華民國與中國大陸在國際社會互不否認，彼此尊重，各盡所能，將外交資源用於參與國際間共同議題之解決。拓展對外雙邊關係，以互惠互助鞏固邦交；重建台美互信，提升雙邊關係；支持美日安保，改善台日關係；敦親睦鄰，加強亞洲合作；重視歐盟經驗，深化對歐價值同盟。爭取加入國際組織，持續推動重返聯合國；優先爭取加入「世界銀行」「國際貨幣基金」、與「世界衛生組織」等重要國際組織；尋求參與其他與台灣經濟發展有關的聯合國專門機構與功能性國際組織。結合民間組織（NGO）及僑界力量，參加國際重要 NGO 組織及活動；發揮「人溺己溺」精神，對有急難的國家與人民提供必要的人道援助。支持國際打擊恐怖主義行動，推動多邊及雙邊反恐合作；加強區域安全對話與合作，呼籲國際社會繼續關注並致力維護台海和亞太地區的穩定。

三、軍事威脅

兩岸政治情勢雖於近來呈現緩和跡象，但共軍卻積極推動國防現代化進程。從 2008 年國防部所編撰的「九十七年中共軍力報告書」中，得知中共在「遏制危機、控制戰局、打贏戰爭」等對台軍事戰略指導下，目前已經具備對台「應急作戰」能力，他們並規劃 2010 年及 2020 年遠程戰略目標，凸顯共軍積極強化對台「應急作戰」整備與戰場建設，蓄積對台武備能量，更透露中共軍事擴張的意圖[10]。

---

[10] 參見王崑義部落格，「共軍的應急作戰能力」，2008.9.1。漢聲電台短評。網址：http://blog.sina.com.tw/wang8889999/article.php?pbgid=22448&entryid

截至 2007 年底，中共部署對台飛彈已增加至一千四百餘枚、各式巡弋飛彈一百九十餘枚。此一情勢發展，不只威脅到台海安全，整個亞太地區都可能會被捲入中共軍事擴張的風暴中。事實上，近年來中共軍事擴張一直是順著「兩個同心圓」的目標在推動，其中一個是從地緣戰略上逐步邁出擴張之途，另一個則是從追求「高技術化」戰爭目標進行發展。

為了能夠掌握第一個「同心圓」的發展，中共海軍正積極朝向擴張近海防禦的戰略縱深發展，戰略期程規劃包括 2010 年起發展航空母艦及中、遠程制導武器；2020 年前將防禦範圍擴展至第一島鏈與第二島鏈間的廣闊海域；2050 年間以航空母艦為核心，與區域強權爭奪制海權。而目前中共新型大型水面作戰艦、潛艦、攻船飛彈已經具備了封控台灣海峽與我國東北、西南局部海域的能力。

在另一個「同心圓」的軍事發展目標中，中共追求「高技術化」戰爭目的已經不只著重在地面上發展，它還上天下海追求陸、海、空、天、磁的「五維」戰爭做準備，這不只強化共軍的作戰能力，也逐步引發亞太地區軍備競賽的危機。中共航天部隊除了反衛星武器之外，近幾年在衛星戰術通訊、衛星電子偵察、衛星海面導航與衛星氣象觀測上，亦獲致相當成果；特別是在衛星偵照方面，已具備對台全天候目標偵察與地形測繪能力，將顯著提高對台精準打擊能力。2008 年美國國防部所發表的「中共軍力報告」中明確指出，中共擴軍的重要原動力，就近程言，是聚焦於準備可能發生的台海戰爭，包括阻止美國的可能介入；中程來看，中共也準備為保護資源或領土可能引發的衝突而備戰。因此，中共擴軍的行為不但改變

=579785，上網檢視日期：2008.10.20。

東亞的軍事平衡，並且也影響到亞太以外地區的安全[11]。所以追求台海安全絕對不只是為了保障台灣，更是為攸關整個亞太區域安全的最關鍵之處。唯有我國能夠具備足恃的軍力來嚇阻中共軍事擴張野心，亞太的安全與和平才能獲得確保。

參、兩岸和平發展對國軍「預防戰爭」戰略之影響

在全球化時代，各國致力建構「全球和平」框架之際，政府將兩岸關係發展融入國際社會主要潮流，確有其前瞻性的安全戰略思維。由於兩岸隔絕已久，1990 年代初雖然浮現短暫的和解曙光，但卻在政治及意識形態干預下，未能將這道曙光擴展為兩岸的光明遠景，反而因 1995 至 96 年的台海危機，使兩岸瀕於戰爭邊緣，雙方自此又陷入零和對抗的思維[12]。由於政府推動兩岸和解共榮政策，避免「零和競爭」，使僵持多年的兩岸關係近期逐步呈現緩和氣氛[13]。馬英九總統日前接受墨西哥「太陽報」專訪時，針對兩岸目前狀況表示，兩岸關係不是「兩個中國」的國與國關係，而是一種「特別的關係」，兩岸主權爭議目前無法解決，但可用「九二共識」暫時處理；兩岸如果要簽署和平協議，大陸應該要先處理對台部署的飛彈；也就是台灣必須在沒有戰爭陰影的威嚇之下，才能與中共簽署和平協議，這樣我國的主權與安全也才得

---

[11] 王崑義，「中共擴軍聚焦台海，國軍建構足恃戰力刻不容緩」，刊於青年日報社論，2008.04.02。

[12] 王崑義，「兩岸關係和平發展促進區域穩定化解衝突共創雙贏」，網址：http://www.uocn.org/bbs/viewthread.php?tid=14843&extra=page%3D1，上網檢視日期：2008.10.5。

[13] 王崑義，「國軍戮力戰訓堅實國防 奠立台海和平穩固基石」，刊於青年日報社論，2008.09.12

以保障。台灣必須建立足恃防衛力量，才能嚇阻中共採取任何軍事行動[14]。

馬總統在這次訪談中特別依憲、依法界定兩岸關係，並且明確宣示我國的主權地位，堅定的強調為了維護國家主權，我們必須建立足夠的防衛力量更何況，國家安全不能單靠對方的和平施捨或是他國的協防，所以即使兩岸簽訂和平協議，我們為了保障主權的完整性，仍然必須依靠自己足恃的防衛力量，才能持續維繫兩岸和平。這也是為何馬總統一方面宣示要和平，一方面要求必須持續進行「合理軍購」，同時要維持國防預算不少於 GDP 的百分之三，以建構足以防衛國家安全武力的主因[15]。

從兩岸關係、主權維護與合理軍購三位一體的思考來看，兩岸關係的複雜性絕非我國一廂情願就可以達成和平的目的，兩岸雙方的發展是一個動態平衡的關係，我們不能完全依靠中共或美國的承諾來實現和平，必須有足夠的防衛能力，方為促成兩岸和平的實現。美國政府日前依據「台灣關係法」完成我國五項軍購案的審查，並送交國會申請授權，預期延宕多時的對美軍購可順利過關，使國軍可望獲得 AH-64D 阿帕契攻擊直升機、愛國者三型飛彈系統等新式武器裝備。從「預防戰爭」的角度，國軍持續藉籌獲先進武器，不僅是提升整體戰力的必要之舉，亦能藉此形成有效嚇阻的堅實力量，使敵人因「慎戰」，不敢貿然輕啟戰端。吾人認為，相關軍購的獲得也能充分展現國軍自我防衛決心，有助穩定台海情勢與兩岸關係正面發展[16]。

---

[14] 王崑義，「遵憲依法定位兩岸關係，有效維護主權助益台海和平發展」，刊於青年日報社論，2008.9.6。

[15] 同附註 12，頁 2。

[16] 徐錫源，「強化自我防衛能力追求兩岸和平穩定」，國防部網站，2008.10.15。網址：http://72.14.235.104/search?q=cache:GnDJewlFZJMJ:%E5%9C%8B%

一、建立可恃嚇阻武力有效預防戰爭

克勞塞維茲曾強調：「戰爭不是愚蠢、熱情的行為，而是被政治目的所控制，所以此目的價值須決定犧牲的大小及持續時間的長短。一旦努力的消耗超過政治目的的價值，則此目的會被拋棄，和平就會隨之到來。」戰爭的破壞性確實導致軍事力量的遞減使用，因此如何讓潛在敵人不敢輕啟戰事，是小國防衛的最高指導原則[17]。鑑於戰爭為人類帶來的苦痛，以「預防戰爭」為主軸的嚇阻戰略逐漸興起，為現今的國際社會趨利避害，遠離戰爭。臺海兩岸自 1949 年分離分治後，迄今已近 60 年，然而戰爭的議題在兩岸間卻從未停歇，且隨著時局發展而不斷變化；基此，現階段我國國防政策以「預防戰爭」、「國土防衛」、「反恐制變」為基本目標，軍事戰略以「防衛固守、有效嚇阻」為戰略構想，以，「科技先導、資電優勢、聯合截擊、國土防衛」為建軍指導，藉籌具「嚇阻戰力」達到「預防戰爭」之目的，並藉適切之防衛戰力達成國土防衛及反恐制變的目標，以確保國家安全。

事實上，台灣因具有優越的地緣戰略地位，台海安全情勢也攸關亞太區域的穩定，中共大幅擴軍的結果，包括中華民國在內的周邊國家均同感威脅，這些國家為了避險，以致於紛紛加強軍備，形成區域國家軍備競賽的「安全困境」。二次世界大戰結束初期，美國採取對共產陣營的「圍堵戰略」，欲以軍事力量消滅共產國家，卻使雙方深陷於戰爭泥淖。因此，甘迺迪就任總統後，改採「和平

E9%98%B2%E9%83%A8.tw/Publish.aspx%3Fcnid%3D65%26p%3D28899+%E5%9C%8B%E9%98%B2%E8%BD%89%E5%9E%8B&hl=zh-TW&ct=clnk&cd=19&gl=tw，上網檢視日期：2008.10.25。

[17] 王崑義、古明章，「波羅的海三小國同舟共濟共禦強權」，刊於青年日報「小國安全戰略」專欄，2008.10.19。

戰略」，提出「糧食用於和平計畫」、派遣「維和部隊」等具體措施。當然，「和平戰略」絕非只是透過「交往」尋求和平，易言之，「和平戰略」必須以強大的武力為後盾，在「交往」的同時，必須有「遏制」敵人侵略的有利籌碼，這其實也是馬總統所指出的，兩岸關係發展與我建軍備戰不相衝突。

在我國大幅放鬆兩岸經貿往來管制後，馬總統的「和平締造者」承諾已經逐步實現，中共雖在兩岸交通、觀光等方面回應了我方，但對影響兩岸及區域和平最重要的擴軍行動並未放緩，部署在台海對岸飛彈不僅未撤，反而還提升性能，中共軍事政策若不改，則日、韓及中共周邊國家為因應中共威脅，也會被迫持續進行軍事投資，這個「安全困境」一日不解，東亞永久和平就不會到來。

二、戮力戰訓堅實國防兩岸談判後盾

目前兩岸情勢表面上雖然暫時呈現舒緩的現象，但不代表兩岸永久和平得以立即實現，我國是中共軍事威脅最直接也是最主要的目標，只要敵人沒有放棄武力犯台的企圖，國軍就沒有鬆懈防衛能力的空間，務須透過持續不斷勤訓精練，方能建立「小而堅、小而強」的現代化勁旅，成為台海和平與安全的最有力保障[18]。

據加拿大「漢和防務評論」月刊最新一期的報導，共軍絲毫未放鬆對台軍事行動準備，甚至提高訓練強度，特別是空軍、陸軍訓練均持續強化攻擊機場、地下設施，以及山地戰的各種作戰能力。馬英九總統於 2008 年視導島內國軍部隊時特別強調：「我們雖有

---

[18] 同附註 13，頁 2。

謀和的決心，但絕不會在國防、外交方面有所鬆動，仍將編列合理預算，維持建軍備戰應有力量，以做為爭取和平契機的有力籌碼。」為有效達成保國衛民的使命，今後國軍官兵仍應具備高度憂患意識，加強戰訓本務，以建立足以肆應國家安全需求的國防戰力。並且在前往各外、離島慰勉駐防官兵時，就一再要求國軍應該建立並維持堅實的國防，以作為維護全民利益、確保國家尊嚴和領土完整的保障，還強調，追求兩岸和平與和解的前提，在於國家必須具備堅實的國防實力作為協商談判後盾，因此政府將編列合理預算，採購必要武器裝備，以維繫國防戰力於不墜。

根據國防部過去曾經做過的相關分析，如果國軍在 5-10 年內無法籌獲具防衛能力的先進武器裝備，2020 年至 2035 年，中共對我戰力比將接近三比一，使中共處於犯台的戰力優勢。一旦兩岸軍備情勢發展的對比差距愈來愈大，國軍若不能及時建立高素質的軍事武力，提升自我防衛力量，國軍保障台海安全的各項戰略作為，將面臨更多因為中共軍備擴張所形成的難題。由此可知，面對中共融合軍事與非軍事手段的對台強勢壓迫，適時強化國軍軍備力量，政府日後才有堅實的國防武力作為後盾，增加談判籌碼[19]。任何的協商與談判，都是一種討價還價（bargain）與妥協的結果，而堅實的戰力乃是談判最大的本錢。推動兩岸關係不能有浪漫憧憬，必須以實力與正確的政策作後盾，才能確保臺灣的和平與安全。而唯有安全與安定的環境，才能維持未來臺灣經濟的持續成長，也才能進一步開創兩岸和平發展契機。如果要展開建立信任措施的協商與談判，擁有強大戰力的三軍，將是兩岸談判與協商的最大後盾。

---

[19] 同附註 16，頁 2。

三、敵情威脅猶存持續備戰才能止戰

馬總統曾在就職演說向國際社會宣示：「我們有防衛台灣安全的決心，將編列合理的國防預算，並採購必要的防衛性武器，以打造一支堅實的國防勁旅，追求兩岸和平與維持區域穩定，並使台灣成為和平的締造者[20]。」之後，馬總統主持「97 年下半年陸海軍將官晉任布達暨授階典禮」等國軍重要活動時，均一再強調，國家安全不能仰賴敵人的善意，也不能依靠別人的保護，我國應編列合理的國防預算，採購防衛性武器，展現自我防衛決心；馬總統並表示，一個聰明、有遠見的執政者，應將威脅極小化，將機會極大化，應該做的健軍備戰還是要做，應該持續的軍事訓練工作也不能鬆懈，因為「備戰才能止戰」，我們絕不求戰，但也絕對不避戰、不畏戰。馬總統的談話明確揭示，政府支持國防建軍不是為求有朝一天與敵人兵戎相見，而是建構自我防衛的有力防線，讓人民遠離戰爭。

進一步來說，儘管兩岸氣氛漸趨和緩，外交休兵亦是追求的目標，但在敵情威脅尚未完全解除前，國軍仍須建構可恃的戰力，提供台海安全的保障。根據國防部公布的「97 年中共軍力報告書」，中共每年的國防預算均持續調增，並維持兩位數字的百分比，整軍經武的作為從未間斷，除對外採購外，更致力發展彈道飛彈、高性能機、艦與精準武器等高科技武器裝備。至於美國國防部公布的「2008 年中共軍力報告」亦指出中共積極擴軍，已使整個台海地區軍力平衡持續朝中共傾斜，直接影響亞太區域和平與穩定。

---

20 引自總統府網站，「總統馬英九先生就職演說」，2008.5.20。網址：http://www.mofa.gov.tw/webapp/ct.asp?xItem=32211&ctNode=112&mp=1，上網檢視日期：2008.10.15。

因此，國軍加速國防現代化，打造一支量少質精戰力強的國防武力，不僅是為維繫本身的國防安全，亦在區域安全的環境中扮演重要角色。

誠如馬總統所言：「我們絕不是主張國防休兵，而是要透過軍事事務革新與國防轉型，建立一支現代化、專業化、可依靠的戰力，達到嚇阻敵人、預防戰爭的目的」。任何一個具有長遠前瞻觀點的國防施政規劃，都必須要為未來十年或十五年做好戰略準備，只有隨時做好準備，才能讓自己能夠擊敗任何潛在敵人。畢竟，戰備安全永遠有備無患，如果沒有及早準備導致缺乏嚇阻敵人進犯的堅強戰力，勢將嚴重影響國家安全。

「和平」絕對是兩岸共同的語言，亦為兩岸人民共同期待，也是雙方政府追求的使命。但是，和平不能寄望在敵人的善意之上，也不能一廂情願，為致力兩岸和平發展，我們必須要有足夠的防衛力量作後盾，展現國軍守護國土的堅定決心，並讓中共主動放棄發起軍事侵略行動的妄念。展望未來，我們對兩岸走向和平有樂觀期待，亦期盼國軍賡續在「有效嚇阻、防衛固守」的戰略構想下，以周全的準備與旺盛的士氣，奠定國家安全厚實基礎[21]。

肆、兩岸和平發展的保障：建立軍事互信機制

維持兩岸的和平與發展不僅是兩岸人民所共同企盼，也是兩岸政府與人民亟需努力的當務之急。現階段的兩岸最大「共識」是「維持現狀」，不論個人所認知的「維持現狀」為何，都代表了希望兩

---

[21] 參見王崑義部落格，「致力堅實國防 追求兩岸和平維持區域穩定」，2008 年 5 月 21 日青年日報專訪。網址：http://blog.sina.com.tw/wang8889999/article.php?pbgid=22448&entryid=579785，上網檢視日期：2008 年 9 月 18 日。

岸政治格局暫時勿需變化的心願，在此心願下雙方的認同的新價值是「和平、發展、雙贏」[22]。

從當前台海兩岸在政治上（即一個中國原則）所存在嚴重的歧見，欲建立和平穩定的互信機制，顯然是個漫長過程？一般認為，短期內如何建立兩岸經貿正常機制，並就兩岸密切交流中所衍生攸關人民權益事項，從這些「非零合」事項著手則是當務之急。吾人相信只有先經由兩岸經貿與攸關人民權益事項上的互利互惠著手，讓兩岸雙方感受到非零和甚而雙贏的契機，才有可能為緊繃的政治關係開創良好條件，與奠定互信基礎。兩岸關係應當放在國際政治經濟的發展潮流中，作前瞻性的思維與因應。在面對全球化的世界趨勢中，兩岸唯有遵循「和平」與「發展」的兩大國際潮流趨勢，秉持「資源分享」、「經濟共榮」的區域合作精神，方能在「全球化」與「區域合作」的世界潮流趨勢中，不僅不負兩岸人民企盼，更能共同致力於區域的和平發展，乃至全球經濟的繁榮與進步。兩岸關係除了應當從全球化的浪潮中思維外，更應逐步揚棄以往從政權的考量與政治的思維，轉而改以體現人民福祉增進人民權益為目標，亦即將兩岸人民的福祉作為兩岸政府推動兩岸關係最高目標，則兩岸關係不應因政治的分歧影響到人民福祉的維護。

其實，兩岸的軍事互信機制最早在李登輝和陳水扁主政時期，就由我國提出，但由於兩岸政治關係緊張，大陸一直沒有回應。但大陸在 2004 年的「五一七聲明」中，提出恢復兩岸協商，建立軍事互信機制的主張。2005 年 5 月，國民黨主席連戰與中共總書記胡錦濤會面時，提出兩岸建立軍事互信機制，得到胡錦濤正面回

---

[22] 楊開煌，「兩岸維持現狀的三大支柱」，海峽評論月刊,第 177 期，2008.9 月號，頁 19。網址：http://www.adanstar.com/FF/177-820.html，上網檢視日期：2008 年 9 月 18 日。

應。近年來，「軍事互信機制」[23]在兩岸政策的討論中被越來越多地提起。隨著和平發展逐漸成為兩岸關係發展的主題，使得建立「兩岸軍事互信機制」成為可能。當前兩岸關係穩定發展，彼此敵意亦逐漸化解，建立互信是目前擺在兩岸關係發展中的最重要問題，有了互信，兩岸之間才能化解疑慮，消除誤解，朝著追求雙贏，和平穩定的方向發展。建立互信包括雙方建立政治互信、軍事互信，政治領袖的個人品德互信等等。海峽兩岸之間的政治紛爭，是中國內戰遺留的問題，雙方目前尚未簽署結束敵對狀態協議，從客觀上講，雙方目前仍然處於軍事對峙狀態。兩岸關係要大步迎向和平的未來，建立軍事互信，協商終止敵對狀態，協商簽署和平協議，謀劃兩岸走向和平統一的長遠目標，顯得十分重要。海峽雙方建立軍事互信，對雙方建立政治互信將會起到良好的推動作用[24]。

一、建立政治互信

儘管兩岸建立政治互信是一個非常難解決的問題，但還是要去推動；如果我們沒有意願、決心，以後的事情會更難開展。雙方雖然未對目前友善或積極性的互動關係做一個共識的妥協，但基本上在各自表述的情況下，「九二共識」是可以重建政治互信的基礎。這是一個很難得的情況，也就是這一個很微薄、尚存不穩定的「九

---

[23] 「軍事互信」是兩岸邁向和平共榮、協商整合的必經階段，它源自於「信心建立措施」（Confidence－Building Measures，CBMs），這是一個敵對雙方用來降低緊張局勢並避免軍事衝突的措施，雖不能直接解決已發生之衝突或對立，但可藉由建立一套互信機制，使雙方軍事意圖明朗化，其主要作用是增加軍事活動的可預測性，使軍事活動有一正常範圍，藉以降低某一方因意外或錯判形勢而引發戰爭，屬於一種預防性的前瞻作為。

[24] 李風，「建立軍事互信：兩岸和平發展的保障」，中國評論月刊第 128 期，2008.8 月號，頁 3。

二共識」，能夠去推動許多功能性的產生，其實也非常不容易。問題在於，基於雙方領導人的意志與決心所達成的一個微薄的「九二共識」政治互信，如何長久？如何強化？如何讓其基礎更穩固？如何再更進一步推動利於海峽和平穩定的作為？這才是我們今天必須要去做的事情。

我們可從兩方面下手：坦白說，雙方都可接受「九二共識」的政治妥協，事實上也算北京間接認知台灣具有實質政治主權，或實質主權，這是已有的事實，也是一個心照不宣的基礎。如何擴大這個基礎的效應很重要。如果珍惜「九二共識」，就必須要瞭解「九二共識」所代表的含意。譬如說，過去十五、十六年前，大陸解放軍與「國軍」都有參加美國智庫的研習，雙方軍事人員同坐一個辦公廳，彼此間都有交流。這種關係為甚麼至今不能恢復？表示雙方的互信還很少，即便有「九二共識」，但是比有「九二共識」之前雙方的關係更為薄弱。

回顧過去過程，雙方如何鼓勵軍事上非正式的對話與接觸，甚至於談到耳熟能詳的功能性問題，近十年來即使台海關係不好，還是有談論的空間，誰授權、誰影響、有何結果？我們都有案底可以考，只是我們都沒有將過去的案子做一個持續性、延續性的累積，而重蹈覆轍走了很多冤枉路。如今雙方要重建政治互信，要避免過去的教訓、錯誤政策的話，應該把剛開始的醞釀、和之後形成的機會、努力、挑戰、問題做一個整理，讓雙方在各自授權

機構下都有案可考。但我們都沒有把過去做一個累積驗證、分析比較，如果我們可以做好此步驟，其實雙方在功能性事務上的互信，有很多東西可以提供給決策單位做參考。因為領導人會換，但兩岸關係本身具有持續性的累積，才能夠避免無謂的浪費與錯誤的決策。

二、政府內部與外在約束

現在中共領導者是從使兩岸走向一個中國的角度來處理這個問題。當然現在兩岸的環境有某種程度改變，馬總統就任後也想做些改變。不過問題不是那麼的單純，除了主權爭議外，至少有其他兩個因素影響兩岸建立軍事互信。第一個是台灣內部的政治環境還是相當複雜，這主要是指藍綠對立，而且這個對立仍將持續相當時期。在此情形下，大陸想透過兩岸軍方交流接觸，讓台灣軍隊變成解放軍的友軍，站在綠營的立場，接受度應該不高，可能會產生蠻多的反彈。除了雙方面的政治主權與內部政治因素外，第二個就是國際面向。坦白來說，就是美國的問題。如果兩岸真的能夠簽訂軍事互信，代表台灣幫美國做了一個工作：如果兩岸的互信能夠做到像歐洲那樣的話，事實上也等於幫美國，讓解放軍間接的對美國透明化，甚至某種程度上限制其行動。因為解放軍若想往太平洋發展，大陸與台灣達成的軍事互信後，這是否可能限制大陸往太平洋發展。所以，大陸願不願意這樣做是有疑問的。

因此，兩岸軍事互信問題牽涉到美國與兩岸間的安排。到底台灣能走得多遠和走得多快也將受到美國的約束，因為台灣對美國是高度的依賴。如果大陸沒有給台灣一個百分之一萬的保證、無條件的保證，我覺得台灣應該很難完全不顧美國的立場來處理這個問題。而不管是胡錦濤、或是任何一個領導人，大概也不可能給台灣百分之一萬的保證、無條件的保證，即使台灣說追求一個中國。

三、參與國際組織

兩岸經過二十年的民間交流，雖然不再劍拔弩張，但是台灣海峽之間仍然存在相當程度的軍事緊張對峙，而隨著「週末包機、觀光客來台、兩岸航、海直航」的開放，雙方對於國家安全的維護與規範，恐怕只將有增無減。因此，如何減少對峙、增加互信，應是當務之急。我們認為，兩岸「軍事互信」機制的建立絕非一蹴可幾，必須循序漸進。我們建議，雙方可以依循「論壇對話」、「人員交流」、「互設熱線」、「裁減軍備」等階段培養互信基礎，最終建立和平區及簽署和平協定。首先，我們建議兩岸當局進行軍職人員交流，互邀觀察彼此的軍事演習，進而互設熱線安全電話、建立軍事意外通報制度以及非敵意性越界之識別制度，避免雙方因為誤會、誤判而挑起衝突。

其次，我們建議兩岸當局可以各自調整前線之軍力部署，縮減第一線戰鬥兵員，共同撤退部署於沿海之攻擊性武器，特別是深具殺傷力的飛彈與先進戰機，以營造友好氣氛，獲致和平共榮境界。再則，我們建議兩岸共同參與東北亞區域多邊對話，針對可能威脅本地區安全之各項議題進行商議。同時，我國必須爭取成為東協的對話伙伴，進而在東協區域論壇（ARF）中商討如何消除東北亞區域內的緊張因素。在層面更廣的第二軌道方面，我國可以利用亞太安全合作理事會的既有基礎，擴大兩岸對話的深度及廣度，並爭取美、日、南韓等國著名智庫，共同舉辦區域安全對話論壇，進行坦誠溝通[25]。再來談兩岸是否簽訂和平協議的問題，審視過去簽訂和平協議的國家，我發現兩方主動去簽訂的情況極少，大部分都是在強權壓力之下所簽訂。所以當中共提出要求簽和平協議，他們的角色立即變成一方面是當事者，另一方面又是霸權的角色，變成很多東西都是中共說了算，馬英九總統講再多都不算，像兩岸休兵、

[25] 財團法人國家政策研究基金會國家安全組，「創造雙贏的兩岸關係」，2002.08.10，頁 9。網址：http://old.npf.org.tw/monthly/series-ns.htm，上網檢視日期：2008.10.16

活路外交，大陸都有讓人無動於衷的感覺，大陸應該要有適當的回應。

四、推動兩岸軍事互信機制

「互利」的雙贏觀點取代「零和」的衝突思維，是兩岸經全球化洗禮後所得出最具意義的價值。主要原因係在在全球化的框架下，我國與中共經由緊密相連的「經貿相互依賴」關係，雖不必然會使傳統形式的戰爭消失於無形，但當任何一方出於各自的「國家利益」而欲引發戰爭時，所要考量的因素與可能承擔的成本代價，已遠遠超乎想像，而「和平共存」所提供的選項，則可把戰爭的風險降至最低，達到即使「不戰」也能創造互利雙贏。

「台灣—大陸」及「台灣—世界」的經貿相連關係形成前提，仍在於兩岸政治立場歧異的化解。換言之，經濟雖可加深彼此的互賴，但政治的非理性卻可顛覆所有互賴結構的可能性，故如何以「絕對收益」（兩岸雙贏）取代「相對收益」（兩岸零和）的觀念，彼此各退一步達成「一個中國原則」的共識，以便建立兩岸和平穩定架構，實為台灣發展與台灣安全所須面臨的一大課題[26]。今（2008）年是中共發表「告台灣同胞書」30 週年紀念，中共總書記胡錦濤在北京人民大會堂發表談話，首度提及兩岸軍事交流的問題，認為可以透過協商，建立軍事安全互信機制。我想我們是樂觀其成，因為兩岸能夠和平發展，不只是我們國人共同樂見，也是美、中及鄰近國家所共同樂見的。軍事互信機制的建立主要在減少衝突，化解緊張關係，增進地區性和平。在冷戰時期，歐洲兩大陣營之間曾發展出「軍事互信機制」（CBM），以期建立互信，減少誤判。實施後對該地區的和

---

[26] 陳怡如，「從中共對台政策與我國大陸政策發展歷程分析兩岸共識建立的可能性」，2004.4.16，頁 35。

平與安全有很大的貢獻。但是，軍事安全互信機制的建立必須與政治情勢的發展相配合，在全球大和解的趨勢中，兩岸均展現追求和平統一的意願時，軍事安全互信機制是確保和平與安全的重要政策工具。然而，我國國情特殊，中共人口、面積遠大於我國，正規軍隊人數大約是我國的六倍，作戰縱深相差懸殊，並且中共至今從未放棄以武力犯台意圖，因此，即便兩岸關係有了良性發展，兩岸開始建構軍事安全互信機制，我方亦不可因此鬆懈國防整備的工作。

在當前政府推動「兩岸和平穩定互動架構」的總體政策下，國軍在確保國家安全及避免衝突危機的前提考量下，國防部認為應與對岸共同協商「海峽行為準則」，務實推動「兩岸軍事互信機制」，以促進台海的穩定與和平。並且國防部已制定關於一、建立政治互信之困境」政策綱領草案並在繼續修訂之中，未來將分近、中、遠程三階段逐步建立「兩岸軍事互信機制」[27]：

---

[27] 國防部 93 年國防報告書，93.10.3。

一、三階段逐步自我約制：

國防部表示，「兩岸軍事互信機制」應建立在雙方互信基礎上，惟中國始終不放棄武力犯台及未能展現具體善意，因此為確保國家安全，在作為上必須區分近、中、遠程三個階段規劃執行。

(一) 近程階段－「互通善意，存異求同」1.續釋善意並爭取國際輿論支持。2.藉由民間推動軍事學術交流。3.透過區域及國際「第二軌道」機制擴大溝通。4.推動兩岸國防人員合作研究及意見交換。5.推動兩岸國防人員互訪與觀摩。

(二) 中程階段－「建立規範、穩固互信」1.推動台海及南海海上人道救援合作，共同簽署「海上人道救援協定」。2.協商合作打擊海上國際犯罪，逐步建立海事安全溝通管道及合作機制。3.共同簽署「防止危險軍事活動協定」、相互避免船艦、軍機意外跨界或擦槍走火。4.共同簽署「軍機空中遭遇行為準則」及「軍艦海上遭遇行為準則」，防止非蓄意性的軍事意外或衝突發生。5.共同簽署「台海中線東西區域軍事信任協定」，規範台灣海峽共同行為準則。6.台海中線東西特定距離內劃設「軍機禁、限航區」或「軍事緩衝區」。7.雙方協議部分地區非軍事化。8.撤除針對性武器系統的部署。9.雙方協議

1. 近程目標，實現兩岸非官方接觸，優先解決事務性問題，希望從一般性的國防資訊公開，逐漸增加軍備透明度，並落實海上人道救難協議。在軍事演習時也要慎選區域、時機，軍事行動及演習事先告知，並要透過海基會與海協會過去所建立的溝通管道。
2. 中程目標，推動官方接觸，建立溝通機制，降低敵意，防止誤判。國防部希望雙邊都不能針對對方採取軍事行動、建立兩岸領導人熱線機制、中低階層軍事人員交流互訪、相互派

共同邀請中立第三者擔任互信措施的公證或檢證角色。

(三) 遠程階段－「終止敵對，確保和平」1.配合雙方政府和平協議之簽訂，結束兩岸軍事敵對。2.進一步發展兩岸安全合作關係，確保台海和平穩定。

二、在形成「海峽行為準則」方面：

國防部表示，國軍以「預防軍事衝突」為主軸，咸認為降低雙方誤會、誤判，避免意外軍事衝突，並促使兩岸彼此相互瞭解，確保海峽情勢穩定，兩岸宜簽訂「海峽行為準則」相互規範，具體規劃如後：

(一) 雙方航空器、船舶不對他方航空器、船舶進行雷達鎖定、追瞄等模擬攻擊或電子干擾，並不得向他方航空器、船舶發射任何物體。

(二) 一方航空器、船舶對他方航空器、船舶進行監視時，應保持適當距離。進行監控時，應避免妨礙或危及他方航空器、船舶運動。

(三) 潛艦進行操演時，參演的水面船舶必須依照國際信號代碼，標定適當的水域，顯示適切的信號，警告潛艦活動水域內的其他在航船舶。

(四) 雙方航空器及船舶於夜間在海峽飛、航行時，應全程開啟敵我識別器及航行燈。

(五) 當雙方船舶接近時，應使用國際信號代碼告知對方本身意圖與行動。

(六) 金、馬、東引、烏坵等外島及福建東南沿海實施演訓及火砲射擊前，應依國際規範公告通知。

(七) 緊急安全程序

1.共同發展「緊急安全程序」以降低危機因應的不確定性。2.包括意外海（空）域侵入與海上、空中事件的處理程序，以避免造成情勢升高難以控制。國防部為確保台海長久的和平穩定，未來將逐步依「建立軍事互信機制」規劃進程，推動軍事學術交流、籌設軍事緩衝區等，進而檢討軍備政策、武器數量與部署，以正式結束兩岸敵對狀態。

員觀摩軍事演習及雙方軍事基地開放參觀、建立軍事高層人員安全對話機制，定期舉行軍事協商會議、海軍艦艇互相訪問、畫定兩岸非軍事區，建立軍事緩衝地帶、軍事資料交換、落實檢證性措施。

3. 遠程目標，亦即最終目標，希望兩岸能結束敵對狀態，簽訂兩岸「和平協議」，確保兩岸永久和平。

4. 為推動建立「兩岸軍事互信機制」，目前國防部採取了如下措：

(1) 通過調整軍事戰略、保證「不率先攻擊」、宣誓遵守核武「五不」政策（即台灣堅持不生產、不發展、不取得、不儲存、不使用核武器）等，積極向大陸釋放善意，為建立「兩岸軍事互信機制」創造氛圍。

(2) 與「國安會」和「陸委會」召開會議，針對兩岸最新形勢發展，重新修訂關於建立「兩岸軍事互信機制」政策綱領草案。

(3) 台海兩岸軍方在過去六十年間，都沒有機會一同坐在談判桌上，而且近年來中共軍方與其他國家在「建立信任措施」談判，已經有豐富的談判經驗。為了使得我方在談判桌上不居於下風，國防部近期已透過國防大學積極培養軍方談判人才，並針對中共的各種談判策略、運用的手段加以研究，對各種可能情況加以模擬演練，並積極爭取我方最大的安全保障與利益。

伍、結論

從歷史的經驗來看，大陸在上個世紀 70 年代末期以來，一直致力於推動和平統一，但和平統一的條件始終沒有成熟。90 年代中期以後，台獨勢力在台灣大幅成長，也一直努力推動和平獨立，但受內外制約，根本沒有成功的可能。進入 21 世紀，全球化的浪潮對兩岸都是嚴重的考驗，使雙方領導人不能不對兩岸關係的前景作出新的佈局。大陸方面放下統獨，提出兩岸關係和平發展的願景；台灣方面則宣佈不統不獨不武，維持現狀。看來兩岸領導人確實都有了全新的領悟[28]。

兩岸相隔咫尺，如果相互對抗，必致兩敗俱傷；反之，若能共同捐棄歧見，以人之長，補己之短，創造互惠雙贏，才是人民之福，對此，兩岸當局責無旁貸。對於國民黨的贏回政權，兩岸執政當局都寄以高度的期待。國民黨一改民進黨對大陸的閉關自守，否認「九二共識」，改採了開放交流，並接受「九二共識」的政策，縱使兩岸政府對於「九二共識」的內涵、瞭解未必完全一致。大陸希望藉此機遇，遏制台獨的發展，爭取台灣民心；台灣則希望藉此機會吸取大陸遊客與資金，刺激台灣經濟復甦，鞏固國民黨執政基礎。於此，兩岸政府找到了利益交集。所以縱然兩岸目前還存在許多政治上的紛歧，現階段雙方都願意「擱置爭議，共創雙贏」，抓住這次難得的歷史機遇。

兩岸政府都知道，以過去這麼多年錯綜複雜的兩岸分歧而言，兩岸關係的改善必須循序漸進，由簡入繁，先經濟後政治，不能一下就卡死在政治分歧的糾結中。可以預期，兩岸未來在直航、觀光、經貿等議題上，必定會達成更多的協議，兩岸交流必然更加頻繁密切。透過頻繁的交流，密切的往來，兩岸或許終於會慢慢培養出「兩岸一日生活圈」、「命運共同體」、「兩岸共同家園」的感覺。兩岸當前應儘量把握時機，致力於建構一個穩定和諧的環境，利於兩

---

[28] 張麟徵，「兩岸關係和平發展的前瞻論其契機與隱憂」，刊於海峽評論 212 期，2008 年 8 月號，網址 http://www.adanstar.com/FF/212-7265.html，上網檢視日期：2008.10.26。

岸關係的和平發展，為未來解決政治分歧，建立互信，奠下基礎。台灣局勢目前已從此前的高危期轉化到「發生了重大積極變化」，兩岸關係發展正出現光明的前景。兩岸人民運用中國人的智慧，設法建立軍事互信，結束敵對狀態，達成和平協議，符合中華民族的整體利益，既是兩岸同胞的共同願望所在，也將對亞太地區和平穩定發生重大影響。這個目標的實現，並不是遙遠的夢，完全有值得樂觀的理由[29]。

若以歐盟統合過程為例，各個成員國雖然在血緣、文化、種族等並不相同，也歷經過長時期的戰爭洗禮，如今都能透過經貿社會各項交流有效整合成功。兩岸領導人一貫強調：兩岸具有共同的血緣、文化、與歷史背景，也願意共同承擔致力於維持兩岸和平穩定的重責大任。因此兩岸關係當務之急不是刻意強化政治上的分歧有多深，而是應當正視政治上的歧見，積極務實的在中共胡錦濤主席 2005 年 3 月 4 日針對兩岸關係所提出的 4 點意見與我方的 520 馬總統就職演說上，找尋交集點。

在當前兩岸關係衝突引信雖然已卸，但仍是互信不足隱憂未除。為了預防兩岸緊張情勢的升高與衝突的爆發，兩岸雙方不僅應當知己知彼，避免一切誤判，更應嚴防誤判所導致騎虎難下與擦槍走火的意外發生。兩岸關係確實有必要以談判代替對抗，加強接觸交流以增進彼此的了解。惟在當前政治上極度欠缺互信中，短期內，雙方欲在政治上尋求互信與共識，必然是事倍功半幾無可能。但雙方如能以「與時俱進」的「新思維」，不以政治上的分歧影響到民間各項交流的推展；秉持著「大處著眼，小處著手」的精神，所謂大處著眼乃是致力於兩岸的和平穩定的維護，小處著手乃是就

---

[29] 同附註 24，頁 3。

兩岸攸關人民權益經貿等事項優先推展。從兩岸具有交集與共識部分先行著手，藉由非零合事項逐步累積互利互惠，方能為兩岸政治關係與和平穩定奠定實質的基礎。

第五章　二〇一五年我國防政策的 SWOT 分析

（劉慶祥　博士）

壹、前言

就理論而言，國防政策是對國防戰略構想所獲結論的形式化表達；它是政府為追求國家安全目標時，所採取的行動路線或指導原則。[1]依據中華民國憲法所昭示，我國防係以保衛國家安全，維護世界和平為目的，而我當前國防理念、軍事戰略、建軍規劃與願景，均以預防戰爭為依歸，並依據國際情勢與敵情發展，制訂現階段具體國防政策，以「預防戰爭」、「國土防衛」、「反恐制變」為基本目標，並以「有效嚇阻，防衛固守」的戰略構想，建構具有反制能力之優質防衛武力。[2]

具體而言，九十八至一〇一年度國防部中程施政計畫優先發展課題，為「精銳新國軍」、「推動全募兵」、「重塑精神戰力」、「完備軍備機制」、「重建台美互信，鞏固雙邊關係」、「建構優質官兵眷屬身心健康促進與照護」等六項。此外，總統馬英九生在去年八月十

1　台灣研究基金會國防研究小組，國防白皮書（台北：台灣研究基金會，民國 78 年 5 月），頁 85 至 86。

2　「國防部簡介」，民國 97 年 9 月 9 日，網址：http://www.mnd.gov.tw/Publish.aspx?cnid=23&p=38

八日舉行中外記者會的時候指出，今後國軍要把災害防救作為中心任務，且要做到這一點，未來的國軍在戰略、戰術、兵力結構、經費預算及機具裝備等方面都應該納入防災救災的考慮。[3]也因此，國軍不但要具備戰爭之軍事能力，亦要具備非戰爭之軍事能力；換言之，國軍需同時具備戰爭與非戰爭能力。

由於中共預計在二〇一〇年達到大規模作戰能力準備，二〇一五年之前達成決戰、決勝能力之準備。此外，前國防部長陳肇敏先生在民國九十七年十二月十八日於立法院外交及國防委員會，針對「全募兵制」執行期程表示，全募兵制將從一〇四年一月一日開始實施。[4]因此，對我國而言，二〇一五年我國國防政策的 SWOT 研析，實有必要。

兩岸關係向來是國際關係學者所關切的議題之一，而在「台海議題」上，美國與中共雙方對「維持現狀」的共識與默契相當明顯；總統馬英九先生「不統、不獨、不武」的理念，亦最符合台灣主流民意。因此，在「穩定壓倒一切」且以經濟為主軸的大環境之下，自由、民主、均富乃兩岸「和平發展」的最大公約數，亦為兩岸共同堅持的「奮鬥目標」，更亦為兩岸雙贏「皆能生存發展」的共同憑藉。[5]

---

[3] 有關「98 至 101 年度國防部中程施政計畫」，國防部網址：http://www.mnd.gov.tw/Publish.aspx?cnid=2244&p=29062；總統府新聞稿，「總統召開中文記者會」，民國 98 年 8 月 18 日，網址：http://www.president.gov.tw/php-bin/prez/shownews.php4?_section=3&_recNo=443

[4] 沈明室，「從中共十七大軍隊人事佈局看中共對台戰略」，刊於《戰略安全研析》第三十一期（民國九十六年十一月），網址：http://iir.nccu.edu.tw:8080/cscap/pic/newpic/戰略安全研析 No.31.pdf；國防部軍聞通信社，「陳肇敏：全募兵制實施期程將延後一年」，民國 97 年 12 月 18 日，網址：http://mna.gpwb.gov.tw/mnanew/internet/NewsDetail.aspx? GUID=44212

[5] 國民黨政策會編，大陸情勢雙週報，第 1530 期（97 年 6 月 4 日），頁 2；第 1531 期（97 年 6 月 18 日），頁 9。總統府新聞稿，「中華民國第 12 任

前瞻二〇一五年，在兩岸和平發展過程中，國軍應該扮演什麼角色？此為本論文研究的核心命題。尤其馬總統呼籲國防部，要針對當前及未來的國內外情勢研擬一個新而有效的戰略。去年十二月廿一日，國防部長高華柱引述馬總統在「國軍重要幹部研習會」以「國防改革首重視野」訓勉，期許國軍幹部，拓展個人視野及強化預防管理作為，以前瞻性的眼光與開闊的胸襟，擘劃國軍未來建軍備戰的發展。[6]循「典範遞移」[7]的角度出發，採批判性繼承、創造性轉化之研究態度，再遵循「以實力做後盾，推動兩岸和解」之國防戰略思維，可供我二〇一五年戰略構想酌參。[8]此外，由於信心建立措施對國際紛爭與衝突，確為降低或解決之有效途徑，應可供兩岸互動參酌。[9]再者，戰略為「建立「力量」，藉以創造與運用有

總統馬英九先生就職演說」，民國 97 年 5 月 20 日，網址：http://www.president.gov.tw/php-bin/prez/shownews.php4?_section=3&_recNo=594；曾復生，「台灣海峽潛在軍事危機的根源」刊於中美台戰略趨勢備忘錄（台北：秀威資訊科技公司，民國 93 年），頁 3。明居正，「國際關係對兩岸關係的衝擊」，台大政治系編，務實外交與兩岸關係學術研討會（台北：編者印，民國 83 年 5 月），頁 1 至 31。亦詳如劉慶祥，我國政府遷台後國防政策的政經分析（台北：政治作戰學校政治研究所博士論文，民國 92 年 5 月 24 日），頁 1。

6 軍聞社，「高華柱：彰顯政戰功能，再創新猷」，民國 98 年 12 月 21 日，詳如網址：http://mna.gpwb.gov.tw/

7 伴隨兩岸關係由「敵對」較強（典範 I）走向「敵對」相對弱（典範 II）之轉變，當然戰略思維亦隨之改變。可從孔恩典範變遷過程圖吾人即可了解：典範 I→常態科學→異例→危機→革命→典範 II；兩岸關係「敵對」較強（典範 I）所累積的知識，在面對「敵對」相對弱（典範 II）之兩岸關係時，必須重新組合，以新的典範觀點來解釋新典範的狀況。顏良恭，公共政策中的典範問題（台北：五南圖書公司，民國 85 年），頁 185 至 196。

8 總統府新聞稿，「總統參加國軍 97 年重要幹部研習會」，民國 97 年 10 月 21 日，網址：http://www.president.gov.tw/php-bin/prez/shownews.php4?_section=3&_recNo=6；馬英九國防政策（2008 年 4 月 15 日），網址：http://www.ma19.net/policy4you/defence

9 王崑義等合著，兩岸關係與信心建立措施（台北：華立圖書有限公司，民國 94 年），頁 314 至 318。

利狀況之藝術」，[10]那麼虛擬二〇一五年最理想的國防情境，吾人企盼國軍能建構成為「固若磐石」的戰力。尤其在二〇一五年之前，國軍在兩岸和平發展過程中，首要功能就是使國家的外在環境生存威脅變更小，其次的功能就是使國家的外在環境生存機會變得更大，第三個功能就是環繞國軍的優質軍力為政府推動兩岸和解的主要後盾，第四個功能就是化解內在弱點成為強點俾有利兩岸進行談判。

檢視「九一一事件」之後，美國過去主宰防衛計畫思維的「植基於威脅」模式，改變為未來的「植基於能力」模式。換言之，美國必須體認本身需要何種能力，以嚇阻並擊潰敵人。[11]前瞻二〇一五年，國軍也必須體認本身需要何種能力，以嚇阻敵人，而這樣的體認吾人企圖從工商界常用的 SWOT 分析中獲得。工商界通常把「Strategy」翻譯為「策略」；而工商界常用的 SWOT 分析中，最重要的是要有能力對於組織的競爭優勢及急需採取策略性行動之處作出結論；SWOT 指組織的強點（Strength）、弱點（Weakness）、機會（Opportunity）與威脅（Threat）。強點與弱點可經由對組織內部分析來了解，至於機會與威脅需評估組織所處的外在環境。[12]本文將先分析「威脅機會」，再進行「優劣勢」分析。

---

10 胡祖慶譯，國際關係理論導讀（台北：五南出版公司，民國 82 年），頁 295。國防部編，國軍軍語辭典（台北：編者印，民國 93 年 3 月），頁 2-6。

11 國防部史編局譯印，2001 美國四年期國防總檢報告（台北：譯者印，民國 91 年），頁序 VI 至 VII。丁樹範，「2006 QDR(美國四年國防總檢報告) 與美中安全關係」，刊於《戰略安全研析》第十一期（民國九十五年三月），網址：http://iir.nccu.edu.tw:8080/cscap/pic/newpic/戰略安全研析 No.11.pdf

12 國防部譯，策略過程：軍事與商業之比較（台北：譯者印，民國 96 年），頁 88。賀力行、裴文、陳振龍合譯，Rue & Byars 合著，管理學技巧與運用（台北：前程企管，民國 88 年），頁 183、194 至 196。伍忠賢，策略管理（台北：三民書局，民國 91 年 6 月），頁 308 至 310。

綜合而言，當代戰略家研究國防政策等議題時，往往以總體取向、採取科技整合的方式進行。[13]前瞻二〇一五年，我國國防政策外環境仍將受中共與美國等影響；而內環境則受限於中華民國政治、經濟、文化等，尤其是受限於民眾期盼等格局的影響。」[14]以下將循 SWOT 分析模式的邏輯，藉由戰力、國家安全、總體戰力、風險管理等總體性變項，[15]從「透過嚇阻力量使外在環境威脅極小化」、「創造合作機會使外在生存環境極大化」、「環繞國軍建構我優勢的總體防衛軍力」、「以風險管理機制化解內在環境的弱點」等面向研究本論文。

貳、透過嚇阻力量使外在環境威脅極小化

由於戰力是綜合有形與無形要素而成，有形戰力以武器裝備（物質）為基礎，無形戰力則以人的精神力為基礎；且精神與物質戰力的組合，是一種相乘的關係，就是「戰力＝精神×物質」，且依此公式的數學概念即可看出，無論精神與物質，都不能單獨存

---

13 鈕先鐘，現代戰略思潮（台北：黎明文化公司，民國 78 年），頁 269。朱浤源主編，撰寫碩博士論文實戰手冊（台北：正中書局，民國 88 年），頁 148。林鍾沂，行政學（台北：三民書局，民國 90 年 8 月），頁 15。

14 黃介正，「2008 年以後的美中台三邊關係」，刊於 2008 世界年鑑（台北：中央通信社，民國 96 年 12 月），頁 33 至 34。劉慶祥，我國政府遷台後國防政策的政經分析（台北：政治作戰學校政治研究所博士論文，民國 92 年 5 月 24 日），頁 281。

15 本文作者曾以政經角度分析政府遷台後（1949 至 2001 年間）國防政策，詳如劉慶祥，我國政府遷台後國防政策的政經分析（台北：政治作戰學校政治研究所博士論文，民國 92 年 5 月 24 日）。此外，與本論文類似之相關研究：有國防部 93、95、97 年所出版的國防白皮書；總統府 2008 年國家安全報告；國科會社會科學研究中心補助，中央研究院歐美研究所執行，「二〇二五年國家安全戰略」專案研究（90 年 4 月）；研考會「二〇一〇年社會發展策略實施計畫國家安全課題」研究計畫（92 年 1 月）。

在，都不能等於零，否則戰力也就等於零了。[16]面對當前兩岸和平發展的氛圍下，為使中共的威脅極小化，唯有「透過軍購反制中共有形戰力威脅」、「透過全民國防教育建構國人心防」、「透過年度例行演習累積勝敵能量」等嚇阻力量方能有效因應。

一、透過軍購反制中共有形戰力威脅

從國家整體角度觀察，新近民意調查顯示，至少有四十六％的民眾認為大陸政府對我政府是不友善的，亦約有四十六％的民眾認為大陸政府對我人民是不友善的。[17]相較陸委會於民國八十七年所做的民意調查，當時大多數的民眾（六十八％）認為大陸當局對我政府是不友善的，與最近（四十六％）上述的調查相較，民眾認為大陸政府對我政府不友善的程度，已下降近二成二；民國八十七年有半數以上（五十二％）的民眾認為大陸當局對我人民是不友善的，與最近（四十六％）上述的調查相較，民眾認為大陸當局對我人民不友善程度，已下降六％。[18]前瞻二〇一五年，中國應放棄對我敵意，為促進兩岸關係良性發展共同努力，才符合台灣民意希望兩岸和平的主旋律。

---

[16] 總統府新聞稿，「總統主持『國軍 97 年軍人節暨全民國防教育日表揚大會』」，民國 97 年 9 月 2 日，網址：http://www.president.gov.tw/php-bin/prez/shownews.php4?_section=3&_recNo=198；郝柏村，對戰力應有的基本認識（總長郝上將主持三軍四校 72 年反共復國革命教育開訓典禮講話），頁 1 至 3。國防部頒，國軍軍事思想（台北：頒者印，民國 90 年 12 月），頁 3 - 16 至 17。

[17] 陸委會，「民眾對第四次『江陳會談』結果看法民意調查」，民國 98 年 12 月，網址：http://www.mac.gov.tw/public/Attachment/9122919513636.pdf；有 46%的民眾認為大陸政府對我政府的態度是友善，高於不友善（39.5%）；而對我人民的態度，有 45.6%的民眾認為是友善，高於不友善（41.1%）。

[18] 行政院陸委會民意調查（民國 87 年 9 月 29 日至 10 月 2 日）「民眾對當前兩岸關係之看法」，網址：http://www.mac.gov.tw/

另從國防部角度觀察，中國軍事力量的強化已對我國家安全造成實質而直接的威脅。中國未來的攻台戰役中，極可能運用飛彈發動密集的精準攻擊，結合特戰部隊及台灣島內潛伏人員，併用空、機降部隊及兩棲突擊，對台灣政經中樞及重要據點實施多點、多層次的同步突擊。[19]以上事實，在在證明中共仍是當前我最大潛在威脅者。

尤其從「武器效益指標法」量化兩岸海空主戰兵力「戰力比」，依「三比一定律」，攻防戰力比在三倍以上時，攻者肯定成功；二倍時，結果不肯定；一點五倍以下者，防者肯定成功。若未執行軍購，二〇〇六到二〇一二年敵我戰力比為一點四六比一，二〇一三到二〇一九年為二點一八比一，二〇二〇到二〇三五年達二點八比一，接近三倍，將增加對岸犯台決心。若執行軍購後，未來三十年敵我戰力比最大差距僅約一點六七比一，使敵犯我成功率低。[20]

馬英九總統指出，台灣在與中國改善關係的同時，並不會影響台灣向美國採購武器，我早已向美國提出武器採購清單，希望美國政府能按照法令程序儘速推動。[21]台北時間民國九十七年十月四日，當美國政府同意售予我包括愛三型系統在內的五項軍售案的同

---

[19] 97 年 3 月 26 日國家安全會議「國家安全報告」修訂版，總統府網站《2006 國家安全報告》，網址：http://www.president.gov.tw/download/download.html；自由電子報，「國家安全報告：中國武嚇，添 2 攻台新武器」，網址：http://www.libertytimes.com.tw/2008/new/apr/3/today-fo5.html

[20] 2005 年版「台灣年鑑」第四章外交與國防之「國防部規劃新一代戰力部署」資料，網址：http://www7.www.gov.tw/EBOOKS/TWANNUAL/show_book.php?path=3_004_073

[21] 總統府新聞稿，「總統接見美國國會聯邦眾議院交通委員會訪問團」，民國 97 年 8 月 11 日，網址：http://www.president.gov.tw/php-bin/prez/shownews.php4?_section=3&_recNo=213

時，[22]馬總統樂見布希總統信守台灣關係法的相關承諾，且總統進一步指出，我們相信堅固國防與和平兩岸是台灣安全與繁榮的必要條件；向美國採購必要的防衛性武器不僅有助於國防安全，也將降低台海情勢的誤判，促進兩岸關係的和平發展，更可為東亞帶來穩定與和平。[23]

如前所述，有形戰力以武器裝備為基礎，因此美國行政當局終於二〇〇八年公布了對台五筆軍售，這是自一九九二年出售一百五十架 F-16A/B 戰機以來，最大的一筆軍售。此外，二〇一〇年元月，美國軍售通知書中，其中包括 UH-60M 黑鷹多用途直昇機六十架；愛國者三型（PAC-3）射擊模組二套、訓練模組一套和飛彈——四枚；同時還有 C4ISR 專案（博勝）第二階段；鶚級海岸獵雷艦（MHC）2 艘；魚叉遙測訓練飛彈十二枚。而二〇一〇年元月美國政府同意第二批軍售，是繼二〇〇八年十月三日第一批之後，把過去十多年來，我國希望得到的防衛性武器軍售給台灣。[24]當然，檢視美國對台軍售案的最新發展，除再度展現政府持續軍購捍衛國家安全的決心，更提升中共軍事威脅極小化的可能性。

---

[22] 中國時報，「逾二千億，最大規模，我獲美 5 項軍售，攻防兼備」，民國 97 年 10 月 5 日，A1 要聞版。

[23] 總統府新聞稿，「總統府聲明——美國政府同意軍售台灣」，民國 97 年 10 月 4 日，網址：http://www.president.gov.tw/php-bin/prez/shownews.php4?_section=3&_recNo=16；軍事新聞通訊社，「池玉蘭：我向美五項軍購將儘速簽署發價書」，民國 97 年 10 月 4 日，網址：http://mna.gpwb.gov.tw/

[24] 軍聞通信社，「國軍九十六年重要施政回顧」，97 年 1 月 2 日，網址：http://mna.gpwb.gov.tw/；中央網路報，「美對台軍售不致引起中美衝突」，民國 99 年 2 月 2 日，網址：http://tw.news.yahoo.com/article/url/d/a/100201/53/1ztbt.html；聯合新聞網，「2 千億！美宣布對台 5 軍售」，99 年 1 月 30 日，網址：http://www.udn.com/2010/1/30/NEWS/NATIONAL/NAT2/5397249.shtml；總統府新聞稿，「總統出席『國防部 99 年春節餐會』」，民國 99 年 02 月 10 日，網址：http://www.president.gov.tw/php-bin/prez/shownews.php4?_section=3&_recNo=9

二、透過全民國防教育建構國人心防

無形戰力以人的精神力為基礎，因此為了讓中共威脅極小化，透過全民國防教育建構國人心防，應該是可行的途徑之一。近年來，國防部持續推動全民國防教育，乃為落實「國家安全是全民責任」理念，提高全民防衛決心與意志，以防敵恫嚇、威懾之企圖。進一步而言，全民國防是一個國家總體戰力、堅強防衛意志的展現，沒有人可以自外「全民國防」，每一個人都是構建「全民國防」的基本要素。[25]

前國防部副部長林中斌分析指出，伴隨兩岸週末包機、允許中國觀光客訪台等措施，中國對倚賴人民解放軍完成統一的程度將下降，取而代之的是非軍事工具，包括社會經濟統合和政治影響力。[26]美國國防部所公布的《二○○八中共軍力報告》，則首次把中共「三戰」列入，稱中共對戰爭的理解，不再侷限於軍事鬥爭，越發傾向使用「軟實力」解決衝突。進一步檢視美國國防部所公布的《二○○九中共軍力報告》，在開頭的引言部分提到了台海軍事問題，稱台海區域的軍事平衡「持續倒向有利中共的方向」，臺灣也不再享有臺灣海峽的「空中主導優勢」。[27]因此，我國目前所

---

[25] 國防大學，全民國防與國家安全之剖析（台北：總政戰局印，民國 97 年 8 月），頁 209。青年日報社論，「以全民國防的總體意志確保台海和平」，民國 94 年 1 月 13 日，版 2。政府於民國 94 年 2 月 2 日特制定公布《全民國防教育法》全文十五條；並自公布日一年內施行。國防法規資料庫，網址：http://law.mnd.mil.tw/Scripts/NewsDetail.asp?no=1A008000013

[26] 自由時報，「國民黨勝選，衝擊美台關係」，民國 97 年 4 月 4 日。自由時報電子報網址：http://www.libertytimes.com.tw/2008/new/apr/4/today-fo1.htm；青年日報，「國家安全報告：中共不透明擴軍已成區域安全隱憂」，民國 97 年 3 月 31 日，網址：http://news.gpwb.gov.tw/newpage_grey/news.php?css=2&rtype=1&nid=40158。總統府網站，《2006 國家安全報告》。

[27] 中時電子報，「美強調中共軟實力，首次列入三戰」，民國 97 年 3 月 5 日。網址：http://news.chinatimes.com/2007Cti/2007Cti-News/2007Cti-News-Print/0,4634,

面臨的國家安全挑戰，乃是同時包括傳統與非傳統面向在內的綜合性安全。

我國「非軍事力量」的經營，即為已有一定成效的「全民國防教育」，除設立「全民國防教育資訊網」及舉辦「全民國防教育日」以加強宣教外，並實施「國防知性之旅」、「暑期戰鬥營」、「全民國防在職教育巡迴宣導」系列活動、協辦中等學校「射擊競賽」等，足見國防部積極推展「全民國防教育」之努力，[28]對建構國人心防助益甚宏。

國防部九十六、九十七兩年的「國防知性之旅——營區開放活動」，各吸引近六十萬人參與；較九十五年四十六萬餘人大幅成長。而廣受青年學子歡迎的全民國防教育「暑期戰鬥營」，近年開放前進金、馬前線，讓青年學子踏上昔日戰場，也體驗國軍將士戍衛疆土的辛勞；每年約吸引三千餘人熱情參與，且參與戰鬥營的學子給與營隊活動亦約有八成五的正面肯定。顯見國人對國防部所辦理活動的支持，更對激發全民防衛國家意識、建構一道全民心理長城的目的，亦有一定程度的助益。[29]

值得吾人注意的就是，共軍轉而重視肆應「非戰爭軍事行動」的準備，即著重在「癱瘓」而非「殲滅」對方的巧力建構。而「三

110505x112008030500073,00.html；中央網路報，「大陸/美公佈『中共軍力報告』承認軍事透明化有『改善』」，民國 98 年 3 月 26 日，網址：http://www.cdnews.com.tw/cdnews_site/docDetail.jsp?coluid=109&docid=100709620

[28] 青年日報社論，「全民國防教育已獲具體成效，為確保國家安全扎下深厚根基」，96 年 6 月 14 日，版 2。

[29] 軍聞通信社，「國軍九十六年重要施政回顧」，97 年 1 月 2 日，網址：http://mna.gpwb.gov.tw/；青年日報，「宣揚全民國防今年營區開放時程公布」，民國 98 年 1 月 5 日，網址：http://news.gpwb.gov.tw/newpage_blue/news.php?css=2&rtype=2&nid=69481 青報社論，「暑期戰鬥營激揚愛國意識對宣揚『全民國防』深具效益」，96 年 8 月 27 日，版 2。青報社論，「暑戰營青年學子滿載而歸，全民國防紮根收效宏大」，97 年 7 月 26 日，版 2。青報社論，「全民國防教育見成效 國家安全有保障」，98 年 9 月 12 日，版 2。

戰」就是現階段中共以非軍事手段，來達到牽制對台政策最有效的工具。因此，「反制中共『三戰』」亟需納入「全民國防教育」中被推銷的重點之一，以深化全民之國防知識及全民防衛國家意識，進而厚實心防。[30]

三、透過年度例行演習[31]累積勝敵能量

為避免製造軍事緊張氣氛，國防部自民國九十年起，已連續第九年對部隊年度演習做概況報告。[32]然依照中共近年來的演訓觀察，仍對我存有明顯的針對性，國人絕對不能輕忽敵情的嚴峻威脅。[33]國軍在數十年來，對於台海可能引發的危機，均以「避免戰爭、預防戰爭」為戰略指導，結合實況完成各種想定，同時做好相關因應作為準備；經兵推[34]驗證，中共如對我採取軍事行動，將至

---

[30] 吳彩光，中共統戰及對策研究（台北：黎明文化公司，民國 85 年 1 月），頁 10 至 14。青年日報專論，「大陸觀察：中共軍事戰略發展面臨的難題」，民國 95 年 12 月 29 日，版 4。國防大學編，中共「三戰」策略大解析（桃園：編者印，民國 97 年 12 月）。

[31] 演習為「軍事演習」的簡稱，所謂軍事（部隊）演習乃是在假設戰鬥狀況下，對戰術、戰技、勤務支援及政戰等原則予以運用與演練；其目的為提高部隊戰力，並藉以測驗作戰計畫與戰術原則之可行性，以及新武器與技術之適應性與研究發展之成效。國防部編，國軍軍語辭典（台北：編者印，民國 93 年 3 月），頁 7－17。

[32] 東森新聞報，「國軍 43 次演習、26 次屬三軍聯訓，打破歷年紀錄」，96 年 3 月 20 日，網址：http://news.yam.com/ettoday/politics/200703/20070320046282.html ；軍聞通信社，「戰備演習透明化，國軍公布年度重大演訓」，97 年 3 月 25 日，網址：http://mna.gpwb.gov.tw/；軍聞通信社，「國防部說明國軍九十八年重大演訓規劃」，98 年 2 月 10 日，網址：http://mna.gpwb.gov.tw/mnanew/internet/NewsDetail.aspx?GUID=44916

[33] 軍聞通信社，「陳肇敏主持軍校畢業生愛國教育開訓」，97 年 6 月 24 日，網址：http://mna.gpwb.gov.tw/

[34] 兵推為「兵棋推演」的簡稱，所謂「兵棋推演」戰術研究之一種技術，係按照規定之推演規則，模擬實戰之各種狀況，運用計畫作為因素，以分析某一課目中所涉及之各種行動方案。國防部編，國軍軍語辭典（台北：編

少造成損失六至七成主戰兵力的「慘贏」，迫使其必須慎重考量，形成有效嚇阻。[35]因此，無論兩岸情勢如何演變，國軍在戰訓整備方面絕不容懈怠輕忽，必須透過年度例行演習累積勝敵能量，以確具在任一時刻均能發揮因應國家緊急需求的戰力。[36]由於台澎防衛作戰是軍民一體的戰爭，基於此一考量，以下僅就「漢光」、「同心」、「萬安」等三項演習為例說明如後。

「漢光演習」為三軍聯合作戰層次最高、作戰想定最複雜、參演兵力最多、對抗性最強、課目設置最齊全、規模最大的三軍聯合攻防作戰系列演習。而「漢光二十二號演習」係以二〇一二年為背景，模擬解放軍大舉犯台與進行戰術攻防，經電腦兵棋推演結果顯示，國軍須動員現役及後備軍力七十一萬人。最後我方雖成功殲滅中國四十萬大軍，但也付出慘痛的代價，空軍最後只剩下一百餘架戰機、海軍近岸艦艇全毀、陸軍馬防部全軍覆沒，台灣軍民傷亡粗估超過三十萬人；總計五天戰費更高達九百億元。[37]

由於現代戰爭已無軍、民之分，更無前、後方之別，[38]因此全民防衛是現代國防戰略的主要思維，當國家面臨生存威脅時，如何

者印，民國 93 年 3 月），頁 7-17。

[35] 軍聞通信社，國軍兵推驗證可「有效嚇阻」敵犯台企圖，民國 96 年 11 月 28 日，網址：http://mna.gpwb.gov.tw/

[36] 軍聞通信社，「陳肇敏：無論兩岸情勢如何，國軍戰訓絕不鬆懈」，民國 97 年 9 月 8 日，網址：http://mna.gpwb.gov.tw/；軍聞通信社，「馬總統勉國軍建立現代專業化、可依靠的戰力」，民國 97 年 9 月 2 日，詳如網址：http://mna.gpwb.gov.tw/

[37] 蘋果日報，「飛彈不足，兵推國軍慘勝：抗 40 萬共軍，5 天耗 9 百億，我傷亡 30 萬」，民國 95 年 5 月 1 日，網址：http://www.appledaily.com.tw/AppleNews/index.cfm?Fuseaction=Article&NewsType=twapple&Loc=TP&showdate=20060501&Sec_ID=5&Art_ID=2577399；鄭惠鴻，「漢光演習，驗證國軍聯合作戰訓練成效」，民國 96 年 5 月 14 日，網址：http://tw.myblog.yahoo.com/jw!ge5yHEqYAwJclp5zYbw-/article?mid=2113

[38] 自由電子報，「國家安全報告：中國武嚇，添 2 攻台新武器」，民國 97

迅速動員全國力量抵禦外侮，共同捍衛國家安全已成為世界各國國防重心；國防部乃有「同心」、「萬安」等演習設計。多年來配合國軍「漢光」演習而實施的「同心」演習，已將廣大後備軍人納入防衛作戰體系，融入防衛作戰部隊序列，更驗證作戰區民、物力支援軍事作戰能量，能有效遂行聯合作戰任務。[39]

而「萬安演習」前以「全民防空」為主的演練，自「九一一恐怖攻擊」事件發生後，近年來則調整為以全民防衛為主的「國土安全防護」[40]綜合演練，期望緊密結合動員、民防、醫療、反恐、災害防救及核子事故等應變機制，俾提升國土安全網效能。[41]「萬安演習」每年的演練重點雖有不同，但目標卻始終一致，即藉由「全民防衛」來捍衛自己家園的安全。

參、創造合作機會使外在生存環境極大化

在全球化時代，各國相互依賴程度加深。我們要強化與美國這一位安全盟友及貿易夥伴的合作關係；我們更要與所有理念相通的國家和衷共濟，擴大合作。[42]尤其伴隨傳統與非傳統安全威脅的

年 4 月 3 日，網址：http://www.libertytimes.com.tw/2008/new/apr/3/today-fo5.htm

[39] 青報社論，「同心演習有效驗證動員機制，蓄積堅實防衛戰力」，民國 97 年 9 月 27 日，版 2。

[40] 國防部第三五九次例行記者會答詢資料，民國 94 年 9 月 27 日，網址：http://www.mnd.gov.tw/Publish.aspx?cnid=69&p=7611

[41] 青報社論，「落實全民防衛動員演練 有效提升國土安全防護效能」，民國 97 年 7 月 27 日，版 2。青報社論，「『萬安演習』為驗證協同應變機制 建立居安思危憂患意識」，民國 97 年 8 月 6 日，版 2。

[42] 總統府新聞稿，「中華民國第 12 任總統馬英九先生就職演說」，民國 97 年 5 月 20 日，網址：http://www.president.gov.tw/php-bin/prez/shownews.php4?_section=3&_recNo=594

增加，要創造外在生存環境極大化的基本想法，就是藉由國際間「國家安全」[43]此一共通語言彼此合作，使友我的盟邦支持我國的程度最大化，而使敵對的狀況極小化。具體而言，要創造外在生存環境極大化，需「藉由傳統軍事安全議題與友邦合作」、「藉由非傳統性安全議題與友邦合作」，並「藉由和平協定等議題創造兩岸和平」。

一、藉由傳統軍事安全議題與友邦合作

「國家安全」的意義，傳統的定義多偏向軍事安全意涵，[44]即國家運用國防軍事力量，捍衛領土主權，保障人民福祉，防制敵人襲擊的政策與能力；換言之，軍事面向是傳統安全研究的重點，其研究的主要焦點是戰爭的現象，而且研究層次則是以國家為主，針對國家所面臨的軍事威脅進行研究分析。[45]中華民國與美國在傳統軍事安全的之合作關係密切，日本、澳洲是美國在亞太地區重要盟國，我可在傳統軍事安全議題上與渠等合作。

具體來說，美國對我國防政策最具體的影響，是因為美國是我武器主要供應國。冷戰前期，美國基於圍堵政策的需要，與我國簽訂共同防禦條約，提供我必要武器，化解了第一、二次台海危機。冷戰中期，美國三次公開反對我「反攻大陸」，且未提供我必要武器；更與中共建交，終止共同防禦條約。冷戰後期，美國通過

---

[43] 研考會編，二〇一〇年社會發展策略：國家安全研究報告（台北：編者印，民國 92 年 1 月），頁 222。趙明義，國家安全的理論與實際（台北：時英出版社，民國 97 年 6 月）。

[44] 如國家主權、領土完整、軍事、軍備、軍控、裁軍等議題。

[45] 劉慶祥，我國政府遷台後國防政策的政經分析（台北：政治作戰學校政治研究所博士論文，民國 92 年 5 月 24 日），頁 7。趙明義，國家安全的理論與實際（台北：時英出版社，民國 97 年 6 月），頁 17 至 19。

「台灣關係法」持續保護台灣，且透過民間協助我武器研發。後冷戰時期，美國售我 F-16 戰機、派二艘航母戰鬥群協力我化解第三次台海危機。[46]

值得國人注意的就是，儘管中共目前的戰略是阻止美軍接近台灣，以達到迫使台灣投降的目的。然而《二〇〇六美國四年期國防總檢報告》中指出，美國在協助臨戰國家做出抉擇上，將強化嚇阻能力，發展一支堅實的核武嚇阻力量。且以目前各主要強國的綜合國力來評斷，二〇二五年的美國很可能還是軍事超強，因此，吾人寄望美國繼續擔任兩岸「和平發展」最有力的仲裁者。[47]

而日本是美國在亞太地區重要盟國，針對共同潛在敵人，日本自衛隊防衛擺在九州的兵力，旨在協助美軍因應近在咫尺的朝鮮半島情勢，並遙視台灣海峽的動向。[48]由於台灣位居東北亞與東南亞接點，為太平洋第一島鏈的樞紐，扼控中國大陸東南沿海的海運航道，對中共發展海洋戰略而言，具有限制或確保其海軍兵力通過第一島鏈進出太平洋的效能；就美、日兩國利益而言，具有提供日本

---

[46] 劉慶祥，我國政府遷台後國防政策的政經分析（台北：政治作戰學校政研所博士論文，民國 92 年 5 月），頁 269 至 270。

[47] 中共軍力在未來十年間，可改變亞太地區的軍力動態平衡形勢；因此，美國再 2006 年通過高達 68 億美元的「關島軍事基地發展計畫」，準備於 2012 年間，把關島部署成為西太平洋前進基地的核心，並順勢取代台灣所能提供的戰略價值。國民黨政策會編，大陸情勢雙週報，第 1533 期（97 年 7 月 23 日），頁 7；第 1534 期（97 年 8 月 13 日），頁 22。研考會編，二〇一〇年社會發展策略：國家安全研究報告（台北：編者印，民國 92 年 1 月），頁 219。青年日報專訪，「台海生波，不能寄望美國馳援」，民國 96 年 4 月 6 日，版 2。青年日報，「肆應挑戰，美國防總檢報告觀點精闢 」民國 96 年 7 月 26 日，版 6。國科會社會科學研究中心補助，中央研究院歐美研究所執行，「二Ｏ二五年國家安全戰略」專案研究（90 年 4 月），網址：http://www.sinica.edu.tw/

[48] 青年日報，新聞辭典－日本自衛隊，民國 96 年 1 月 15 日，版 4。

南面海上防衛戰略前緣，保障與依托的功能。因此，基於共同利益，我亦可在傳統軍事安全議題上與日本合作。[49]

此外，美澳互為忠實盟友，而日本亦與澳洲簽訂安保協議，澳洲在亞太地位轉趨重要，同時亦是預防中共挾持南太島國的重要支柱。[50]由於澳洲是南太平洋地區的區域領袖，我國雖然與澳洲並沒有建立正式外交關係，但是澳洲與台灣長期以來一直維持良好的雙邊關係，吾人當然亦可在傳統軍事安全議題上與澳洲合作。

二、藉由非傳統性安全議題與友邦合作

冷戰結束後，國家安全的範圍加大，包括資訊安全、恐怖主義、環境保護、國際組織犯罪、走私、非法移民、販毒等問題，軍事不再是唯一的考慮，總的來說，就是「綜合性安全」的概念。[51]就長期、全面、整體性檢視，我可透過「情報」、「資訊」、「演訓」等非傳統性安全議題與友邦合作。

首先，就情報合作的角度而言。情報整合機制的強化對資訊安全、恐怖主義、環境保護、國際組織犯罪、走私、非法移民、販毒等危機預防與管理實有必要性。日本在一九九六年台海導彈危機後，深恐台海戰爭對日本的生存發展有重大的影響，翌年一月成立

---

[49] 第一島鏈為白令海峽、千島群島、日本群島、沖繩琉球群島、台灣、菲律賓群島等連線。汪啟疆（前海軍中將），「從國家安全探討台海戰略關係」，網址：http://www.wufi.org.tw/forum/ wan111700.htm；97 年國防報告書網路版「第四章：台灣價值」，網址：http://report.mnd.gov.tw/chinese/a6_1a.html；青年日報專論，「日本防衛廳改制後的安全戰略」，民國 96 年 1 月 22 日，版 4。

[50] 青年日報專論，「澳洲師法美國，防堵中共覬覦南太平洋」，民國 96 年 3 月 18 日，版 3。

[51] 曾章瑞等合著，新世紀國家安全與國防思維（台北：國立空中大學印行，民國 94 年），頁 50 至 56。

「情報本部」，專司亞太、台海局勢情報的蒐集，其危機處理機制乃因而更加完備。而美國在「九一一」恐怖攻擊事件後，徹底檢討情報作業整合機制與情報機關的功能與文化，並擴編情報研析人員，就是希望能整合由全世界傳回之訊息，不遺漏任何有價值的資訊與情報。[52]面對嶄新國內外情勢發展與環境變化，我國安局亦將強化情報外交工作，善用各種情報合作機制，以靈活務實方法，與各國建立綿密情報互動關係，適時支援政府外交工作，使我國國際生存發展空間極大化。[53]

其次，就資訊合作的角度而言。在資訊社會裡，網路往往成為恐怖主義、環境保護、國際組織犯罪、走私、非法移民、販毒等傳播的工具，因而資訊安全日益重要。前瞻二〇二五年，中國可能持續投資於高技術資訊軍事力量，強調電子和網路戰，亦將成為未來國軍潛在挑戰。[54]為回應上述挑戰，政府乃統籌並加速我國資訊通訊安全基礎建設，以強化資通訊安全能力。[55]此外，我們應透過武

---

[52] 張中勇，「國土安全的定義」，國土安全論壇，張教授「建議強化反恐情蒐研析與預警功能」，網址：http://www.crime.cpu.edu.tw/twhomeland/report.html；蘇進強，「台海安全與國防戰略（下）」，刊於新世紀智庫論壇第 21 期，民國 92 年 3 月 30 日，網址：http://www.taiwanncf.org.tw/ttforum/21/21-01.pdf；林正義，「美中台新形勢下的台海安全戰略」，網址：http://www.taiwanncf.org.tw/seminar/20021020/20021020-3.pdf

[53] 國家安全局資訊網站，網址：http://www.nsb.gov.tw/index01.html

[54] 中央研究院歐美研究所，「二〇二五年國家安全戰略規畫案」，民國 90 年 4 月 20 日，網址：http://www.sinica.edu.tw；丁樹範，「2006 QDR(美國四年國防總檢報告）與美中安全關係」，刊於《戰略安全研析》第十一期（民國九十五年三月），網址：http://iir.nccu.edu.tw:8080/cscap/pic/newpic/戰略安全研析 No.11.pdf；陳子平，「美國《2008 年中國軍力報告》之剖析」，刊於《戰略安全研析》第三十六期（民國九十七年四月），網址：http://iir.nccu.edu.tw:8080/cscap/pic/newpic/戰略安全研析 No.36.pdf

[55] 「行政院國家資通安全會報緣起背景」，網址：http://www.nicst.nat.gov.tw/index.php

器和通訊系統順勢和美國形成更緊密的安全關係，強化自我防衛能力以強化台灣的地位。[56]

第三，就演訓合作的角度而言。台灣與美國在台海有許多的共同利益，為擴大台美共同利益的基礎，我國應該積極爭取以較不敏感的非傳統戰術性軍事合作事務，參與美、日之間的例行軍事演習，並強化在同型武器系統的使用參數與經驗的交流，從戰術、戰技事務層面融入美日軍事同盟，提升台美日軍事合作關係。[57]換言之，台灣一方面應向美方表達維護台海安全決心的承諾，另一方面應與美方一起邀集台海周邊受影響的國家合作，尤其是日本，共同來維護台海安全。

三、藉由和平協定等議題創造兩岸和平

自九十七年六月第一次江陳會起至九十八年十二月第四次江陳會止，計簽署「海峽兩岸包機會談紀要」、「海峽兩岸關於大陸居民赴台灣旅遊協議」、「海峽兩岸空運協議」、「海峽兩岸海運協議」、「海峽兩岸郵政協議」、「海峽兩岸食品安全協議」、「海峽兩岸共同打擊犯罪及司法互助協議」、「海峽兩岸金融合作協議」、「海峽兩岸空運補充協議」、「海峽兩岸農產品檢疫檢驗協議」、「海峽兩岸漁船

56 丁樹範，「2006 QDR（美國四年國防總檢報告）與美中安全關係」，刊於《戰略安全研析》第十一期（民國九十五年三月），網址：http://iir.nccu.edu.tw:8080/cscap/pic/newpic/戰略安全研析 No.11.pdf

57 丁樹範，「2006 QDR(美國四年國防總檢報告) 與美中安全關係」，刊於《戰略安全研析》第十一期（民國九十五年三月），網址：http://iir.nccu.edu.tw:8080/cscap/pic/newpic/戰略安全研析 No.11.pdf；沈明室，「2006 年的東北亞安全情勢」，刊於亞太安全合作理事會中華民國委員會秘書處編，戰略安全研析，第二十三期（民國九十六年三月），頁 32 至 35。林正義，「美中台新形勢下的台海安全戰略」，網址：http://www.taiwanncf.org.tw/seminar/20021020/20021020-3.pdf

船員勞務合作協議」、「海峽兩岸標準計量檢驗認證合作」等十二項協議，及陸資來台投資議題共識，高達六成以上民眾，肯定兩岸制度化協商有助於兩岸關係有序發展，對於維護兩岸人民權益福祉具有積極的推進作用。[58]

值得吾人注意的是，胡錦濤先生三次有關兩岸關係的談話，分別於九十七年三月二十六日與美國布希總統談到「九二共識」、四月十二日在博鰲論壇提出「四個繼續」、以及四月二十九日主張兩岸要「建立互信、擱置爭議、求同存異、共創雙贏」，這些觀點都與我方的理念相當的一致。[59]進一步而言，我們將以堅強的國防戰力為後盾，推動兩岸和解休兵，將協商兩岸建立「軍事互信機制」及簽署「和平協定」，讓台海成為和平、穩定的區域。[60]

為達到兩岸簽訂和平協定、創造兩岸雙贏的目標，台海兩岸信心建立措施，是必要且亟需的配套作為，前者是結果，後者是過程。[61]國防部認為應與對岸循以下近、中、遠程三階段，務實推動「兩岸軍事互信機制」，以促進台海的穩定與和平。[62]

---

[58] 請參閱陸委會，「兩岸歷次會談總覽」，網址：http://www.sef.org.tw/lp.asp?ctNode=4306&CtUnit=2541&BaseDSD=21&mp=19；陸委會新聞稿，「六成以上民眾肯定兩岸制度化協商有助於兩岸關係有序發展」，民國 98 年 12 月 29 日，網址：http://www.mac.gov.tw/ct.asp?xItem=72603&ctNode=5649&mp=1

[59] 張亞中，兩岸主權論（台北：生智有限公司，民國 87 年），頁 152。馬英九，「中華民國第 12 任總統馬英九先生就職演說」，民國 97 年 05 月 20 日，總統府新聞稿，網址：http://www.president.gov.tw/php-bin/prez/shownews.php4?_section=3&_recNo=552

[60] 行政院劉院長施政方針報告，網址：http://info.gio.gov.tw/ct.asp?xItem=37037&ctNode=919

[61] 林正義，「台海兩岸信心建立措施：『兩岸過渡性協議』」，刊於國策專刊第 11 輯（1999 年 7 月 15 日），網址：http://www.inpr.org.tw/publish/pdf/m11_6.pdf

[62] 2006 台灣年鑑，「兩岸軍事互信機制規畫構想」（取材 93 年版國防報告書，

(一) 近程階段－「互通善意，存異求同」

1. 續釋善意並爭取國際輿論支持。
2. 藉由民間推動軍事學術交流。
3. 透過區域及國際「第二軌道」機制擴大溝通。
4. 推動兩岸國防人員合作研究及意見交換。
5. 推動兩岸國防人員互訪與觀摩。

(二) 中程階段－「建立規範、穩固互信」

1. 推動台海及南海海上人道救援合作，共同簽署「海上人道救援協定」。
2. 協商合作打擊海上國際犯罪，逐步建立海事安全溝通管道及合作機制。
3. 共同簽署「防止危險軍事活動協定」、相互避免船艦、軍機意外跨界或擦槍走火。
4. 共同簽署「軍機空中遭遇行為準則」及「軍艦海上遭遇行為準則」，防止非蓄意性的軍事意外或衝突發生。
5. 共同簽署「台海中線東西區域軍事信任協定」，規範台灣海峽共同行為準則。
6. 台海中線東西特定距離內劃設「軍機禁、限航區」或「軍事緩衝區」。
7. 雙方協議部分地區非軍事化。

頁 70 至 72)，網址：http://www7.www.gov.tw/EBOOKS/TWANNUAL/show_book.php?path=8_005_025；中時電子報，「國防部業務報告，募兵制國防法制化列首務」，民國 97 年 9 月 20 日，網址：http://news.chinatimes.com/2007Cti/2007Cti-Rtn/2007Cti-Rtn-Content/0,4526,110101+112008092000408,00.html

8. 撤除針對性武器系統的部署。
9. 雙方協議共同邀請中立第三者擔任互信措施的公證或檢證角色。

(三) 遠程階段－「終止敵對，確保和平」

1. 配合雙方政府和平協議之簽訂，結束兩岸軍事敵對。
2. 進一步發展兩岸安全合作關係，確保台海和平穩定。

就廣義的「信心建立措施」而言，台海兩岸已有溝通管道，海基會秘書長與海協會副會長每半年應會晤一次，兩會副秘書長層級每季會晤一次，並有緊急事件聯絡人。台海兩岸各自公布自己的「國防白皮書」，並沒有協商或先行知會對方。二〇〇一年起我方在每一年度之初，公布該年排定的各種軍事演習、活動時間表。我方於一九九一年終止動員戡亂，主動結束與中國的敵對狀態，更放棄攻擊性武力，採取防禦性國防政策，不發展核子武器等，均是自我設限、克制性的措施。[63]惟「信心建立措施」需要台海兩岸有和解的大環境、雙方有強烈的政治意志力去履行，方有成功的可能。

肆、環繞國軍建構我優勢的總體防衛軍力

在整體「能戰才能和」的國防政策指導下，我們要建構什麼國防武力才能確保國家安全？由於現代戰爭雖然強調高科技戰爭，但其特質仍以思想為本質、武力為中心、總體為型態。[64]基本上，我

---

[63] 林正義，「台海兩岸信心建立措施：『兩岸過渡性協議』」，刊於國策專刊第 11 輯（1999 年 7 月 15 日），網址：http://www.inpr.org.tw/publish/pdf/m11_6.pdf

[64] 國防部委託研究報告，如何落實全民國防（台北：國防部，民國 88 年 5 月），頁 141。國防部編，國軍統帥綱領（台北：編者印，民國 90 年 12

國防武力有常備部隊、後備軍人和「全民防衛動員」三大體系，[65] 符合上述總體戰之精神。吾人以為「國軍為兩岸和平發展的核心支撐」、「後備戰力是支撐國軍的戰力源泉」、「融民力於戰力支援軍事任務達成」，唯有環繞國軍建構我優勢的總體防衛軍力，方能防止中共武力犯台，確保國家安全。

一、國軍為兩岸和平發展的核心支撐

如前所述，中共預計在二〇一〇年達到大規模作戰能力準備，二〇一五年之前達成決戰、決勝能力之準備。尤其，中國積極研發遠程精準打擊武器，不只用於對美的反介入戰略，也可能以精準打擊的手段對台灣重要戰略設施、指揮中樞、戰略基地發起先制攻擊。我方應該針對解放軍目前所研製成功的遠程精準武器，掌握其能力與限制，並研製反制武器，強化各項主動及被動的防護能力。[66]尤其面對解放軍的威脅，我國各種作戰想定不應將美國軍力援助視為必然，而應以獨立作戰的決心與準備。

而我防衛力量之建立係依「建軍構想」之規劃，在兵力整建方面，持續精兵政策，本「制空、制海為優先、反封鎖為首要、灘岸決勝為關鍵」之原則，按「十年兵力整建」計畫進程，完成兵力、組織結構之調整，建立現代化的武裝部隊。除了應考量外部的安全

月），頁 1-1。國防部編，國軍軍語辭典（台北：編者印，民國 93 年 3 月），頁 2-5。

[65] 台灣大學軍訓室編，國家安全概論網路版（台北：編者印，民國八十六年三月廿一日），網址： http://www.hlbh.hlc.edu.tw/office6/70.htm；國防部後備司令部簡介（民國 91 年 9 月 1 日編印）。

[66] 沈明室，「美國《2008 年中國軍力報告》的延續與新意」，刊於《戰略安全研析》第三十六期（民國九十七年四月），網址：http://iir.nccu.edu.tw:8080/cscap/pic/newpic/戰略安全研析 No.36.pdf

環境變化以及創新思維，亦應結合內部的相關能力與資源限制，如此才能提出具可行性的國防政策。[67]

國軍「精實案」於九十一年完成後，兵力裁減至三十八萬五千人；後續「精進案」採循序漸進推動，欲於九十五年度達成總員額三十四萬之目標。原欲於九十五年度達成總員額三十四萬之目標因國防部超精簡，於九十四年底已達成總員額二十九萬六千餘員之目標；又九十五年精減一萬三千餘員，九十五年底達成二十八萬三千餘員之目標；在九十六年精減五千餘員，九十六年底已達成二十七萬七千餘員之目標。針對媒體有關「未來國軍兵力結構編組調整」之報導，國軍可能降編至十八萬人。國防部戰略規劃司軍制編裝處長表示，國軍兵力結構的調整是以有助於單位效益，提升作戰戰力為規劃考量，將以規劃的結果做為兵力目標，目前並無確定的兵力結構規模和調整方向。具體而言，目前國軍組織精簡的員額規畫，將依據財力、人力和戰力三個方向進行。[68]

---

[67] 台灣大學軍訓室編，國家安全概論網路版（台北：編者印，民國八十六年三月廿一日），網址：http://www.hlbh.hlc.edu.tw/office6/70.htm；陳勁甫、邱榮守合著，「美國 QDR 運作機制對我之啟示」，刊於《戰略安全研析》第十一期（民國九十五年三月），網址：http://iir.nccu.edu.tw:8080/cscap/pic/newpic/戰略安全研析 No.11.pdf；馬英九，「一個 SMART 的國家安全戰略」，發表於「財團法人國家政策基金會」，民國 97 年 2 月 26 日，網址：http://www.npf.org.tw/particle-3939-11.html

[68] 國防部 96 年度施政績效報告，提報日期：97 年 3 月 7 日，網址：http://www.mnd.gov.tw/UserFiles/施政績效報告——本文(1).doc；盧德允，「兵役改革，八年後可能全募兵」，民國 93 年 11 月 15 日，網址：http://yam.udn.com/yamnews/daily/2348931.shtml；中時電子報，「軍方也要大裁員，只留 18 萬人」，民國 98 年 1 月 19 日，網址：http://n.yam.com/chinatimes/politics/200901/20090119896841.html；軍聞通訊社，「國軍兵力結構調整，提升作戰戰力為考量」，民國 98 年 1 月 20 日，網址：http://mna.gpwb.gov.tw/mnanew/internet/NewsDetail.aspx?GUID=44666

尤其，我們將逐年推動全募兵制，以籌組高素質、高專業的國軍人力，建構堅實的國防力量，成為兩岸和平穩定的後盾。國防部規劃至民國一〇三年底達成全募兵制，建立小而美、小而強的國軍。全募兵制的配套措施，除了組織重整和役期縮減外，整個國軍的戰術戰法和武器編裝都必須重新修正，推動全募兵制才有提升戰力的成效。[69]

兵役法原規定常備兵的法定役期為二年，而自八十九年二月二日修正後，法定役期縮短為一年十個月；九十四年一月行政院院會，通過「現行兵役制度檢討改進方案」，又因國防政策考量以募兵制取代徵兵制後，實施提前退伍決策，九十四年七月一日起，兵役由一年十個月，縮短為一年六個月；由於募兵順利，九十七年元旦起，兵役由一年六個月，縮短為一年。在全募兵的環境下，不參加募兵的男性，一〇四年起仍須接受三或四個月的軍事基礎訓練；規劃一般教育程度者訓練期為三個月，具高級或特殊專長、擔任幹部者為四個月，結訓後納入後備役。[70]

---

[69] 立法院第 7 屆第 2 會期行政院劉院長口頭施政報告全文，民國 97 年 9 月 19 日，網址：http://www.ey.gov.tw/public/Attachment/892292002.doc；聯合報，「五年後全募兵，不當兵要受軍訓」，民國 97 年 8 月 1 日，網址：http://udn.com/NEWS/NATIONAL/NATS6/4451743.shtml 國防部於 97 年 8 月 1 日原規劃至民國一〇二年達成全募兵制；然國防部長陳肇敏先生在民國 97 年 12 月 18 日於立法院外交及國防委員會，針對「全募兵制」執行期程表示，全募兵制的實施將會比原訂時間延後一年，在民國一百零三年底完全達到全募兵的目標。請參閱國防部軍聞通信社，「陳肇敏：全募兵制實施期程將延後一年」，民國 97 年 12 月 18 日，詳如網址：http://mna.gpwb.gov.tw/mnanew/internet/NewsDetail.aspx?GUID=44212

[70] 現階段配合政策推動「全募兵制」，預於九十八年底前完成調整規劃，九十九年度實施驗證，但由於金融風暴影響，將規劃至一百零三年底前達成目標。軍聞通信社，「陳肇敏：『全募兵制』明年底前完成調整規劃」，民國 97 年 10 月 22 日，網址：http://mna.gpwb.gov.tw/；軍聞通信社，「我國常備兵法定役期維持一年不變」，民國 97 年 6 月 25 日，網址：

二、後備戰力是支撐國軍的戰力源泉

後備軍人是持續軍事力量之泉源，按我國軍隊動員政策，以「編實、擴編、戰耗」等動員方式，平時強化後備訓練與管理，戰時達到「立即動員、立即作戰」目標，確保國家安全。[71]於民國九十三年十二月全案底定的國軍「常、後分立」政策，係將地面部隊明確區分為常備與後備兩個系統。現行後備部隊概分「守備」及「打擊」兩種類型，計納編青壯之後備軍人約四十一萬餘人。[72]

然而以二〇一二年為背景，國軍漢光二十二號演習實施為期五天電腦兵棋推演，共軍一開始就發動了十二波、近九百枚導彈對台澎金馬展開猛攻，兵推結果顯示：國軍須動員現役及後備軍力七十一萬人。[73]九十七年「漢光廿四號」演習兵棋推演所得到

---

http://mna.gpwb.gov.tw/；2006 版世界年鑑，「國軍持續推動募兵」，網址：http://www7.www.gov.tw/todaytw/2006/TWtaiwan/ch05/2-5-19-0.html；聯合報，「五年後全募兵，不當兵要受軍訓」，民國 97 年 8 月 1 日，網址：http://udn.com/NEWS/NATIONAL/NATS6/4451743.shtml 為使法律能和現行實務相配合，立法院 12 月 3 日初審通過「兵役法第十六條條文修正草案」，將條文內容原兵役役期一年十個月修正為一年，使役男及執行單位均能依法遵循，減少社會關注與疑慮。該修正條文，已於民國 97 年 12 月 30 日華總一義字第 09700282051 號公布之，詳如總統府公報第 6839 期。軍聞通信社，「立法院初審通過兵役法第十六條修正案」，民國 97 年 12 月 3 日，網址：http://mna.gpwb.gov.tw/mnanew/internet/NewsDetail.aspx?GUID=44016；總統府公報網址：http://www.president.gov.tw/php-bin/prez/showpaper.php4?_section=6&_recNo=86

[71] 台灣大學軍訓室編，國家安全概論網路版（台北：編者印，民國八十六年三月廿一日），網址：http://www.hlbh.hlc.edu.tw/office6/70.htm

[72] 柯承亨，「國軍常後分立政策未來精進作為」，立法院第 6 屆第 3 會期委員會第 12 次會議紀錄（民國 95 年 4 月 3 日），帥化民立委個人網站，網址：http://www.ans.org.tw/detail_page.php?category=22&sub_category=2&tid=157

[73] 蘋果日報，「飛彈不足，兵推國軍慘勝：抗 40 萬共軍，5 天耗 9 百億，我傷亡 30 萬」，民國 95 年 5 月 1 日，網址：http://www.appledaily.com.tw/AppleNews/index.cfm?Fuseaction=Article&NewsType=twapple&Loc=TP&sh

結論，就是必須適度增加若干後備旅、營單位，以為未來調整依據。[74]

立法院於九十六年三讀修正通過兵役法，義務役官兵除役年齡由四十歲降為三十六歲，後備軍人列管人數減少近六十萬人，列管人數減至約二九〇餘萬人。[75]前瞻全募兵制的國防環境，宜綜合考量國防預算額度、調配所需基幹人力、要求各作戰區重新檢討後備部隊兵力需求等因素，[76]在「制度面」及「執行面」，重新考量後備部隊戰力整備。

此外，民國八十八年「九二一大地震」，當時國軍約有四十八萬多人，陸軍有廿九萬人，而投入救災兵力還不到廿八萬人次。去年八月發生「莫拉克」颱風，國軍總兵力則下降為廿七萬多人，陸軍剩下十萬餘人，然動員的人力投入有五十六萬多人次。前瞻民國一〇三年底，國軍總兵力再下降至廿一萬五千人，若遇類似「九二一大地震」或「莫拉克」颱風，動員廿八至五十六萬人次兵力救災，需有周密配套方能克服。[77]為因應未來國軍現役部隊救災人力之不

---

owdate=20060501&Sec_ID=5&Art_ID=2577399；中華民國年鑑，網址：http://www.gio.gov.tw/info/95roc/

[74] 軍聞通信社，「漢光演習兵推重點為聯合反擊與反登陸作戰」，民國 97 年 7 月 15 日，網址：http://mn a.gpwb.gov.tw/

[75] 中央通信社，「立院三讀，義務役除役年齡從 40 降為 36 歲」，民國 96 年 3 月 5 日，網址：http://tw.myblog.yahoo.com/jw!f7hJqnmGHxqCKqM1I19arOoXxIQpzPk-/article?mid=567

[76] 國防部 96 年度施政績效報告，提報日期：97 年 3 月 7 日，網址：http://www.mnd.gov.tw/UserFiles/施政績效報告——本文(1).doc

[77] 中央災害防救會報，「災害防救基本計畫」（行政院 96 年 3 月 30 日院授災防字第 0969980002 號函頒），網址：http://www.ndppc.nat.gov.tw/uploadfile/series/200803032001.doc；張中勇，「災害防救與我國國土安全管理機制之策進」，刊於《國防雜誌雙月刊》，第 24 卷第 6 期（98 年 12 月 1 日），頁 4。國防部 96 年度施政績效報告，提報日期：97 年 3 月 7 日，網址：http://www.mnd.gov.tw/UserFiles/施政績效報告——本文(1).doc；盧德

足，應以鄉鎮市區為單位成立若干救災中（區）隊，屆時全國即至少有二萬救災後備部隊。[78]

多年來，在「常備打擊、後備守土」的政策指導下，[79]基於我國家安全不僅須依靠「量適、質精、戰力強」的常備部隊，更需要具備

允，「兵役改革，八年後可能全募兵」，民國 93 年 11 月 15 日，網址：http://yam.udn.com/yamnews/daily/2348931.shtml；行政院主計處，九十年國情統計報告一二十二：國防建設－推動兵力精實，強化防衛能力。中央社，「因應少子化，國軍精簡兵力整併軍種」，民國 98 年 3 月 16 日，網址：http://n.yam.com/cna/politics/200903/20090316965257.html；總統府新聞稿，「總統出席國軍 98 年重要幹部研習會」，民國 98 年 11 月 25 日，網址：http://www.president.gov.tw/php-bin/prez/shownews.php4?_section=3&_recNo=131；奇摩新聞，「救災，將可動員後備軍人」，民國 98 年 12 月 20 日，網址：http://tw.news.yahoo.com/article/url/d/a/091220/78/1xa1l.html

[78] 目前可行的方式就是將災害防救勤務召集與例行的後備軍人教育召集相結合，部隊編成後立刻開赴災區，視災情可以延長教召時間，最長不超過廿天，後備軍人若已是災民，可不必接受徵召。目前後備軍人動員管理原則為「退伍八年，精選四年」，99 年開始每年教召梯次將儘量集中在六到十月之間實施，剛好配合颱風季節與汛期，以便人力集中運用。請參閱自由電子報，「救災，將可動員後備軍人」，民國 98 年 12 月 20 日，網址：http://www.libertytimes.com.tw/2009/new/dec/20/today-p3.htm；立法院法制局在八八水災後赴日本考察災害防救措施，發現日本落實民眾防災觀念，重視災害情境模擬，由各鄰近的都道府縣、市町村簽訂互助協議，結成救災聯盟，並定期聯合演練，將防災行動由公部門「公助」改變為住民「自助」，在災害發生第一時間，民眾能先自救或避難，減低傷亡，再等待公部門救助。自立晚報，「災害防救先學自救組織區域救災聯盟」，民國 98 年 12 月 27 日，網址：http://www.idn.com.tw/news/news_content.php?catid=1&catsid =2&catdid=0&artid=20091227abcd013；我國比照美、日社區緊急應變組織的運作模式，積極凝結民力廣為組織救援團隊，內政部消防署乃頒訂「凝結民力參與緊急災害救援工作——睦鄰計畫」，消防署「睦鄰救援隊」網址：http://www.nfa.gov.tw/Show.aspx?MID=73&UID=818&PID=73；因此，以鄉鎮為單位成立救災部隊較合乎現實需要。

[79] 柯承亨，「國軍常後分立政策未來精進作為」，立法院第 6 屆第 3 會期委員會第 12 次會議紀錄（民國 95 年 4 月 3 日），帥化民立委個人網站，網址：http://www.ans.org.tw/detail_page.php?category=22&sub_category=2&tid=157

深厚作戰實力的後備部隊為後盾。[80]故每年例行實施的「同心演習」，除可檢驗國軍後備動員體系的計畫與執行能力外，並透過後備動員及教育召集訓練，期能確實發揮「常、後分立」的效能。[81]為使二〇一五年後備動員體制更精進、戰力日益堅實，至少需要以下兩項配套。

首先，若二〇一五年，國軍須動員現役及後備軍力七十一萬人，所列管近三百萬後備軍人數，應可滿足。然二〇一五年後實施全募兵制開始至二〇二三年間，在二〇一五年（含）之前退伍列管之中、高級專長人員除管；代之而起者則將是「接受三或四個月的軍事基礎訓練」者。相關兵監學校宜開設班隊，讓渠等具備中、高級專長之水準，應是首要關注的議題。

其次，借鏡萬安演習「綜合實作演練」，為有效運用有無形資源及預算，各後備軍人選充仍採戰術位置與戶籍地相結合方式，並於三年內固定在同一編組，採「三年輪流全旅全裝演練一次、餘採幹部演練方式實施」以發揮保家、保鄉之戰鬥意識與保持訓練成效；另將每年之退伍人員全數納入實施輪換，以保持後備部隊人員精壯，落實後備軍人選員之公正、公平性。[82]

三、融民力於戰力支援軍事任務達成

融民力於戰力支援軍事任務達成，是現代戰爭的潮流趨勢，因而「戰爭面」日趨重要。「戰爭面」是將從事戰爭活動領域內的人

---

80 國防部 96 年度施政績效報告，提報日期：97 年 3 月 7 日，網址：http://www.mnd.gov.tw/UserFiles/施政績效報告——本文(1).doc

81 青報社論，「強化後備動員驗證協調機制，達成全民防衛作戰任務」民國 97 年 5 月 30 日，版 2。

82 柯承亨，「國軍常後分立政策未來精進作為」，立法院第 6 屆第 3 會期委員會第 12 次會議紀錄（民國 95 年 4 月 3 日），帥化民立委個人網站，網址：http://www.ans.org.tw/detail_page.php?category=22&sub_category=2&tid=157

地物等戰爭潛力，予以綿密組織，確實掌握，使之構成全面性的戰爭體制，發揮統合戰力的戰爭空間。[83]

一般來說，「民防」為由民眾在民間機構指揮之下保護國內前線，以儘量減少傷亡與戰爭破壞，並保存民眾對戰爭的最大支援力。在英國，民防是陸海空軍外的第四軍種，只要有軍事防衛上的需要，就必須有民防計畫。美國則在總統之下，成立「聯邦民防管理局」，以補武裝部隊對國家安全所作努力的不足。我國則於民國九十年乃有「民防法」的制定，[84]以有效運用民力，發揮民間自衛自救功能，共同防護人民生命、身體、財產安全。

由於民力無窮，乃有具戰爭面性質之「後備軍人輔導組織」的產生。[85]而後備軍人輔導組織由國防部委任國防部後備司令部與所屬地區後備指揮部，直轄市、縣（市）後備指揮部及金門縣、連江縣動員管理組設置，協助辦理後備軍人輔導工作。各縣（市）後備指揮部乃於各鄉、鎮、市、區設立後備軍人輔導中心，推展後備軍人各項工作，服務轄內納編列管後備軍人。全國現共編設後備軍人輔導中心三六四個、督導區二六七二個、輔導組七八一三個，輔導幹部計三萬餘人：而輔導幹部三萬餘人均屬義務無給職之「國防志工」，以「宣導全民國防理念」、「支援軍事動員準備」、「協助後備軍人組訓」、「推廣後備軍人服務」、「協力人才招募工作」等為工作內容，以奠定後備動員基礎，並經由縱、橫向

---

[83] 台灣大學軍訓室編，國家安全概論網路版（台北：編者印，民國八十六年三月廿一日），網址：http://www.hlbh.hlc.edu.tw/office6/70.htm；國防部編，國軍軍語辭典（台北：編者印，民國 93 年 3 月），頁 2－4。

[84] 《民防法》，網址：http://lis.ly.gov.tw/npl/law/01208/901206.htm

[85] 為利軍事任務之達成，「後備軍人輔導組織」應與「中華民國業餘無線電促進會（網址為 http://www.ctarl.org.tw/bv5ya/index1.htm）」、「社區發展」等組織策略聯盟。並適時修正《業餘無線電管理辦法》第 38 條，增加國軍或國防部的角色。

連繫運作，使之平時為社會之安定力、災害防救或戰時亦為持續戰力。[86]

而「萬安演習」始於民國六十七年，旨在加強全民防空憂患意識、驗證防情民防體系能量、落實災害搶救演練。平時以完備計畫及訓練做好一切準備，戰時才能確保作戰任務或災害防救工作圓滿達成。[87]以「萬安三十號演習」為例，該演習由各地方政府首長主導，由宜蘭縣等七個縣（市）擔任示範單位，計演練傳染病防治、航空事故、反恐怖攻擊、鐵公路安全維護、大量傷病患救護、毒化物災害救援與輻射彈爆炸災害應變等三十四個課目；總計動員警、消、民防、公民營事業單位與支援之國軍三萬二六五二人，車輛、工程重機械四五五〇輛、船舶十七艘、直升機八架。其他非演練之各縣（市）政府均派員全程觀摩，並邀請參演地區鄰近學校學生、民眾參觀，結合演習實況，強化政軍及民生重大基礎設施常態防衛。[88]

---

[86] 《全民防衛動員準備法》，國防法規資料庫，網址：http://law.mnd.gov.tw/Scripts/Query4B.asp?FullDoc=所有條文&Lcode=A007000013；《後備軍人輔導組織設置辦法》，國防法規資料庫，網址：http://law.mnd.gov.tw/Scripts/Query4A.asp?FullDoc=all&Fcode=A007000020；此外，有關「後備軍人輔導組織概況」，詳如網址：http://afrc.mnd.gov.tw/Publish.aspx?cnid=1384&p=13731&Level=2 ；青報社論，「同心演習有效驗證動員機制，蓄積堅實防衛戰力」，民國 97 年 9 月 27 日，版 2。

[87] 有關「萬安演習」請參閱「維基百科全書」，網址：http://zh.wikipedia.org/wiki/%E8%90%AC%E5%AE%89%E6%BC%94%E7%BF%92；軍聞通信社，「落實平戰合一，以萬安演習建構安全防護網」，民國 97 年 9 月 22 日，網址：http://mna.gpwb.gov.tw/mnanew/internet/NewsDetail.aspx?GUID=42971

[88] 7 個縣（市）為宜蘭縣、基隆市、南投縣、嘉義縣、嘉義市、台南縣及連江縣等，於 96 年 4 月 20 日至 7 月 26 日間實施「綜合演練」課目。國防部 96 年度施政績效報告，提報日期：97 年 3 月 7 日，網址：http://www.mnd.gov.tw/UserFiles/施政績效報告——本文(1).doc

伍、以風險管理機制化解內在環境的弱點

風險管理是針對一項事件或行動產生的正面機會或負面威脅之辨識、評估和判斷，及協助所有人員採取行動去減輕、防範，持續的監督和回饋的一個處理過程。根據美國「二〇〇八中國軍力報告」針對中國可能對台灣的軍事方案，提到透過電腦網絡攻擊、特種作戰行動對台灣領導階層施以政治、經濟、軍事顛覆與破壞。此外，美國「二〇〇九中國軍力報告」指出中國可能對台灣的軍事方案為：海上封鎖與阻絕、有限軍事行動、空中與飛彈攻擊、兩棲入侵都是中國可能採取的動武選項。不過中國受限兩棲與空降運輸能量不足，對台採取大規模軍事行動能力仍屬有限。基於達成保衛國家安全的目的，國軍有必要針對共軍「打贏資訊化條件下的局部戰爭」之威脅做辨識，並從「國防武器自主研發」、「廣儲兩岸談判人才」、「整合軍民智庫」等方向防範、持續監督和回饋，達到「全方位安全」目標。[89]

---

[89] 「速度」、「複雜」、「改變」、「意外」、「風險」為超限未來五大特徵。吳家恆等譯，坎頓（James Canton）著，超限未來 10 大趨勢（台北：遠流出版公司，民國 96 年），頁 30。國防部總政治作制戰局編印，「湯部長主持國防部九十一年三月份國父紀念月會講話」（民國 91 年 4 月 8 日），頁 7。95 年國防報告書：共軍現階段犯台能力，主要威脅仍在於對台進行武力威懾與封鎖。97 年國防報告書：共軍強調「打贏資訊化條件下的局部戰爭」。95 年國防報告書網路版「第三章第四節『中共攻台戰力特性』」，網址：http://report.mnd.gov.tw/95/；97 年國防報告書網路版「第三章第二節『中共軍事能力』」，網址：http://report.mnd.gov.tw/chinese/a5_3b.html；立法院公報，第 95 卷第 39 期，「立法院第 6 屆第 4 會期國防委員會第 2 次全體委員會議紀錄」，民國 95 年 10 月 2 日，網址：http://lci.ly.gov.tw/doc/communique/final/pdf/95/39/LCIDP_953901_00007.pdf 。林正義，「美國國防部《2008 年中國軍力報告》」；沈明室，「美國《2008 年中國軍力報告》的延續與新意」，均請參閱《戰略安全研析》第三十六期（民國九十七年四月），

一、國防武器自主研發的深度與廣度賡續加強

儘管九十六年在立法院通過，包括愛國者三型飛彈、柴電潛艦及陸軍採購 AH-64D 阿帕契攻擊直升機「天鷹案」，以及早先通過 P-3C 反潛機等預算，尤其雄二 E 飛彈研發；亦儘管今年元月美國政府同意第二批軍售，是繼前年十月三日第一批之後，把過去十多年來，我國希望得到的防衛性武器軍售給台灣，[90]皆有助於提升國防整體戰力。

國防部依「十年建軍構想」，結合建軍戰力需求，藉由研製技術能量評估，提出需求裝備研製建議，律定研發優先順序；[91]而國軍武器裝備籌建，是依「資電優勢、科技先導、聯合截擊、國防防衛」之建軍指導，以提昇「三軍聯合作戰整體戰力」為著眼，並配合建軍備戰時程，優先置重點於「制海戰力」、「指管通資情監偵系統」及「反飛彈防禦系統」，逐次完成所需戰力之建構。尤其在面對中共飛彈威脅，國軍除結合「博勝案」，完成反飛彈防禦整體規

詳如網址：http://iir.nccu.edu.tw:8080/cscap/pic/newpic/戰略安全研析 No.36.pdf；行政院研考會，「政府部門成功導入風險管理的關鍵要素」，網址：http://www.rdec.gov.tw/public/Data/87816123971.pdf；自由電子報，「美公布中國軍力報告」，民國 98 年 3 月 27 日，http://www.libertytimes.com.tw/2009/new/mar/27/today-t1.htm

[90] 軍聞通信社，「國軍九十六年重要施政回顧」，民國 97 年 1 月 2 日，網址：http://mna.gpwb.gov.tw/；中時電子報，「立委：雲母飛彈只剩卅八枚堪用，幻象將有機無彈」，97 年 9 月 2 日，網址：http://chinatimes.com/2007Cti/2007Cti-Rtn/2007Cti-Rtn-Print/0,4670,110101x112008092200461,00.html 今日新聞，「蘇起為軍購失敗請辭？，AIT 罕見說明軍售內容」，民國 99 年 2 月 12 日，網址：http://tw.news.yahoo.com/article/url/d/a/100212/17/20i7i.html；總統府新聞稿，「總統出席『國防部 99 年春節餐會』」，民國 99 年 02 月 10 日，網址：http://www.president.gov.tw/php-bin/prez/shownews.php4?_section=3&_recNo=9

[91] 2006 年中華民國年鑑，網址：http://www.gio.gov.tw/info/95roc/

劃外，並成立資電專業部隊，同時建立保密器與網路入侵監控系統，以強化通資安全，確保優勢戰力發揮。[92]

具體而言，面對中國高科技武器發展的挑戰，國軍朝「提升電子與資訊作戰能力」、「籌建低空層飛彈防禦網與反飛彈能力」、「強化指管通情偵監能力能力」、「加強重要設施安全防護」四個方向，規劃我國國防科技研發之主軸定位於飛彈與資電戰武器系統，以建構有效防禦及戰略嚇阻武力。[93]

然現代戰爭在某種程度上已表現為高科技的較量，然我軍購武器大都以美國市場為主，如未能落實「國防自主」，且未能充分獲得零主件之情況下，一旦海峽兩岸發生狀況，台灣立即有武器匱乏之危機。[94]因此，行政院所屬各機關應依國防政策，結合民間力量，發展國防科技工業，獲得武器裝備，以自製為優先，向外採購時，應落實技術轉移，達成獨立自主之國防建設。[95]

---

[92] 隨著科技的高度發展，「資訊戰」儼然已成為 21 世紀之戰爭主流。吳祥億，「資訊時代對國家安全的挑戰」，刊於 97 年 2 月清流月刊，網址：http://www.moeasmea. gov.tw/public/Data/86310112471.pdf；軍聞通信社，「湯部長今赴立法院進行國防業務報告」，民國 92 年 3 月 10 日，網址：http://mna.gpwb.gov.tw/

[93] 曾祥穎譯，法瑞福（Terry Farrel）等著，軍事變革之根源（台北：史政編譯室，民國 94 年），頁 9。周力行（佛光人文社會學院教授），「資訊時代的非傳統性軍事衝突」，民國 91 年 5 月 8 日，網址：http://old.npf.org.tw/PUBLICATION/IA/091/IA-R-091-041.htm；2006 台灣年鑑，「我國國防科技研發現況」，網址：http://www7.www.gov.tw/EBOOKS/TWANNUAL/show_book.php?path=8_005_025

[94] 鍾堅主編，張延廷著，國防通識教育（上冊）（台北：五南圖書公司，民國 96 年 1 月），頁 9。監察院國防及情報委員會專案調查研究小組，「中科院、漢翔及中船國防關鍵科技人才流失情形專案調查研究報告」（民國 93 年 5 月），網址：http://www.cy.gov.tw/AP_Home/op_Upload/eDoc/%A5X%AA%A9%AB~/93/0930000101009301387b.PDF

[95] 《國防法》第二十二條第一款；有關《國防法》（民國 97 年 8 月 6 日修正），國防法規資料庫，網址：http://law.mnd.gov.tw/Scripts/Query4B.asp?FullDoc=

九十七年二月，美國破獲一個由美籍台灣移民郭台生、持綠卡的大陸人士康余新、美國國防部分析師柏格森，以及一位「中共官員 A」組成的間諜網；該組織涉嫌將與我國「博勝案（C4ISR）」[96]高度相關的機密出售給中共。此外，柏格森還提供從二〇〇七年到二〇一二年，美國評估的計畫對台軍售項目。「博勝案」第一期由洛克希德馬丁公司得標並進行中，第二期還在規劃階段，沒有太具體的細節。然從損害控管的角度出發，中科院應可做些什麼。[97]

根據九十七年九月報載，我國空軍向法國採購的九百六十枚中程雲母飛彈，大部分已經超過使用年限，然據中科院鑑測結果，由於飛彈保存狀態良好，至少可以再延壽到達民國一百年左右。此外，我國海軍四艘紀德艦的艦上戰鬥系統等海軍目前持有的武器，是長期以來透過美國軍售所提供，未來仍需仰賴中科院，採用國產裝備來替換，以超越原來的性能。[98]

所有條文&Lcode=A000000033

[96] 博勝案是台灣軍方近十年來為了整合指揮、管制、通信、情報、監控、偵察的 C41SR 系統。聯合報，「郭台生共諜案，美未知會台灣」，民國 97 年 2 月 12 日，網址：http://udn.com/NEWS/NATIONAL/NATS6/4214419.shtml；經濟部工業合作推動小組，「C4ISR 與博勝案工業合作」，民國 94 年 9 月 10 日，網址：http://www.cica.com.tw/doc/icpnews-10.pdf

[97] 軍聞通信社，「國防部專案小組針對華府間諜案實施損害評管」，民國 97 年 2 月 12 日，網址：http://mna.gpwb.gov.tw/；奇摩新聞，「柏格森點頭，敏感軍售……郭手抄 1 小時」，民國 97 年 2 月 13 日，網址：http://tw.news.yahoo.com/article/url/d/a/080213/2/tdl1.htm；奇摩新聞，「軍機遭竊，台美進行損害控管」，民國 97 年 10 月 14 日，網址：http://tw.news.yahoo.com/article/url/d/a/080213/78/td9p.html

[98] 奇摩新聞，「海軍：紀德艦武器沒問題，長期可獲美軍售支援」，民國 97 年 2 月 13 日，網址：http://tw.news.yahoo.com/article/url/d/a/081014/58/17m2g.html

二、國軍應廣儲談判人才為兩岸和平發展效力

「擱置爭議，務實協商」，已成為兩岸共同肯定的復談精神。檢視兩岸談判史，二〇〇八年第一次「江陳會談」的結果，達到「包機直航週末化」的換文與「大陸觀光客來台」的協議。這說明了兩岸的談判已不再只重視「形式上的接觸層次」，而在於「實質上的談判結果」。在「九二共識」達成十六年、汪辜會談十五年後，二〇〇八年六月的「江陳會談」，順利簽署各一項的換文與協議，這應是兩岸談判二十年以來，雙方當局相對務實面對的一次。[99]

民國九十六年，胡錦濤在中國共產黨第十七次全國代表大會提出「政治報告」時強調，台灣任何政黨，只要承認兩岸同屬一個中國，都願意同他們交流對話、協商談判，什麼問題都可以談。他並鄭重對台灣各個政黨呼籲，在一個中國原則的基礎上，協商正式結束兩岸敵對狀態，達成和平協議，構建兩岸關係和平發展框架，開創兩岸關係和平發展新局面。[100]前年六月，中共全國政協主席賈慶林乃指出，海協與海基兩會的互動原則，將秉持「建立互信、擱置爭議、求同存異、共創雙贏」的精神，先易後難，先經濟後政治，循序漸進，務實解決兩岸同胞關心的問題。[101]

---

[99] 邵宗海,「兩岸談判,著重實質結果」,民國 97 年 7 月 10 日,網址:http://www.worldjournal.com/wj-forum-news.php?nt_seq_id=1743062&sc_seq_id=81

[100] 中國時報,「十七大報告,胡錦濤促談,協商結束敵對狀態」,民國 96 年 10 月 16 日,網址:http://ics.nccu.edu.tw/conflict/Enemy.htm

[101] 聯合報,「兩岸談判順序:經濟、和平、國際空間」,民國 97 年 3 月 29 日,網址:http://mag.udn.com/mag/vote2007-08/storypage.jsp?f_MAIN_ID=358&f_SUB_ID=3416&f_ART_ID=117936;賈慶林,「兩岸談判,先易後難」,民國 97 年 6 月 4 日,網址:http://paper.wenweipo.com/2008/06/04/TW0806040003.htm

強化兩岸兩會制度化協商與互動，增進兩岸互信基礎，促進兩岸關係正常發展，維護臺海和平穩定現狀，乃當前我政府的施政方針。[102]基本上，兩岸談判議題，經濟優先，其次是和平協議，再其次是國際空間，因而海峽交流基金會董事長江丙坤進一步指出，積極培養談判人才是必要的，過去政府在進行世界貿易組織談判期間也培養不少談判人才。未來希望不只是海基會同仁，還有各部會需要上桌談判的官員都應該接受相關的訓練。至於課程，也不只是談判技巧，還應該增加對大陸情勢、大陸政策等了解，讓談判人才對大陸有更深入的瞭解，未來可以朝這個方向努力。[103]

海基會創會以來即代表國家與中國進行三十三次會談，[104]並與中國海協會簽署「兩會聯繫與會談制度協議」等十二項協議，建構制度化之溝通協商管道，「辜汪會談」與「辜汪會晤」成為兩岸關係發展歷史性的里程碑，談判業務因而成為海基會最受各界矚目與信賴之重要會務，談判專業與經驗成為國家與本會的重要資產。為進行經驗傳承，培育我國未來兩岸談判人才，海基會與前國安團隊及學者、專家組成，長於談判理論與戰略模擬的「台灣戰略模擬學會」共同主辦「第一屆兩岸談判人才研習營」。[105]國軍曾

---

[102] 行政院施政報告（行政院劉院長於民國 97 年 9 月 2 日在立法院第 7 屆第 2 會期所作報告），網址：http://www.ey.gov.tw/public/Attachment/8921614571.doc；行政院 98 年度施政方針（民國 97 年 8 月 21 日行政院第 3106 次會議通過），網址：http://www.ey.gov.tw/public/Attachment/882916302371.pdf

[103] 江丙坤，「第一線談判要支援也需鼓勵」，民國 97 年 6 月 24 日，網址：http://www.cdnews.com.tw/cdnews_site/docDetail.jsp?coluid=111&docid=100423782

[104] 自 80 年 11 月起，迄 98 年 12 月止，兩會共計會談 33 次，海峽交流基金會，「歷次會談總覽」（自 80 年 11 月起，迄 98 年 12 月止）網址：http://www.sef.org.tw/lp.asp?ctNode=4306&CtUnit=2541&BaseDSD=21&mp=19

[105] 第一屆兩岸談判人才研習營，藉由專題講座、談判實兵演練、圓桌論壇等方式，從學理方面探討兩岸關係及談判理論，進而進行談判實作演練。海基會，「第一屆兩岸談判人才研習營：定位與目標」，民國 96 年 10 月 19

辦理「協商談判講習課程」三場次，並將「談判課程」納入國軍深造教育，期建構協商談判能量，[106]對兩岸和平發展廣儲談判人才助益甚宏。

三、整合軍民智庫廣開國防事務相關研究風氣

民國九十一年「國防二法」正式實施，開啟國防法制化時代的來臨。[107]《國防部組織法》第十一條明定：「國防部為發展國防軍事科學，得設研究發展機構。」該法第十八條亦指出：「國防部得聘請對國防軍事或其他科學有專門研究或經驗之人員為顧問。」[108]前瞻二〇一五年，面對全募兵制等政策的改變，實有必要整合國內軍民智庫廣開國防事務相關研究風氣。

智庫是一個對政治、商業或軍事等政策進行調查、分析及研究的機構，通常獨立於政府或政黨，不少與軍事、實驗室、商業機構或大學等有連繫，部份以「研究所」作為名稱。[109]整體而言，在公

日，網址：http://www.tass.org.tw/content/view/45/1/

[106] 行政院劉院長於民國 97 年 9 月 2 日在立法院第 7 屆第 2 會期所作施政報告，網址：http://www.ey.gov.tw/public/Attachment/8921614571.doc

[107] 民國八十九年一月五日立法院第四屆第二會期立法三讀通過之《國防法》與《國防部組織法》（通稱為「國防二法」）。軍聞通信社，「國防部三月一日正式依國防二法運作」，民國 91 年 2 月 26 日，網址：http://mna.gpwb.gov.tw/

[108] 《國防部組織法》(民國 91 年 2 月 6 日修正)，國防法規資料庫，網址：http://law.mnd.gov.tw/Scripts/Query4A.asp?FullDoc=all&Fcode=A000000001

[109] 台灣主要智庫有「中央研究院」、「中華經濟研究院」、「中華歐亞教育基金會」、「亞太安全合作理事會（CSCAP TAIWAN）」、「亞太研究計畫」、「財團法人兩岸交流遠景基金會」、「陸委會大陸資訊及研究中心」、「國家圖書館全球資訊網」、「國策研究院」、「經濟部全球資訊網」、「台灣非洲研究論壇」、「台灣智庫」、「台灣經濟研究院」、「台灣綜合研究院」、「戰略與國際研究所」等。「維基百科全書」網址：http://zh.wikipedia.org/wiki/%E6%99%BA%E5%BA%AB；政大國際關係研究中心，「台灣主要智庫」，網址：http://iir.nccu.edu.tw/lib/intlib.htm

共政策制定過程中，智庫具有「倡導政策理念」、「塑造公共輿論」、「設定政策議題」、「提供政策建議」、「政策行銷」、「儲備政府人才」等功能。[110]

國防事務經緯萬端，包括「國防政策之規劃、建議及執行」、「軍事戰略之規劃、核議及執行」、「國防預算之編列及執行」、「軍隊之建立及發展」、「國防科技與武器系統之研究及發展」、「兵工生產與國防設施建造之規劃及執行」、「國防人力之規劃及執行」、「國防人員任免、遷調之審議及執行」、「國防資源之規劃及執行」、「國防法規之管理及執行」、「軍法業務之規劃及執行」、「政治作戰之規劃及執行」、「後備事務之規劃及執行」、「建軍整合及評估」、「國軍史政編譯業務之規劃及執行」、「國防教育之規劃、管理及執行」、「其他有關國防事務之規劃、執行及監督」等，若能整合國內軍民智庫廣開上述國防事項研究風氣，應該有利於精準撰寫《國防報告書》、《中共軍力報告書》、《五年兵力整建及施政計畫報告，與總預算書》、《四年期國防總檢討》等專報。[111]

此外，為使行政行為遵循公正、公開與民主之程序，確保依法行政之原則，以保障人民權益，提高行政效能，增進人民對行政之信賴，特制定行政程序法，並自民國九十年元旦開始施行。面對二〇一五年全募兵制等政策的改變，相關法規首先如《兵役法》第十六條第一款明定：「現役：以徵兵及齡男子，經徵兵檢查合格於除役前，徵集入營服之，為期一年十個月，期滿退伍。」；其次如《兵

---

[110] 朱志宏，公共政策（台北：三民書局，民國 88 年），頁 228 至 230。

[111] 參閱《國防法》第三十條；《國防法》(民國 97 年 8 月 6 日修正)，國防法規資料庫，網址：http://law.mnd.gov.tw/Scripts/Query4B.asp?FullDoc=所有條文&Lcode=A000000033；《國防部組織法》(民國 91 年 2 月 6 日修正)，國防法規資料庫，網址：http://law.mnd.gov.tw/Scripts/Query4A.asp?FullDoc=all&Fcode=A000000001

役法施行法》第二十七條指出：「教育召集或勤務召集之範圍、人數、時日，由國防部按年度計畫實施，於退伍後八年內，以四次為限，每次不超過二十日。但國防部得視軍事需要酌增年限、次數及時間。」；第三如《召集規則》第二十二條指出：「教育召集範圍、人數、時、日，由國防部按年度計畫實施。」等，智庫亦可與時俱進研究相關法規修改及建議。[112]

陸、結語

前瞻二〇一五年，國軍需同時具備戰爭與非戰爭（如救災）軍事能力，經由上述 SWOT 總體分析，檢視「透過嚇阻力量使外在環境威脅極小化」、「創造合作機會使外在生存環境極大化」、「環繞國軍建構我優勢的整體防衛軍力」、「以風險管理機制化解內在環境的弱點」等面向，吾人有以下四項研究發現、五項國防政策相關建議案。

一、面對當前兩岸和平發展的氛圍下，為達百戰不殆「以保衛國家安全，維護世界和平為目的」的目標，使中共的威脅極小化，

---

112 相關法規如《災害防救法》第二十七條明定為實施災害應變措施，各級政府應依權責實施下列事項，如「受災民眾臨時收容、社會救助及弱勢族群特殊保護措施。」（國防部角色宜列入）。《行政程序法》（民國 90 年 12 月 28 日修正版），網址：http://host.cc.ntu.edu.tw/sec/All_ Law/1/1-49.html；《兵役法》(民國 96 年 3 月 21 日修正版)，國防法規資料庫，網址：http://law.mnd.gov.tw/Scripts/Query4B.asp?FullDoc= 所有條文 &Lcode= A004000001；《兵役法施行法》(民國 96 年 1 月 3 日修正版)，國防法規資料庫，網址：http://law.mnd.gov.tw/Scripts/Query4B.asp?FullDoc=所有條文&Lcode=A004000002；《召集規則》（民國 95 年 6 月 2 日修正版），國防法規資料庫，網址：http://law.mnd.gov.tw/Scripts/Query4B.asp?FullDoc=所有條文&Lcode=A004000009；《災害防救法》（民國 97 年 5 月 14 日修正版），網址：http://db.lawbank.com.tw/FLAW/FLAWDAT0201.asp

國人唯有「透過軍購反制中共有形戰力威脅」、「透過全民國防教育建構國人心防」、「透過年度例行演習累積勝敵能量」等嚇阻力量方能有效因應。

二、在全球化時代，各國相互依賴程度加深。尤其伴隨傳統與非傳統安全威脅的增加，要創造外在生存環境極大化的基本想法，就是藉由合作的手段；換言之，就是透過議題的合作，使友我的盟邦支持我國的程度最大化，而使敵對的狀況極小化。具體而言，需「藉由傳統軍事安全議題與友邦合作」、「藉由非傳統性安全議題與友邦合作」、「藉由和平協定等議題創造兩岸和平」等配套。

三、我國防武力有常備部隊、後備軍人和「全民防衛動員」三大體系，唯有環繞國軍建構我優勢的整體防衛軍力，方能防止中共武力犯台，維護台海地區安定，確保國家安全。因此，需要「國軍為兩岸和平發展的核心支撐」、「後備戰力是支撐國軍的戰力源泉」、「融民力於戰力支援軍事任務達成」等配套。

四、基於達成保衛國家安全的目的，國軍有必要針對中共之威脅辨識，並從「國防武器自主研發」、「廣儲兩岸談判人才」、「整合軍民智庫」等方向減輕與防範，且持續監督和回饋。需要「國防武器自主研發的深度與廣度賡續加強」、「國軍應廣儲談判人才為兩岸和平發展效力」、「整合軍民智庫廣開國防事務相關研究風氣」等配套。

承上述，國防部長高華柱先生訓勉國軍幹部，以前瞻性的眼光與開闊的胸襟，擘劃國軍未來建軍備戰的發展。也因此，因應二〇一五年未來戰略環境的改變，以下個人提出因應未來挑戰的五項政策建議：

一、「二〇一五年國軍新而有效的戰略」擬案：[113]（一）、就戰略目標而言：前瞻二〇一五年，國軍在兩岸和平發展過程中，應扮演積極的角色；換言之，國軍應建構成為「固若磐石」的戰力，則兩岸談判越會有對等雙贏的成果。（二）、就戰略環境而言：就是要創造和平的內外部環境，要營造我外在環境的生存威脅極小化、機會極大化，更要累積內在國防力量極大化、進而使國軍成為兩岸談判有利支撐。（三）、就戰略手段而言：長期、全面、且整體有效的戰力經營手段，對中共應採取協商交流的手段、對國際應採取合作接觸的手段、對國內則應採取整合軍民力量的手段。（四）、就戰略資源而言：就操之在我的角度檢視，無形戰略資源為團結的全民抗敵意志；有形的戰略資源則為在有限的國防預算下，透過高素質的國防人力，讓武器發揮最高效能。

二、「國防部一〇〇至一〇四年間國防政策基本目標」擬案：現階段具體國防政策，以「預防戰爭」、「國土防衛」、「反恐制變」為基本目標；國防部一〇〇至一〇四年間國防政策基本目標，則微調為以「早期預警，消弭敵意」、「平戰一體，優質防衛」、「有效嚇阻，制變雙贏」為基本目標。以下「國防部一〇〇至一〇四年間國防政策三個基本目標」之內涵，分別陳述如後：

（一）「早期預警，消弭敵意」國防政策基本目標內涵：

要避免衝突、預防戰爭的發生，必須先做好一些防範工作，所以現在我們採取的是「接觸」與「預警」二種手段，同時進行，相輔相成。「接觸」就是透過和中共的互相交流，使雙方可以更加瞭

[113] 國家戰略的實質意涵，至少包括四項戰略要素，分別為「戰略目標」、「戰略環境」、「戰略手段」、「戰略資源」。劉慶祥，我國政府遷台後國防政策的政經分析（台北：政戰學校政研所博士論文，民國 92 年 5 月），頁 268。

解，以及用共同的利益來化解雙方的敵意，慢慢的建立起我們與中共之間的「軍事互信機制」。此外，更要預先掌握來自世界各地的恐怖威脅，以及其他一些會危害到國家安全的重大緊急危難事故等「預警」情資。

（二）「平戰一體，優質防衛」國防政策基本目標內涵：

為營造國軍為兩岸和平發展之關鍵支撐，面對中共一直增強的武力威脅與挑戰，為了防衛我們國家的領土安全，國軍的「整備」與「部署」非常重要。「整備」就是目前國軍正在推動國防轉型的工作，未來將建立一支規模適當、效能高、反應快的軍隊，並增大作戰用兵的彈性等戰備整備工作。「部署」就是如果戰爭無法避免，將妥先部署迅速、靈活、高效能的陸海空三軍聯合戰力及全民防衛的優質力量，來防衛國家的安全。

（三）「有效嚇阻，制變雙贏」國防政策基本目標內涵：

面對國家安全受到傳統與非傳統安全的挑戰，以及世界各地愈來愈嚴重的恐怖威脅，「嚇阻」與「制變」是強化安全、有效防制與快速因應的重要方法。「嚇阻」就是建立全民的防衛戰力，並透過全民國防教育建構國人心防、透過國防自主與軍購建構有形嚇阻力量，讓敵人有所害怕而不敢隨便發動戰爭。而「制變」就是一旦事件發生，國軍會與政府其他相關部門共同協助進行應變的處理、災害的控制、公共安全的維護與損害的復原等工作，迅速消除危機。

三、「國防部一〇〇至一〇四年間國防施政重點」擬案：除「精銳新國軍」、「推動全募兵」、「重塑精神戰力」、「完備軍備機制」、「重建台美互信，鞏固雙邊關係」、「建構優質官兵眷屬身心健康促進與照護」等六項國防部中程施政計畫優先發展課題之外，在「早期預警，消弭敵意」方面，分別有「藉由和平協定等議題創造兩岸和平」、「國軍應廣儲談判人才為兩岸和平發展效力」、「藉由傳統軍事安全議題與友邦合作」、「藉由非傳統性安全議題與友邦合作」等四項國防施政重點。在「平戰一體，優質防衛」方面，分別有「整合軍民智庫廣開國防事務相關研究風氣」、「國軍為兩岸和平發展的核心支撐」、「後備戰力是支撐國軍的戰力源泉」、「融民力於戰力支援軍事任務達成」等四項國防施政重點。在「有效嚇阻，制變雙贏」方面，分別有「透過全民國防教育建構國人心防」、「透過軍購反制中共有形戰力威脅」、「國防武器自主研發的深度與廣度賡續加強」、「透過年度例行演習累積勝敵能量」等四項國防施政重點。

四、「二〇一五年國防理念基本想法」擬案：前瞻二〇一五年，中華民國之國防係以保衛國家安全，維護世界和平為目的，而我當前國防理念、軍事戰略、建軍規劃與願景，均以預防戰爭為依歸，並依據國際情勢與敵情發展，制訂現階段具體國防政策，以「早期預警，消弭敵意」、「平戰一體，優質防衛」、「有效嚇阻，制變雙贏」為基本目標，循操之在我之角度，以「和平為前提，國防做後盾」的戰略構想，建構具有反制能力之優質防衛武力。

五、其它建議：（一）全募兵制要有全方位規劃：國防部應協調整合政府各部門針對從軍動機、生涯規劃、退伍就業等機制做規劃；（二）自二〇一五年起，宜由相關兵監學校宜開設班隊，訓練中、高級專長人員；此外，在政府搶救失業的此時，亦可借鏡美國經驗，關鍵領域後備部隊由現役退伍者志願參加之機制；（三）賦以「後備軍人輔導組織」救災任務，並成為救災後備部隊主要幹部；（四）強化「戰力綜合協調中心」機制之深度與廣度，俾利全方位因應戰爭實況；（五）國防政策基本目標為預防戰爭、國土防衛、反恐制變，基於動員工作日趨重要，應融入於基礎教育、深造教育課程設計之中，更將之納入軍官團、士官團課程之一；甚至增設動員兵科；（六）於教育部爭取設立「軍事學門」，俾利營造國人研究國防之風氣。

第六章　我國執行信心建立措施的現況與展望
——以兩岸建立「軍事互信機制」為例

（趙哲一　博士）

壹、前言

在後冷戰時期，「信心建立措施」的許多方法被使用於國家間建立戰略關係的作法和手段，以強化彼此軍事交流與合作關係。軍事安全互信機制是敵對國家或鄰近國家為了減少敵意、降低緊張關係，透過區域性組織或相互間協定，以建立聯繫管道、公佈軍事訊息、律定查證制度等方式，確保和平與安全目標的達成。

雖然我方不斷釋出善意，並且在民國九十三年國防報告書中正式提出「兩岸正式結束敵對狀態」、「建立兩岸軍事互信機制」、「檢討兩岸軍備政策」及「形成海峽行為準則」等主張，但中國大陸一直對兩岸的信心建立措施及簽署和平協議採取保守的態度，因為中國大陸認為信心建立措施和簽署和平協議是主權國家之間的行為，如果和台灣建構信心建立措施便是承認台灣的主權，並無意進行兩岸的協商。

但中共國家主席胡錦濤在二〇〇七年十月十五日召開的中共十七大開幕式政治報告中正式提出兩岸「簽署和平協議」，是中共首次納入官方檔案中。[1]胡錦濤是第一個將和平協議納入中共黨內最高指導綱領來對待，為中共的兩岸政策提出指導性方針，值得我們進一步研究與關注。

民國97年5月20日馬英九總統上台後，在其五二〇就職以「人民奮起、台灣新生」為題的就職演說中，強調將以符合台灣主流民意的「不統、不獨、不武」理念，在中華民國憲法架構下，維持台灣海峽現狀，今後繼續在「九二共識」基礎上，儘早回復協商並秉持四月十二日在博鰲論壇中提出的「正視現實、開創未來、擱置爭議、追求雙贏」，尋求共同利益的平衡點。也因此，兩岸不管在台灣海峽或國際社會都應該和解休兵，並在國際組織、國際活動中，相互協助、彼此尊重。[2]

此外，前國防部長陳肇敏在民國九十七年十月二十九日接受媒體專訪時表示，在兩岸和解中，建立兩岸軍事互信機制可以達到確保和平的目標，但過程中，可能是先經濟、後政治、最後再軍事的流程，不論進展快不快、順不順利，都必須先做好準備。在軍事領域的部分，國軍若做好準備，當進程時機成熟，就可以立即執行，否則就會影響到整個進程，影響國家政策。將來若必須面對面的接觸，也要按整個進程、步驟規劃，可能最先接觸的是退伍人員、文

---

[1] 中國時報（台北），民國96年10月16日，版3。中共中央總書記胡錦濤10月15日在北京召開的中國共產黨第十七次全國代表大會提出政治報告時強調「台灣任何政黨，只要承認兩岸同屬一個中國，我們都願意同他們交流對話、協商談判，什麼問題都可以談。在一個中國原則的基礎上，協商正式結束兩岸敵對狀態，達成和平協定，構建兩岸關係和平發展框架，開創兩岸關係和平發展新局面。」

[2] 自由時報（台北），民國97年5月21日，版4。

職人員、再來低階、高階的人員，由低而高、由淺而深規劃，時機成熟，可能必須要高層面對面對談，建立相關機制，減少因發生誤會而動武的可能。[3]因此，兩岸建立信心措施的建立，是未來兩岸軍方一定要發生且要面對的重要問題。本文就以我國執行信心建立措施的現況與展望——以兩岸建立「信心建立措施」為例，進一步加以探討。

貳、信心建立措施的緣起與定義

一、信心建立措施的緣起

一九五四年一月，蘇聯當時外長莫洛托夫（Wjatscheslaw Molotov）首次提出召開「歐洲安全會議」的建議，其目的在保持戰後秩序的前提下，尋求歐洲在安全方面遇有爭議問題時的解決辦法。[4]在美、蘇及歐洲各國的努力之下，終於在一九七三年成立「歐洲安全暨合作會議」（Conference on Security and Cooperation in Europe, CSCE）簡稱「歐安會議」，針對歐洲地區的安全與經濟合作、並將人民遷徙自由、改善東西方的接觸、新聞自由等議題達成初步的共識。[5]而「信心建立措施」（CBMs）首先是由比利時與義大利於一九七三年赫爾辛基會議前預備會議時提出，經過兩年的磋

---

[3] 青年日報（台北），民國 97 年 10 月 29 日，版 3。

[4] Wilfried Loth 著，朱章才譯，和解與軍備裁減：1975 年 8 月 1 日，赫爾辛基（台北市：麥田初版社），2000 年，頁 2～3。

[5] 1973 年成立的「歐洲安全暨合作會議」（Conference on Security and Cooperation in Europe,CSCE）簡稱歐安會議，歐安會議於 1994 年在布達佩斯舉行的各國首腦會議中改名為「歐洲安全暨合作組織」（Organization for Security and Cooperation in Europe, OSCE）。

商談判，於一九七五年八月一日各國元首簽署了「赫爾辛基最終決議書」（Helsinki Final Act）。而其中最重要的一份文件就是「信心建立措施暨特定安全與裁軍檔」（Document on Confidence-Building Measures and Certain Aspects of Security and Disarmament）。其目的除了強化歐洲各國互信而增加歐洲地區的穩定與安全之外，並消除世界緊張的關係進而加強世界和平與安全。[6]

二、信心建立措施定義

「信心建立措施」是國家之間可用來降低緊張局勢並避免戰爭衝突的工具。其功能在於清除軍事活動中的秘密，以協助各國區分自己對於一個實在或潛在對手之意圖或威脅的恐懼到底有沒有根據。最初信心建立措施的概念是從軍事層面中的實際經驗所歸納得來的，政治領袖與外交官於是借用相關概念與作法，以強化政治與外交效應，並防止負面衝突的趨向。

挪威前國防部長何斯特（John Jorgen Holst）認為 CBMs 是：「加強雙方在彼此新至以及信念上更加確定的種種措施，其主要的作用是增加軍事活動的可預測性，使軍事活動有一個正常的規範，並可藉此確定雙方的意圖。」[7]國際關係學者柯薩（Ralph A. Cossa）認為 CBMs 是：「包括了正式與非正式的相關措施，不論單邊、雙邊

---

[6] Victor-Yves Ghebali,1989,Confidence-Building measures within the CSCE Process: Paragraph -by-paragraph Analysis of Helsinki and Stockholm Regimes(New York: United Nations). pp. 3～6.

[7] John Jorgen Holst, ”Confidence building measures: a conceptual framework,” Survival, Vol. 25, No. 1, (January/February 1983), p1. 挪威為北歐國家，雖然資源豐富但是人口稀少而海岸線很長，在冷戰時期常有蘇聯的軍艦、潛艇及飛機接近甚至侵入其領海及領空，何斯特深知挪威國防的困境，也因此極力的提倡信心建立措施，來作為挪威國防政策的另一項選擇。

或是多邊，其目的是要提出預防、解決國家之間不確定性的因素，而且此措施可以減少誤判及偶發性戰爭發生」。[8]

美國著名智庫—史汀生中心（The Henry L. Stimson Center）主任邁可・克瑞朋（Michael Krepon）則認為 CBMs 是：「它是一種工具，使相互敵視的國家降低彼此之間的緊張關係或預防戰爭發生，同時可排除軍事活動中的神秘性，使國家之間的意圖更加透明化、減少彼此間的恐懼感，但此一工具決不能危及國家內部的安全為前提」。他更進一步依照其程度與內涵分將 CBMs 為三個階段：[9]

(一) 第一階段衝突避免（Conflict Avoidance）

任何「信心建立措施」的談判與執行都需要政治意願的支援。在既不危及國家安全又不使現有衝突惡化的前提下，對立各方的政治領袖同意進行最基本與最初步的溝通與接觸，均屬於第一階段的衝突避免措施，其目的在避免對立的情勢加劇。經由合適的衝突避免措施可以建立一個基本的安全網路，以防止突發事件造成全面衝突。由於各方願意採取衝突避免措施的理由和目的各不相同，所以只要務實地先避免衝突情勢，再準備進入第二階段。

(二) 第二階段信心建立（Confidence-building）

首先，在宗旨目的方面，信心建立措施的作法已不僅是在避免突發的衝突和危機，而要進一步建構彼此的信任和信心。其次，在執行

---

8 Ralph A. Cossa,,Asia Pacific Confidence and Security Measures, Significant Issues Series, Vol.17,No.3(Washington D.C.:The Center for Strategic & International Studies,1995), p. 7.

9 Michael Krepon et. Al.,1998, A Handbook of Confidence-Building Measure for Regional Security , 3rd Edition (Washington DC: The Stimson Center), pp. 2-13.

層面，需要更大的政治支援與良性互動。因此從第一階段發展到第二階段相當困難。衝突避免措施較臨時性且易於收效，但信心建立措施需要更多的承諾與實踐，才能增加透明度以取得彼此的瞭解與信任。從衝突避免過渡到建立信任的過程中，最具代表性的具體發展是接受來自敵國、第三國或國際組織的外國軍事觀察者實地監督軍事演習。

(三) 第三階段強化和平（Strengthening the Peace）

如果能克服避免戰爭的重大障礙並開始磋商和平條約，國家領導人就得以繼續利用信心建立措施以強化和平。本階段的目的在擴大並深化既存的合作形式並盡可能創造強化和平的積極進展。

而國際關係學者費雪（Cathleen S.Fisher）在研究全世界各地的 CBMs 後，根據其歷史發展的過程將其分為四個階段：[10]

第一，初期發展階段：在初期發展階段（Early stage Development）包含美、蘇兩國之間的各項協議（Soviet-American Agreements），而熱線協議（Hotline Agreements）的建立可視為 CBMs 的先導者。

第二，第一代「信心建立措施」：基礎建立時期（Ground breakers），而一九七五年八月一日簽署的「赫爾新基最終協議書」為代表性檔。

第三，第二代「信心建立措施」：各項安全建立措施（Security-Building Measures）的建立，一九八六年九月十九日的歐安會議簽署「斯德哥爾摩會議檔案」（Document of the Stockholm Conference）。斯德哥爾摩檔案中更進一步將 CBMs 擴大成為「信心暨安全建立措施」（Confidence and Security -Building Measures, CSBMs）。

---

[10] Liu Huaqiu, "Step-By-Step Confidence and Security Building for the Asian Region: A Chinese Perspective,"in Asia Pacific confidence and security building measures (Washington D.C. : Center for Strategic and International Studies, 1995) p.121.

第四，第三代「信心建立措施」：各項合作性安全措施（Cooperative Security Measures）的建立，以一九九四年十一月二十八日簽署的「維也納信心暨安全建立措施、軍事資訊交流談判檔案」(Vienna Document 1994)為代表性檔案及一九九九年維也納檔案（Vienna Document 1999）等。

三、「信心建立措施」的內容與分類：

美國史汀生中心將 CBMs 其概分為四類：即溝通性措施、透明性措施、限制性措施、檢證性措施。[11]其主要內容如表 6-1：

表 6-1　史汀生中心對 CBMs 分類類別

信心建立措施的類別	具體內容
溝通性措施	1. 熱線（hotlines）。 2. 區域溝通中心（regional communication centers）。 3. 定期協商（regularly scheduled consultations）。
限制性措施	1. 限武區域（thin-out zones or limited for deployment zones）。 2. 事前通知的要求（pre-notification requirements）。
透明性措施	1. 事前通知的要求（pre-notification requirements）。 2. 資料交換（data exchange）。 3. 志願觀察（voluntary observations）
檢證性措施	1. 空中檢查（aerial inspections） 2. 地面電子感應系統（ground-base electronic sensoring system） 3. 實地檢查（on-site inspections）

資料來源：URL<<Http://www.stimson.org/cbm/cbmdef.htm>>

[11] URL:<<http://www.stimson.org/cbm/cbmdef.htm>>

而聯合國前秘書長蓋里亦於 1990 年「防禦性安全概念及其政策研究」(Study on Defensive security Concepts and Policies)報告中指出，CBMs 分為五種，分別為資訊性措施、溝通性措施、接觸性措施、通知性措施、限制性措施，[12]其內容如表 6-2：

表 6-2 聯合國「防禦性安全概念及其政策研究」對 CBMs 的分類類別

信心建立措施的類別	具體內容
資訊性措施	各個國家加強軍事資訊（包括指揮體系、兵力部署、武器系統、國防預算、軍事採購）的公佈與交換，增加軍備透明度，降低其他國家對於軍事力量、軍隊部署、部隊行動的不確定性，以化解鄰國的猜忌與敵意。
溝通性措施	最早可溯及 1963 年美國與蘇聯之間建立的「熱線」制度，藉由白宮與克里姆林宮之間專線電話的聯絡，兩國領袖得以直接建立聯絡溝通管道，化解彼此歧見，減少因誤解而副生之危機。
接觸性措施	建立管道以查證軍事資訊及其政策聲明的可信度。鄰國得以直接觀察軍事演習、當場查證軍事活動、開放天空等措施，以避免對方錯誤的情報與判斷而產生危險的現象。
通知性措施	相關軍事活動訊息提前宣佈，以避免其他國家措手不及，鄰近國家得以因應準備，可以增強各個國家的可預測性。例如：部隊的調遣、舉行軍事演習、彈道飛彈的試射等均應該事先通告。
限制性措施	禁止特定種類的軍事行動，如分隔區（disengagement zones）的安排，將軍事活動與演習的規模、次數與時間加以限制，以降低衝突的可能性，因為這一些措施具有限制性以及強迫性所以是困難度最高的「信心建立措施」。

資料來源：Boutros Boutros-Ghali, *Study on Defensive Security Concepts and Politics*（New York: United Nations, 1993）, pp.33-35.

[12] Boutros Boutros-Ghali,1993, Study on Defensive Security Concepts and Politics（New York: United Nations）, pp.33-35.

上述幾種 CBMs 的概念與做為乃是由經由長期的努力與歷史經驗歸納而來，有些措施在意義上難免有些重迭之處，但是這幾種信心建立措施的作為，在邏輯概念中並沒有互相排斥的地方。

因此兩岸要推動 CBMs，可參考國外的經驗與以上各種的作法，並配合兩岸特殊的情況加以調整，先從兩岸具有共識及容易推動的措施開始，並可從多方面著手

參、中國大陸對信心建立措施的態度與經驗

一、中國大陸對信心建立措施的態度

兩岸要建構「信心建立措施」之前，一定要先瞭解中國大陸的看法以及中國大陸和其他國家的信心建立措施。近年來中國大陸與俄羅斯、哈薩克斯坦、吉爾吉斯、塔吉克斯坦以及印度、越南、東協、南韓、日本及美國，亦簽署了相關的協議。其目的就是要為經濟發展和國防現代化創造和平穩定的環境，是其國家戰略運用的一部分，也就是所謂的新安全觀。

一九九一年一月二十五日，聯合國在加德滿都召開「亞太地區信心建立措施研討會」，中國大陸外交部國際司司長秦華孫指出：「中國大陸對亞太地區信心建立措施、安全與裁軍問題感到關切，願意積極考慮一切有益於改善亞太地區和平與安全環境的主張和建議。關於非軍事性的信心建立措施，各國間在互相尊重主權與領土完整、互不侵犯、互不干涉內政、和平共處的原則基礎上建立和發展政治、外交和經濟關係，制止別國的干涉、侵略、佔領，反對擴張，以和平方式解決爭端。」[13]

[13] 人民日報（北京），1991 年 1 月 27 日，版 6。

另外一九九三年二月一日，中國大陸代表沙祖康在聯合國「亞太地區建立國家安全和國家間信心會議」上說，建立亞太安全機制應遵循和平共處五原則。[14]

而最能夠代表中國大陸對於「信心建立措施」看法的，就是在一九九八年七月二十七日發表的「中國的國防白皮書」，其中有一節就專門介紹中國大陸與其他國家信心建立措施的成果。中國大陸認為國家間「信心建立措施」是維護安全的有效途徑，高度重視並積極推動信心建立措施合作，認為相互同等安全：通過建立相互信任和對話合作謀求安全，安全合作不干涉別國內政、不針對第三國；軍事力量不得威脅或損害他國的安全與穩定；實行和堅持防禦性國防政策；在雙邊基礎上在邊境和爭議地區採取適當的信任措施，軍事力量友好交往等，這些是中國大陸的新型安全觀念。[15]

二、中國大陸與其他國家信心建立措施的經驗

中共建立政權之後，與美國及周邊國家的關係都曾經陷入緊張，甚至發生戰爭，但在發展經濟的前提下，與美國及周邊國家發展友好關係，提供一個穩定的環境，支持經濟建設，是目前中共對外政策上最重要的一環。

(一) 中國大陸與俄國及中亞各國的信心建立措施

一九六九年中蘇雙方發生珍寶島衝突後，中蘇共雙方進入全面對抗時期，直到一九七九年鄧小平上台後，中蘇共才進入一個新的時期，到一九八九年五月雙方領導人舉行高峰會議，鄧小平與戈巴

---

14 人民日報（北京），1993 年 2 月 3 日，版 6。
15 文匯報（香港），1998 年 7 月 28 日，版 4。

契夫在北京握手言和，宣佈結束過去、開闢未來，雙方外交關係恢復正常化。

一九九一年五月，中蘇雙方就邊界問題達成協議。一九九四年四月雙方簽署「中俄雙方關於預防危險軍事活動的協議」及「互不首先使用核子武器和互不將戰略核子武器瞄準對方的聯合聲明」。

一九九六年四月中國大陸、俄羅斯、哈薩克、吉爾吉斯、塔吉克」五國領導人在上海簽署「中、俄、哈、吉、塔五國關於在邊境地區加強軍事領域信任協定」主要內容是部署在邊境地區的軍事力量互不進攻對方、不針對對方的軍事演習、相互通報邊境兩側 100 公里內的重要軍事活動、邀請對方觀察演習、加強雙方邊境地區軍隊之間的友好交往等。[16]

一九九七年四月五國領導人在莫斯科簽訂「中、俄、哈、吉、塔五國關於在邊境地區相互裁減軍事力量協定」。[17]對各方建立信心建立措施提出更具體的作法。

一九九四年九月，中俄簽署兩國邊界西段協定。到一九九八年，中俄兩國已經完成勘界的 98%。進入新世紀，中俄啟動第四次邊境談判，簽署「中俄睦鄰友好合作條約」。二〇〇四年，普京總統訪問中國大陸簽訂「中俄國界東段補充協定」，二〇〇八年十月十四日，中共部隊低調進駐黑瞎子島，伴隨著黑瞎子島半部主權的塵埃落定，中俄兩國的邊界爭議也畫上了句號。

近年來中國大陸藉著上海合作組織，每年定期與俄羅斯及中亞各國舉行元首高峰會，持續推動軍事、經濟、政治、文化、反恐等各項合作議題。

---

[16] 文匯報（香港），1998 年 7 月 28 日，版 4。
[17] 文匯報（香港），1997 年 4 月 25 日，版 1。

(二) 中國大陸與印度的信心建立措施

一九五〇年四月一日中、印正式建立外交關係，[18]但在一九五〇年代中、印之間對於邊界便存有歧見，但是未爆發衝突，直到中國大陸以武力佔領西藏，將勢力推向接近印度的麥克馬洪防線（Mcmahon Line）後，引起印度不安。在一九六二年八月十三日印度總理尼赫魯在國會發表演說，要中國大陸歸還武力佔領的印度領土，雙方緊張情勢升高，終於在十月十日雙方發生衝突，次日印度下達動員令，但十月二十四日中國大陸先發制人採閃電戰術，很快的便將印軍逐出邊境並迫使印度和談，在十一月二十一日達成停火協議，協定雙方部隊撤回一九五九年十一月七日實際控制線之外。雖然中國大陸贏得了戰爭的勝利，但是雙方的關係一直很緊張，尤其中國大陸為了牽制印度而幫助巴基斯坦，更使雙方如同水火。[19]

1. 中印邊界戰爭之後，雙方到一九七六年才恢復雙方的關係，直到一九八八年印度總理拉吉夫－甘地訪問中國大陸後雙方才有進一步的交往，經過幾年的談判在一九九三年九月七日雙方在北京簽訂「中、印維持和平與維持邊境雙方實際控制線地區穩定協議」。[20]
2. 一九九四年九月十二日，中國大陸國務委員兼國防部長遲浩田至印度訪問，他是中國大陸首位到印度訪問的國防部長，具有特殊意義，雙方願意加強交流，開闢雙方關係發展的新

[18] 人民日報（北京）1950 年 4 月 02 日，版 1。印度在 1949 年 12 月 31 日向中國表示要與中國建交。1950 年月 1 日中、印正式建立外交關係，並互派大使。

[19] 張虎，1996，剖析中共對外戰爭（台北市：幼獅文化），頁 89～114。

[20] 人民日報（北京），1993 年 9 月 8 日，版 1。

領域，並繼續促進兩國高層領導人互訪和加強國防安全與軍事的合作與交流。[21]

3. 一九九五年八月二十日中國大陸副外長唐家璇與印度代表海達爾在印度首都新德里簽訂「中、印保持邊境地區和平與安寧協定」。[22]
4. 一九九六年十一月二十八日，中國國家主席江澤民抵達印度首都新德里進行國是訪問，這是中國大陸與印度兩國在一九五〇年建交後四十六年，中國國家元首第一次訪問印度。在一九九六年十一月二十九日，雙方領導人在印度首都新德里簽訂「關於中、印邊境實際控制線地區軍事領域信心建立措施的協定」。[23]
5. 二〇〇三年十一月十四日中共和印度海軍，首次在上海附近舉行聯合海軍軍事演習，這是中印關係逐步改善的一個重要標誌，對雙方來說，都提高了政治形象的一個機會。[24]
6. 二〇〇七年十一月二十一日中共國務院總理溫家寶在新加坡會見印度總理辛格。溫家寶表示，目前雙方都有誠意和決心解決歷史遺留的邊界問題，解決邊界問題並不容易，需要雙方互諒互讓。同時，兩國將在十二月舉行停戰四十五年來首次陸上聯合演習。在中國大陸雲南境內的演習，是自一九六二年雙方因邊境糾紛開戰以來，首次的地面聯合軍演，兩國各派 100 人左右的地面部隊參加，演習重點是反恐。[25]

---

[21] 人民日報（北京），1994 年 9 月 13 日，版 7。

[22] 人民日報（北京），1995 年 8 月 21 日，版 6。

[23] 文匯報（香港），1998 年 7 月 28 日，版 4。Sino-Indian CBM Agreements URL <<Http://www.stimson.org/cbm/sa/2sinoind.htm>>

[24] 北京晨報（北京），2003 年 11 月 6 日，版 6。

[25] 中國時報（台北），民國 96 年 11 月 23 日，版 13。

雖然中、印雙方近年來在外交關係逐漸改善，但是雙方對於領土、能源、經濟上的競爭仍然有很大的矛盾，而且美國布希政府希望拉攏印度來制衡中國大陸，二〇〇八年十一月八日印度外長慕克吉在中國大陸達旺地區（印度稱為阿魯納恰爾邦）訪問時，再次宣稱印度對達旺擁有主權，使兩國關係又陷入緊張。

(三) 中國大陸與越南的信心建立措施

在中國大陸對外戰爭中，最為特殊的是對越南的作戰。原因是中國大陸和越南從一九六五年的並肩作戰關係，在不到十五年的時間變成敵對關係而兵戎相向。中國大陸把這種轉變歸咎於越南，實則國際情勢變化使然。一九六五年六月起，中國大陸組成防空、工程、鐵道、後勤等部隊共計三十多萬人，開赴越南。一九七五年，越南戰爭結束，美國雖然於越南戰場失利，然而，在東亞的外交戰卻已開闢了另一戰場。在一九七〇年季辛吉（Henry Kissinger）開始秘密地與中國大陸接觸時。一九七二年二月二十一日，美國總統尼克森訪問北京。在一九七四年中國大陸趁機進駐西沙群島。導致中國大陸二次出兵越南的原因，除越南侵犯中國大陸邊境外，另與大量華僑回歸中國大陸及西沙、南沙群島主權爭奪有關。由於這些原因，一九七九年二月十七日，中國大陸從廣西、雲南向越南展開作戰，至三月十五日戰爭結束。[26]中國大陸與越南的敵對關係一直到一九九〇年之後才逐漸的改善，以下就其雙方的信心建立措施加以介紹：

---

[26] 楊志恆，戰後中共與東亞國家軍事衝突原因的研析（台北市：台灣大學法學院，民國 86 年 8 月 31 日），URL<<Http://aff.law.ntu.edu.tw/china21/yang002.htm.>>

1. 越南外交部長阮夢琴於一九九一年九月九日至十四日抵達中國大陸訪問，並會見中國總理李鵬，雙方外長並發表了「中越外長會晤新聞公報」，雙方表示將繼續為推動柬埔寨問題在聯合國安理會常任理事國文件基礎上，並在巴黎會議範圍內最終獲得全面政治解決做出積極努力。[27]一九九一年十一月十日越共中央總書記杜梅和越南部長會議主席武文傑率團至北京訪問，並與中國國家主席江澤民與總理李鵬共同發表聯合公報。[28]
2. 一九九四年二月二十六日雙方邊境聯合工作組於越南河內簽署首輪會談紀要，就中越陸地邊界工作組的工作內容和議程達成協議，並決定第二輪會議在北京舉行。[29]一九九四年十一月二時日中共中央總書記、國家主席江澤民至河內與越南共黨中央總書記杜梅、國家主席黎德英進行會談聲明中、越將持續談判海上邊界問題，設立海上問題專家小組，並解決陸地邊界北部灣劃分，中、越雙方並發表聯合公報。[30]
3. 根據中越兩國領導人達成的協議，中越海上問題專家小組於一九九五年十一月十三日至十五日在越南河內舉行第一輪會談，中國大陸表示願意根據包括現代海洋法和聯合國海洋公約所確立的法律原則和制度，通過雙邊談判和協商，妥善解決爭議問題，尋求共同開發或開展各種形式的合作。[31]一

---

[27] 人民日報（北京），1991 年 9 月 13 日，版 3。
[28] 人民日報（北京），1991 年 11 月 11 日，版 1。
[29] 人民日報（北京），1994 年 2 月 28 日，版 6。
[30] 文匯報（香港），1994 年 11 月 22 日，版 1。
[31] 人民日報（北京），1995 年 11 月 16 日，版 6。

九九五年十一月二十六日，越共中央總書記杜梅至中國大陸訪問，雙方並發表「中越聯合公報」。[32]

4. 連接中國大陸與越南的鐵路於一九九六年二月十五日重新開放，中越鐵路因為邊境戰爭而中斷了十七年，恢復通車後更代表兩國不穩定的關係已經有大幅的改善。這條鐵路是中國大陸與越南對邊界劃分仍有爭議之際重新開放，顯示雙方之間的關係大為好轉。[33]一九九六年六月二十七日中國總理李鵬率團至越南作友好訪問，這是時隔三十六年中國大陸派出高級代表團出席越共代表大會。[34]
5. 一九九九年二月二十五日越南共產黨中央委員會總書記黎可漂於二月二十五日起對中國大陸進行正式友好訪問。中越雙方並在北京發表「中越聯合聲明」。[35]
6. 自從二〇〇四年六月三十日中越兩國海上劃界協定生效後，這使中越邊界、領土等歷史遺留問題的解決取得積極進展，北部灣劃界協定和漁業合作協定於二〇〇三年六月底同時生效。二〇〇四年七月，越南國家主席陳德良訪問北京，並發表兩國聯合公報同意雙方繼續落實兩個協定，共同維護海上治安和漁業生產秩序。二〇〇四年十月二十六日，中共國防部長曹剛川在北京與越南國防部長范文茶舉行會談，雙方表示將加強兩軍交往擴大合作，並簽訂了「中越海軍北部灣聯合巡邏協定」。十月三十一日至十一月二日，應陳德良邀請，中共國家主席胡錦濤又回

[32] 人民日報（北京），1995 年 12 月 2 日，版 1。
[33] 人民日報（北京），1996 年 2 月 15 日，版 1。
[34] 人民日報（北京），1996 年 6 月 28 日，版 1。
[35] 人民日報（北京），1999 年 2 月 28 日，版 1。

訪越南，兩國海軍北部灣聯合巡邏於二〇〇五年底正式啟動。[36]

中國大陸與越南近年來雙方更在東協區域論壇上展開對北部灣與陸地邊界問題、西沙群島主權問題進行談判，並取得良好的成果。

(四) 中國大陸與美國的信心建立措施

一九七〇年代在當時美國國務卿季辛吉大力推動與中國大陸交往的政策，尼克森總統在一九七二年二月十一日至中國大陸訪問，並與周恩來簽訂上海公報，打開中國大陸與美國交往的僵局。直到一九七八年十二月十六日美國宣布將與中國大陸正式建交，中國大陸與美國的關係開始正常化。

一九八九年天安門事件之後，布希總統迫於輿論壓力，勉強對中國大陸採取制裁政策，但是在一九八九年秋天，布希派遣國家安全顧問赴北京訪問，表示要與中國大陸修復關係，並推出積極交往的政策。而柯林頓（Bill Clinton）上台後，美國持續對中國大陸採取「接觸」（engagement）與「擴大交往」（enlargement）的政策，一九九七年十月中國國家主席江澤民至美國訪問，並與柯林頓總統舉行高峰會後發表聯合聲明，決定「共同致力建立中（國）美建設性戰略伙伴關係」。一九九八年六月柯林頓至中國大陸訪問，並與江澤民舉行高峰會，會中達成多項共識與協議，在安全議題上最重要的是，雙邊同意不再以長程核子飛彈瞄準對方，並且展開多項軍事交往的協定。

美國海軍退役少將邁克爾・麥克維爾認為，美國與中國大陸信心建立措施的主要觀念，便是建立軍備透明化。就美國與中國大陸

[36] 解放軍報（北京），2005 年 11 月 7 日，版 2。

兩國關係而言，建立軍備透明化是兩國交往的一個主要目標，也是消除美國對中國大陸長期軍事能力猜疑，以及這些能力將如何影響中國大陸政治與軍事動機的主要問題。[37]以下我們就中國大陸與美國的信心建立措施加以介紹：

1. 一九九七年十月，美國海軍作戰部長在中國人民解放軍海軍的驅逐艦上觀察中國人民解放軍海軍的演習，這是美國海軍軍官首次登上中國人民解放軍海軍艦隻。
2. 一九九八年一月十九日由中國大陸國防部長遲浩田與美國國防部長柯恩（William A. Cohen）簽署了「中、美雙方關於建立加強海上軍事安全磋商機制的協定」。[38]柯恩並參觀北京以外的中國空軍防衛中心。
3. 一九九八年六月美國總統柯林頓訪問中國大陸，與江澤民宣布了，中、美雙方決定，「不把各自控制下的戰略核子武器瞄準對方」，並且仿照美蘇兩國元首「熱線電話」，建立一個由中國大陸與美國和俄羅斯三國國家元首直接與保密的通話聯繫。[39]
4. 一九九八年九月十六日中國軍委會副主席張萬年與美國國防部長柯恩在五角大廈就華府與北京加強軍事合作舉行會談，會後並舉行記者會。在會談後舉行記者會發表了「中、美達成五項軍事交往協議」。[40]
5. 二〇〇七年十一月三日美國國防部長蓋茲訪問中國大陸，蓋茲此行想要看到美、中軍事熱線達成最終協議，而

[37] 邁克爾·麥克德維爾，〈論安全對話、信心建立措施和聯盟的作用〉，中國評論（香港），第 13 期，1999 年 1 月，頁 20。

[38] Michael Krepon et. Al.,1998, A Handbook of Confidence-Building Measure for Regional Security ,3rd Edition (Washington DC：The Stimson Center), pp. 45-47.

[39] 中國時報（台北），民國 87 年 6 月 28 日，版 3。

[40] 中國時報（台北），民國 87 年 9 月 17 日，版 3。

此一動作旨在化解雙邊危機的熱線，兼具實質和象徵意義。美、中建立軍事熱線，係由美國助理國防部長羅德曼於二〇〇六年六月，第八次美、中防務磋商會議正是提出。此後，中方積極回應，二〇〇七年四月美方派出一支技術小組，到北京與解放軍共同解決架線等技術問題。二〇〇七年六月，中共副總參謀長章沁生，在出席新加坡第六屆亞洲安全大會時宣布，九月他要率團赴華府出席中、美第九次防務磋商會議期間，與美方最終敲定建立軍事熱線方案。[41]

自二〇〇一年以後中共與美國更在國際反恐議題上進行合作。但實際上，中、美的軍事合作將不可能因為本身的努力而得以發展，不會因為成功的「建立互信」而發展到實際的作戰合作，最終中國大陸、美國軍事合作關係的真正突破性發展，還必須依賴雙方政治關係的發展來決定，但就雙方政治關係的發展而言，意識型態的潛在敵意卻是不容易消除的。

自從一九七九年改革開放以來，中國大陸對信心建立措施的看法與作為已經有了很大的改變，中國大陸學者夏立平認為主要原因有下列幾點：[42]

1. 國際情勢趨於和緩，尤其在冷戰結束後，信心建立措施成為避免衝突與緊張升高及防止戰爭的基本手段。
2. 經濟因素在國際關係中的重要性增加，而亞太國家經濟互賴程度增強。

---

41 中國時報（台北），民國 96 年 11 月 5 日，版 13。

42 Xia Liping,"The Evolution of Chinese Views toward CBMs,"in Michael Krepon(ed.), Chinese Perspectives on Confidence-building Measures, The Henry L. Stimson Center, Report 23, May 1997, pp. 15-16.

3. 中國集中力量發展經濟，力求一個和平穩定的國際安全環境。

4. 隨著中國改革開放政策取得成就，中共領導當局變得較為能夠接受國外之新觀念，對信心建立措施逐漸能正面看待。

5. 為降低「中國威脅論」對中國之傷害。

經過近二十年來，中國大陸與其它國家建立的各種軍事互信，中共軍方則認為信心建立措施包含了以下幾點歷史經驗：[43]

(一) 信心建立措施的前提是良好的政治願望和政治關係的緩和。

(二) 信心建立措施必須適應該地區的政治、經濟、歷史、文化等特點，不存在一個統一模式。

(三) 遵守聯合國憲章與和平共處五項原則是信心建立措施的指導原則。

(四) 信心建立措施應採用循序漸進的方式。

(五) 信心建立錯失應與適應時代要求的安全觀念相結合。

肆、兩岸建構「信心建立措施」的現況與展望

一、現階段我國國防的政策規劃

陳肇敏前部長在民國九十七年九月二十二日，立法院第七屆第二會期外交與國防第一次全體委員會議當中報告現階段我國國防的政策規劃包含：[44]

---

[43] 劉華秋主編，軍備控制與裁軍手冊（北京：國防工業出版社），2000 年 12 月，頁 439～441。

[44] 立法院公報（台北），第 97 卷，第 51 期，委員會紀錄。

(一) 兵力整建規劃：本「有效嚇阻、防衛固守」戰略構想，依「知識軍事、戰力優勢」願景，規劃聯合作戰戰力整建與兵力結構調整，期建立「小而美、小而強」的國防武力。

(二) 兵力整建政策：以「提升聯合作戰整體戰力」及「反制立即威脅戰力」為建軍重點，有效提升「指、管、通、資、情、監、偵」系統、反飛彈防禦、反制海上封鎖等能力，增加防衛作戰用兵彈性，並構建有效嚇阻及國土防衛基本能量。

(三) 執行規劃與目標：

1. 資訊與電子戰戰力整建：籌建「早期預警、應變制變」之通資安全防護能力，精進通資指管平台，有效管理電磁頻譜，以建立攻守兼備之電子戰戰力。
2. 飛彈防禦體系：強化遠距偵蒐、反飛機、反彈道飛彈及反巡弋飛彈能力，俾達「整體防空、重層攔截、有效防護」目標。
3. 聯合制空：整合戰機、無人飛行載具與地面防空武器，提升聯合打擊武力，期達「早期預警、防敵奇襲、遠距精準接戰」目標。
4. 聯合制海：籌建海域三度空間機動打擊及有效嚇阻兵力，構建完整指管通資情監偵防衛體系，期達「高效質精、快速部署、遠距打擊」目標。
5. 國土防衛：籌建「數位化、立體化、機械化」之作戰能力，以建立「聯合地面防衛、反恐應援、救災支援」國土防衛能力之目標。

(四) 近期重大工作

1. 推動全募兵制：擘劃全募兵制度，募集素質高、意願強的適齡人力，建構專業質優的新國軍，自民國九十七年五月二十日起區分「規劃準備」、「計畫整備」、「執行驗證」三個階段實施。預於九十八年底前完成組織體制及兵力結構調整、法規修（訂）定及福利措施等規劃，九十九年一月一日起，實施驗證，期於一〇三年底達成全募兵目標。

2. 推動兩岸軍事互信機制：依政府「以實力作後盾，推動兩岸和解」政策指導，完成「兩岸軍事互信機制」政策綱領草案修訂。規劃採近、中、遠程三階段，經由「互通善意、存異求同」，以及「建立規範、穩固互信」，逐步推動，終達「終止敵對、確保和平」之目標。

(1) 近程：以「互通善意、存異求同」為目標，包括釋出善意，爭取輿論支持；透過管道，推動軍事學術交流；展開互動，建立軍事熱線相關溝通機制等。

(2) 中程：以「建立規範、穩固互信」為目標，包括簽署海峽共同行為準則等。

(3) 遠程：以「終止敵對、確保和平」為目標。依政府和平協議之簽訂，結束兩岸軍事敵對，確保台海和平穩定。

二、我方對兩岸建構信心建立措施的規劃發展

一九九五年一月三十日中共總書記江澤民於新年茶會發表「江八點」重要談話。江澤民提出舉行海峽兩岸和平統一談判；作為第一步，雙方可先就結束兩岸敵對狀態進行談判，並歡迎兩岸領導人互訪。[45]

---

[45] 行政院大陸委員會，大陸工作參考資料（合訂本）第二冊，頁365～370。

一九九五年三月六日在北京召開的中國大陸八屆全國人大第三次會議中，中共解放軍對江八點提出具體作法，解放軍人大代表郭玉祥表示盼望未來兩岸能展開軍事交流合作，並提出「在兩岸會談中加入軍事交流」的建議。[46]

而在一九九九年四月六日海協會會長汪道涵接受亞洲週刊訪問時，對於兩岸軍事交流提出了看法，汪道涵認為：「在一定的條件下，我想是可以的，為甚麼這麼說呢？如果說我們大家協商或者談判的時候，既然是一個統一的中國，軍隊當然可以互訪。鄧小平已經說得很清楚，允許台灣保留軍隊，那時的軍隊，兩岸是國防的友軍，既然是友軍，為甚麼不能互訪？我想到那時是可能的。」[47]從以上資料可以瞭解，中共內部對於兩岸建構「信心建立措施」已經有初步規劃，但還未能完全取得共識及具體作法。

民國八十九年六月二日，前行政院長唐飛先生在立法院首次施政報告當中，強調我方願意在相互尊重基礎上，推動兩岸交流、全面對話，並呼籲北京能有善意回應，並表示為促使兩岸軍事透明化，避免誤判情資而導致戰爭，將透過安全對話與交流，建立兩岸軍事互信機制，以追求台海永久和平。[48]

陳水扁先生於民國七十九年十一月十五日，在擔任立法委員時提出兩岸可以仿效東西德模式，簽訂「兩岸基礎條約」，主張和平共存、互不侵犯，並以此最為兩岸交流基本規範。[49]並於八十九年十二月十六日接見出席台灣安全研討會外國學者時表示，兩岸關係

---

46 中國時報（台北），民國 84 年 3 月 6 日，版 18。

47 邱立本、江迅，<兩岸和平的最新機遇>，亞洲週刊（香港：亞洲週刊有限公司），第 13 卷第 16 期，1999 年 4 月 25 日，頁 18～23。

48 中國時報（台北），民國 89 年 6 月 3 日，版 1。

49 中國時報（台北），民國 79 年 11 月 16 日，版 3。

的穩定是第一要務，當前除加強與大陸的經貿關係外，為避免因隔閡導致對軍事資訊不必要的誤解和誤會，兩岸有必要建立軍事互信機制。[50]

民國九十一年七月二十三日，我國國防部所公佈的國防報告書中，首次列出兩岸軍事交流專章，其中非軍事區初步以外島為規劃，呼籲兩岸在不拘形式、不預設立場、相互尊重下，建立軍事互信機制。國防部宣布我方願意劃定非軍事區，建立軍事緩衝地帶，建置兩岸熱線，進行軍事學術研究機構交流，軍事人員互訪，減少外島駐軍，機艦不越過海峽中線，不部署針對性武器，互派觀察員，設置預警站。有關建立軍事互信機制的方法，包含宣示、透明、溝通、海上安全、限制性、查證等六大措施。在近程上，希望公開一般國防資訊，增加軍備透明度，軍事行動及演習事先告知。在中程上，希望不針對對方採取軍事行動，建立兩岸領導人熱線機制，中低階軍事人員交流互訪，派員觀摩軍事演習，開放軍事基地參觀，定期舉行軍事協商會議，設立軍事高層人員對話機制，劃定非軍事區，建立軍事緩衝地帶。在遠程上，則希望兩岸結束敵對狀態，簽訂兩岸和平協定。[51]

民國九十三年十月十日陳水扁先生在國慶致詞中提出「兩岸正式結束敵對狀態」、「建立兩岸軍事互信機制」、「檢討兩岸軍備政策」及「形成海峽行為準則」等主張。因此推動「兩岸和平穩定互動架構」為我當前國家政策基本立場之一。[52]在民國九十三年國防報告書中

---

50 中國時報（台北），民國 89 年 10 月 16 日，版 4。

51 國防部，中華民國 91 年國防報告書（台北：國防部國防報告書編纂委員會），民國 91 年 7 月，頁 70-71。

52 國防部，中華民國 93 年國防報告書（台北：國防部國防報告書編纂委員會），民國 93 年 12 月，頁 70-71。

指出「預防戰爭」為我國國防政策首要基本目標，並明確提出對兩岸建立軍事互信機制構想包含三個階段及形成「海峽行為準則」：[53]

(一) 近程階段－「互通善意，存異求同」

1. 續釋善意並爭取國際輿論支持。
2. 藉由民間推動軍事學術交流。
3. 透過區域及國際「第二軌道」機制擴大溝通。
4. 推動兩岸國防人員合作研究及意見交換。
5. 推動兩岸國防人員互訪與觀摩。

(二) 中程階段－「建立規範、穩固互信」

1. 推動台海及南海海上人道救援合作，共同簽署「海上人道救援協定」。
2. 協商合作打擊海上犯罪，逐步建立海事安全溝通管道及合作機制。
3. 共同簽署「防止危險軍事活動協定」、相互避免船艦、軍機意外跨界或擦槍走火。
4. 共同簽署「軍機空中遭遇行為準則」及「軍艦海上遭遇行為準則」，防止非蓄意性的軍事意外或衝突發生。
5. 共同簽署「台海中線東西區域軍事信任協定」，規範台灣海峽共同行為準則。
6. 台海中線東西特定距離內劃設「軍機禁、限航區」或「軍事緩衝區」。
7. 雙方協議部分地區非軍事化。
8. 撤除針對性武器系統的部署。

---

[53] 國防部，中華民國 93 年國防報告書（台北：國防部國防報告書編纂委員會），頁 71-73。

9. 雙方協議共同邀請中立第三者擔任互信措施的公證或檢證角色。

(三) 遠程階段－「終止敵對，確保和平」

1. 配合雙方政府和平協議之簽訂，結束兩岸軍事敵對。
2. 進一步發展兩岸安全合作關係，確保台海和平穩定。

(四) 形成「海峽行為準則」：為降低雙方誤會、誤判、避免意外軍事衝突，並促進兩岸彼此相互瞭解，確保海峽情勢穩定，兩岸宜簽訂「海峽行為準則」相互規範，具體規劃如後：

1. 雙方航空器、船舶不對他方航空器、船舶進行雷達鎖定、追瞄等模擬攻擊或電子干擾，並不得向他方航空器、船舶發射任何物體。
2. 一方航空器、船舶對他方航空器、船舶進行監控，應保持適當距離。進行監控時，應避免妨礙或危及他方航空器、船舶運動。
3. 潛艦進行操演時，參演的水面船舶必須依照國際信號代碼，標定適當的水域，顯示適切的信號，警告潛艦活動水域內的其他在航船舶。
4. 雙方航空器及船舶於夜間在海峽飛、航行時，應全程開啟敵我識別器及航行燈。
5. 當雙方船舶接近時應使用國際信號代碼告知對方本身意圖與行動。
6. 金、馬、東引、烏坵等外島及福建東南沿海實施演訓及火砲射擊前，依國際規範公告通知。
7. 緊急安全程序：

(1) 共同發展「緊急安全程序」以降低危機因應之不確定性。

(2) 包括意外海（空）域侵入與海上、空中事件的處理程序，以避免造成衝突情勢升高難以控制。

民國九十七年三月馬英九總統當選後釋出善意，採取一系列降低兩岸緊張的措施，在其五二〇就職以「人民奮起、台灣新生」為題的就職演說中，強調將以符合台灣主流民意的「不統、不獨、不武」理念，在中華民國憲法架構下，維持台灣海峽現狀，今後繼續在「九二共識」基礎上，儘早回復協商並秉持四月十二日在博鰲論壇中提出的「正視現實、開創未來、擱置爭議、追求雙贏」，尋求共同利益的平衡點。[54]

馬英九總統更在十月二十一日在國防大學「國軍九十七年度重要幹部研習會」中，以堅定語氣向三百多名國軍將領說「未來四年兩岸之間不會有戰爭」。「中國大陸對我們是一項機會也是威脅」，而且隨著大陸的發展，機會與威脅同時變大，讓我們用新的思維重新評估兩岸間所應該採取的策略，身為總統，就是要把機會變大，威脅變的更小，而國軍的責任就是藉由堅實的準備，遏阻兩岸間的冒險行動。[55]

二、兩岸信心建立措施的條件

新政府上台後，恢復了中斷十年的兩岸兩會制度性的協商，海協會會長陳雲林在民國九十七年十一月初首次訪問台灣，兩會台北會談更簽署包括海、空運四項協議，馬總統希望將來兩岸能在「正視現實、互不否認、與民興利、兩岸和平」的基礎上，積極處理我國安全與國際空間等問題，並擴大兩岸合作，以及有更多高層的互訪。[56]

---

[54] 自由時報（台北），民國 97 年 5 月 21 日，版 4。
[55] 中國時報（台北），民國 97 年 10 月 22 日，版 11。
[56] 青年日報（台北），民國 97 年 11 月 7 日，版 1。

我們觀察中國大陸與其他國家的信心建立措施，首先都會強調在尊重主權和領土完整、互不侵犯、互不干涉內政、平等互利、和平共處五項原則上進行協商與談判，基本上這是國與國之間的關係。但是不論是中共官方或是學者，均認為兩岸建立軍事互信機制的幾個條件：（一）就是在「一個中國」的基礎上，共軍與國軍可以視為友軍的關係。（二）中共軍方認為，兩岸要追求統一，共同維護領土與主權，但雙方尚未簽署結束敵對狀態，而兩岸的紛爭，是中國人自己的問題，要兩岸自行解決，不靠外國勢力介入。（三）中共軍方對於台灣視為中央與地方的關係，此種心態是不願意正視現實、平等對待。綜合上述這種種因素，中共官方與軍方的態度是兩岸談判與建立互信最大的障礙。

吾人則認為兩岸建構軍事互信機制要有以下先決條件的配合，雙方才能開始進行軍事交流：

（一）兩岸結束敵對狀態、放棄以武力犯台

兩岸分裂近六十年來，彼此敵對狀態至今尚未解除，我政府於民國八十年五月宣佈終止動員戡亂時期臨時條款，不再將中共視為叛亂團體。而中共於一九九五年提出的「江八點」中，要求「在一個中國的原則下，正式結束兩岸敵對狀態」。然「一個中國」，依其解釋就是中華人民共和國，台灣地區人民斷然無法接受此種條件，這是兩岸敵對狀態無法結束的根本原因。一九九六年飛彈危機更使兩岸的敵意加深，為結束兩岸敵對狀態憑添更多的波折。

（二）核心價值（Core Value）的尊重與保障

六十年來，台灣已發展出民主的政治體制、自由的生活方式、多元的社會結構、競爭的市場經濟；反之，中國大陸依舊是一黨專

政，兩岸在生活上的差距已相當明顯。因此兩岸關係的規劃與推動，首應保障台灣人民的核心價值與生活方式，而台灣的核心價值包含了：主權的獨立、民主的政治體制、自由的生活方式、多元文化的社會結構、競爭的市場經濟、公平公正的司法制度、對人權的保障、人民的生命、財產安全的保障等，兩岸建構信心建立措施也應以促進此一目標為首要考慮。

（三）「信心建立措施」應逐步發展

先經濟後政治，先政治後軍事等步驟，循序漸進先建立「衝突避免措施」，爾後再開始「信心建立措施」。而上述所提，邁可・克瑞朋將 CBMs 依程度與內涵分為三個階段，第一階段：衝突避免；第二階段：信心建立；第三階段：強化和平。而兩岸要建構信心建立措施，也可分為此三個階段，可從兩岸較有共識而且簡單的議題間著手，然後再針對有爭議且較困難的議題逐一的解決。

三、兩岸建構信心建立措施我方之準備

前國防部長陳肇敏先生在民國九十七年六月四日首度向立法院進行業務報告時指出，國防部在推動兩岸軍事互信機制上，首先要求中國大陸撤除對台飛彈，以展現促進台海共榮共利的誠意，同時國防部將修訂「建立兩岸軍事互信機制」政策綱領此案，並協商兩岸「和平協定」，讓台海成為和平、繁榮區域。[57]

針對兩岸恢復制度性協商談判，未來兩岸可能建立軍事互信機制之相關作為，我方政府相關單位（國安會、國防部、陸委會、外交部、內政部、新聞局等）宜及早因應準備，主動出擊，為爭取較佳的談判籌碼，可採取以下作法：

---

[57] 中國時報（台北），民國 97 年 6 月 4 日，版 4。

（一）成立研究小組及聯絡小組

針對兩岸建構信心建立措施、簽訂和平協定等重大議題我方必須及早成立研究小組。選擇適任的人選，是信心建立機制成敗的關鍵，也是首要考慮，成員可包含退役與現役之軍人（包括作戰、情報、政戰、國際法、戰略研究、談判等專業）和專家學者成立研究小組，及成立資料庫，參考國外作法，搜集各種資料，並廣納學者專家與各行政部門意見，先研擬適切可行之方案，做為我方為因應未來兩岸協商談判的基礎。另針對這些重大議題我方須及早立聯絡小組，整體大陸政策是組織化、制度化的群體互動，不能有個人主義或是本位主義，政府中各單位相互配合。而國防部為主要負責單位應主動成立聯絡小組可以與各部會取得聯繫。彼此交換訊息及意見，並訂定各部會相關之配合措施，以確保決策之完整性與時效性。

（二）主動發佈新聞與消息

國防部可以透過媒體主動發佈新聞，一方面可以探測台灣內部輿論與民意對於兩岸軍事交流的支援程度，另一方面可以搜集中國大陸共對於兩岸軍事交流的看法，以做為因應之道，國防部採取這種主動發佈消息的作法，則能取得較佳的時機與戰略地位，再針對這些回饋的資訊，加以分析分析。

（三）積極培養談判人才

台海兩岸軍方在過去五十餘年間，沒有機會一同坐在談判桌上，但近年來中國大陸軍方與其他國家在信心建立措施，已累積了豐富的談判經驗，再加上國民政府在大陸時期與中共談判的慘痛經驗，我方必須及早準備。國防部必須儘早積極培養談判人才，針對中國大陸的各種談判策略、手段加以研究，對各種可能情況加以演練，使得我方在談判桌上不居於下風，並積極爭取我方最大的安全保障與利益。

國防部戰略規劃司於民國九十六年十月提出國防部「國軍協商談判人才培育」指導綱要計畫，就是因應當前區域安全合作及軍事互信機制趨勢，因應外來可能之軍事協商與談判，建構國防部協商談判能量，以爭取國家及國防最大利益。九十七年一月十七日舉辦「國軍九十七年度第一季協商談判人才培育」講習，主計局局長王吉麟中將強調，須具有充分的情資，才能透過「談判」，獲的「如期」、「如質」的國防資源。四月九日，第二季講習邀請東吳大學政治系劉必榮教授，以「談判兵法－談判開場與拆招、談判中場與終場戰術」為主題授課。八月十三日，第三季講習劉必榮教授，以「談判兵法－衝突管理中的協商談判」為主題授課。十月八日，第四季講習，劉必榮教授，以「國際談判戰術」為主題授課。九十七年度這幾次講習深化幹部談判基本觀念，積極培養談判人才，以利後續政策推動。

（四）維持三軍堅強戰力

任何的協商與談判，都是一種討價還價（bargain）與妥協的結果，而實力乃是談判最大的本錢。推動兩岸關係不能有浪漫憧憬，必須以實力與正確的政策作後盾，才能確保台灣的和平與安全。馬總統在九十七年度國軍高級幹部研習會上指出，在兩岸關係上，我國需要強大的國防，因為國防可以扮演兩個重要的角色。第一，建構「固若磐石」的國防，貫徹「防衛固守、有效嚇阻」的建軍理念才能確保台灣嚇不了、咬不住、吞不了、打不碎，從而維持台海的和平與區域的安全。第二、建構「固若磐石」的國防，才能使兩岸談判更順利進行，台灣的實力愈強大，兩岸談判愈會有對等雙贏的效果。[58]

（五）加強國際宣傳

國際社會對兩岸關係之緣由與背景仍有許多誤解，我有必要加強國際宣傳，廣為宣導兩岸關係之客觀事實以及我方之立場，同時向國際間說明我們是「利益提供者」、「建設參與者」、「經貿合作者」，而絕不是「麻煩製造者」。而大陸一直企圖使國際間支援其所提之「一個中國」原則，否定台灣的存在。因此，政府必須繼續透過國內外宣導，結合民間的專業力量，加強大陸政策文宣的內涵與技巧，積極推動對海內外各界及國際人士的宣導並說明政府政策與兩岸關係現況。台灣的生存與發展符合民主國家的主流價值，也是協助國際間和平演化大陸的重要管道。讓國際人士充分瞭解兩岸關係的癥結所在，以及我方展現的積極與善意，加深國際間對我處境的瞭解與支持。

伍、兩岸關係的建構主義觀點—創造「共同利益」

一、建構主義對於安全研究議題的助益

（一）跳脫新現實主義的安全思維解決「安全困境」的矛盾

建構主義是力圖以社會理論來重讀國際政治，強調文化、認同、觀念、規範等社會因素的作用。建構主義認為「安全困境」也

[58] 中國時報（台北），民國 97 年 10 月 22 日，版 11。

是社會建構的產物，如果行為體之間的共同期望使行為體具有高度的猜疑，使他們總是對對方作出最壞的估計，那麼雙方就會形成相互感到威脅的關係，這就是所謂的安全困境。相反，如果行為體之間的共有知識使它們能夠建立高度的相互信任，那麼它們就會以和平的方式解決它們之間的問題，這就會形成所謂的「安全共同體」。

（二）文化、認同與規範逐漸在安全議題中凸顯其重要性

後冷戰時期非傳統安全的全球化發展趨勢，以及發生九一一事件之後，國際社會的文化、認同與規範，隨著國際互動越來越密切而更凸顯其重要性。溫特認為，社會結構的形成與存在都是行為體社會實踐的結果，理性主義所講的國際無政府狀態，實際上並不是一種先驗與既定的因素，不是自然狀態，而是國家的互動所建構的一種文化。國家互動的性質不同，就會建構不同的無政府文化。他論證了三種無政府文化：國家間關係互為敵人的霍布斯文化、國家間關係互為競爭者的洛克文化和國家間關係以朋友關係為特徵的非暴力和互助的康德文化。

二、建構主義對兩岸關係的啓示

毫無疑問的，建構主義在冷戰國際關係思維很大的創新與突破，而建構主義對兩岸的啟示如下：

(一) 假如思維決定行為的假設是合理的，兩岸安全困境首應尋求思維束縛的突破，瞭解兩岸的相互敵視與軍備競賽，軍事優勢也無法屈服或改變對方意志，只會在既有思維框框中造成強化效應，無助任何一方安全，反造成

兩敗俱傷，台灣在物質上各方面條件，均不如大陸，更應謹慎小心。

(二) 如果思維建構起於社會互動的假設可以接受，則正面的相互往來，和繼之而來的持續互動，兩岸由互動中產生共同利益與認同關係，將有助於兩岸安全困境緩和。

(三) 合作交流並不保證能導向正面思維建構，但是如果能適當經營，它卻能創造至少程度的相互抑制與包容，走向新的認同與利益的建立，這就是建構主義所指涉的思維改變，如果到此階段的發展，兩岸要論及軍備裁減就不太困難了。

(四) 兩岸間思維的改變絕非容易，除合作交流的必要性外，還需要有一群具有相同意識的認知團體，扮演新安全觀的率先倡導角色。有此階段，學者似乎是責無旁貸，兩岸的學術交流應可在這當中發揮適當作用。

國際個體間或政治實體間經由相互主觀的意涵建立認同與利益，而持續穩定的相互主觀認同與利益，是形成與建立國際制度不可少的要件。從世界各國交往的經驗來看，不論是兩個國家或政治實體的交往，都會涉及雙方之間利益的盤算。以「共同利益」思考應是一個文化僵局與突破障礙較佳的介面（interface）與平台，而由「共同利益」也較易取得共識合作的認同，就「共同利益」的類型而言，依政治屬性可區隔為非政治、低政治與高政治之層次如圖 6-1：

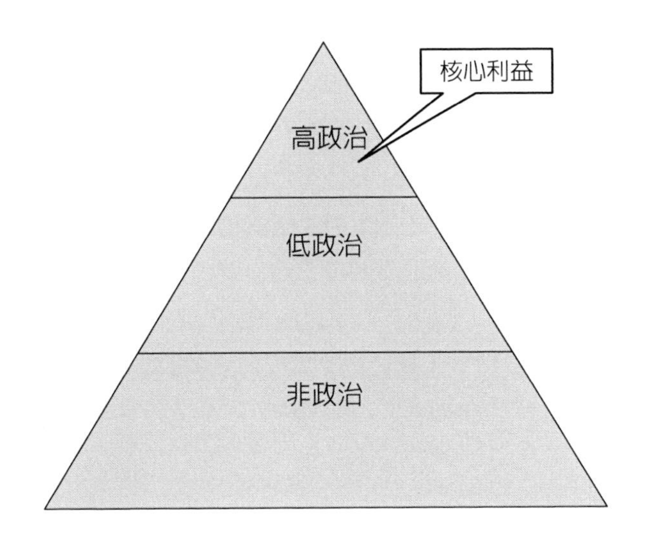

圖 6-1「共同利益」之類型與層次

資料來源：陳德昇、陳欽春，〈兩岸學術交流政策與運作評估〉，遠景基金會季刊（台北），第 6 卷第 2 期，2005 年 4 月，頁 41。

基本而言，「共同利益」是以非政治類之共同利益為基礎、介面與平台，其運作深度與廣度將有利於雙方瞭解、增強互信與善意累積，並有助於提升至「低政治」層次互動。換言之，一個具長期敵對意識政治主體之交往過程，「共同利益」是不可能由「非政治」跨越至「高政治」層次一步到位，唯有漸進式的發展與良性互動累積，才有可能實現交往、對話與和解的目標，以及達到「高政治」階段「核心利益」的共識。事實上，「共同利益」所以體現的是雙方共同的實際問題，藉由互惠與共享從而提升雙邊之政經福祉與安全。[59]

---

[59] 陳德昇、陳欽春，＜兩岸學術交流政策與運作評估＞，遠景基金會季刊（台北），第 6 卷第 2 期，2005 年 4 月，頁 40～43。

兩岸分裂分治近六十年來，兩岸各自有政府與憲法，成為互不隸屬的政治實體，而兩岸的接觸、往來和社會互動過程，並非是國家間（或國際個體間）的關係，也非中央與地方的關係，而是兩個政治實體間的關係。我們可以發現其文化結構是從霍布斯文化（敵對關係——從大陸撤退至終止戡亂時期）演變成洛克文化（競爭對手關係——從開放探親終止戡亂時期迄今）關係。以目前兩岸關係的發展而言，如何創造「共同利益」以降低兩岸的敵意，從最基礎的「非政治利益」，進展到「低政治利益」，最後推展到「高政治利益」，這樣才能創造「互利雙贏」的互動關係，這才是發展兩岸關係的上上之選。

三、兩岸關係發展的具體作法

近年來，兩岸關係的發展，雖然二〇〇五年三月中國大陸通過「反分裂國家法」，但經過二〇〇五年四月底國民黨主席連戰與中共總書記胡錦濤的第一次會面，並提出五點共識；二〇〇六年三月馬英九先生訪問美國時，提出五不五要及暫行架構的觀念；二〇〇六年四月國民黨榮譽主席連戰再次訪問大陸，所提出四點堅持；二〇〇七年十月十五日胡錦濤所提出的兩岸「和平協議」，二〇〇八年十一月六日馬英九總統接見陳雲林時，強調兩岸兩會簽訂四項協議成果豐碩，更期盼兩岸在「正視現實、互不否認、為民興利、兩岸和平」基礎上擴大兩岸合作。

回顧這些新議題都使兩岸關係有一些新的發展，但兩岸間思維的改變絕非容易，而台灣與大陸之間如何建構新的關係，也是我們共同面臨的課題，但是如果能適當經營，創造至少程度的相互抑制與包容，或甚至能拉近雙方信任，走向新的認同與利益的建立，這就是建構主義所指涉的思維改變，這也是我們所樂見兩岸關係發展的方向。在兩岸共同利益與具體作法上，可以分為：

（一）非政治利益（經濟、文化）

1. 經濟方面

加強經貿與農業交流，降低投資門檻與保護限制、產業分工、建立更緊密關係、兩岸建立經貿自由區、區域經濟合作、三通直航、兩岸共同市場、讓台灣融入亞太與全球經貿體系、共同開發海洋與能源與生態保育。

2. 文化方面

共同保存優良文化傳統、加強學術交流、相互承認學歷、提供學生就學獎金及就學名額，增進兩岸瞭解培養文化認同。

（二）低政治利益（社會）

建構兩岸社會穩定發展，人民自由來往，互相承認法律管轄權、共同打擊犯罪、合作防災救災、反恐怖主義。

（三）高政治利益（外交、政治、軍事）

1. 外交方面

兩岸共享外交權益、外交休兵、停止對彼此邦交國的挖角、幫助台灣加入國際組織與非政府組織，如 IMF 或 WHO、東協＋4，將來兩岸共同加入亞洲共同體或是亞洲聯盟。

2. 軍事方面

避免使用武力解決台海問題、建立兩岸和平穩定架構、共同防衛固有疆域、結束敵對狀態、建立軍事緩衝區、建立兩岸軍事互信機制。

3. 政治方面

兩岸和平相處、兩岸對等協商、兩岸共享主權，兩岸共同治理。

陸、結語

「信心建立措施」的建立主要在減少衝突，化解緊張關係，增進地區性和平，於歐洲地區實施後，對該地區的和平與安全有很大的貢獻。但是，信心建立措施的建立必須與政治情勢的發展相配合，在全球大和解的趨勢中，兩岸以靈活的方式求同存異、建立互信、務實談判、面向未來雙方應積極創造條件，努力緩解矛盾，改善兩岸關係，打破政治僵局。

從建構主義的觀點，能動者互為主體性是形成國家或政治實體間互動的基本規範，但互動主體性的重點在於彼此相互的瞭解，最後才能產生認同的關係。而這個過程當中有兩個基本的因素：一是避免產生衝突；二是建構彼此的共同利益，如此才能有助於建立一個穩定安全的環境。就兩岸關係而言，在避免產生衝突上，應該避免不理性的反對或刺激對方。在建構彼此共同利益上，目前兩岸民間的相互往來，在非政治與低政治議題如經濟、文化、社會交流上都有一定的成果，而從最近的發展，我們可以看到雙方的互動已經取得一定的成果。

兩岸建構軍事互信機制是確保和平與安全的重要政策工具，然而，中國大陸人口、面積遠大於我方數百倍，軍隊規模大約是我國的十倍，作戰縱深相差懸殊，並且中國大陸至今從未放棄以武力犯台意圖，因此，目前兩岸建構軍事互信機制的時機仍未完全成熟。但兩岸要突破僵局，最重要的還是彼此要有善意，並不一定要鬥的你死我活，兩岸不僅是「中國人不打中國人」的關係，更應該有「中國人要幫中國人」願景，因此不論是為了台灣未來的發展及安全或是中國大陸繼續改革開放，即便它日兩岸關係有了良性發展，我方亦不可因此鬆懈國防整備的工作。

尤其在面對百年來最嚴重的經濟金融風暴，從美國的金融危機經西歐後，速蔓延到東歐，以及新興發展國家，各國的股市與資本市場都受到嚴重的打擊，兩岸的經濟情況也不例外。面對此重大危機，世界各國都採取積極的合作態度，兩岸更應該加強各項經貿合作，在經濟合作與區域整合的潮流下，兩岸加強經濟與金融交流合作，面對全球金融危機與激烈的競爭，兩岸從經貿出發，更進一步合作與互補，營造一個和平穩定的環境，以期度過金融危機，營造兩岸雙贏的局面。

第七章　兩岸軍事互信機制之建構
——軍事互動的可能模式

（段復初　博士）

壹、前言

本文之目的旨在，透過分析軍事信心建立機制相關理論與各國在實際上所採用的具體作為，探討海峽兩岸在緩和軍事緊張之可行方法，並將焦點集中在兩岸軍事活動互動的可能議題與方式的假設，並對這些方式進行可行性評估。

長期以來，兩岸關係的合與戰一直是世人所關心的議題。在漫長的兩岸對峙情勢裡，雖然屬於真正熱戰衝突的時刻並不多，實際的武裝衝突事件在 1958 年「八二三炮戰」結束後，除了 1995 年與 1996 年兩次中共導彈試射威脅之外，兩岸之間並未發生過真正的武裝衝突。究其原因，一方面是國際環境的制約使得雙方在處理兩岸事務上均有所制約，另方面亦是雙方在與對方互動時均保持某種程度的節制所致。隨著後冷戰時期的到來，二十一世紀主要的思維模式是以對話代替衝突，傳統國際政治現實主義思維的「以力服人」模式已經無法取得正當性，取而代之的是以改變認知與加強對話的「建構式和平」。在此種新的思維下，兩岸的領導人多次談話表示，願意與對方展開對話協商的立場，兩岸關係的進展似乎已經可以有比較樂觀的期待。然而，不可諱言的是，目前兩岸之間互信程度仍處於一個相對不足，彼此刺探的階段。兩岸關係中的任何一方如果有一點過度的舉措或發言不當，都有可能傷及已經極為脆弱的互信關係，進而使得雙方對話協商的成果毀於一旦，重回原點。這在過去幾年中雙方的發言與行動裡，屢見不鮮，更使得兩岸和平的進程上顯得阻擾重重。

2008 年 3 月 18 日，代表國民黨籍總統候選人馬英九在勝選之後，4 月份副總統當選人蕭萬長在藉博鰲會談機會與胡錦濤舉行歷史性的蕭胡會，這是兩岸高層領導人國際會議的場合首次的會面，也標誌著自李登輝「兩國論」以來，兩岸緊張關係的告一段落。從雙方領導人的談話中，可以發覺兩岸關係又逐漸回到「一個中國，各自表述」的模糊性模式，兩岸之間又將展開新的對話協商階段，以「和解對話」代替「對抗」成為主要的潮流。

第二次政黨輪替，國民黨政府大陸政策主軸以緩和兩岸關係為主要方向，中共對台政策的主流，亦以「建立互信，求同存異，擱置爭議，共創雙贏」為主要綱領。[1]兩岸關係進程的發展，現階段雖仍處於初步恢復雙方互信，相互踏出第一步的階段，兩岸問題的和平解決在我國、中共現階段政策的宣示中具有某種程度的一致性。儘管和平解決的實際意涵與作法，各方的主張不盡相同，但是在宣示上的意義而言，仍可視之為在雙方在兩岸政策上的某種指標。因此，假設未來兩岸關係是穩定地朝向和平的方向發展，傾向於以政治的方式解決兩岸的分歧，則在和平發展的過程中，兩岸軍事互信機制的建立，避免不必要的猜忌與懷疑，以及莫名威脅感的產生，便成為一個不可避免而必須嚴肅思考的議題。然則，信心建立機制屬於高度政治性之議題，單靠一方的善意並不足以成事，而

[1] 中共總書記胡錦濤在 2008 年 4 月 29 日會見國民黨榮譽主席連戰時，提出「建立互信，求同存異，擱置爭議，共創雙贏」十六字方針，是對蕭萬長在博鰲論壇所提十六字方針的回應。

軍事乃從屬於政治之下之事物，故而就軍事互信機制而言，應屬兩岸整體互信機制之一環，需先在政治大方向上已經有所確定後，軍事信心建立機制方有其建立之基礎。儘管學者對於後冷戰時期的國家安全觀採取的是一種綜合性的安全觀，然而不可否認的一個事實是，軍事安全的議題仍然是國家安全上的核心問題，其他範疇的安全問題莫不是以軍事安全為其屏障或後盾。盱衡當前兩岸關係中所衍生出的安全問題，儘管具備多面向與多樣化的樣態，但是軍事安全的問題仍然是居於關鍵與核心地位，因而備受矚目。因此軍事層面的信心互信機制的建立，亦可視之為兩岸信心建立機制的核心問題。

因此，本文擬從西方學者關於信心建立措施的相關研究與理論出發，結合中共對於此一問題的認知與其在對外關係上所採行的一系列作為，以及其對台政策的內涵，進行理論性、經驗性的分析，嘗試將中共在兩岸關係上的信心建立措施與互信機制作一個理論性的定位。並且在這個定位的基礎上，探討軍事互信機制的可能措施，並置重點於兩岸軍事互動的可能形式及其可能施行步驟列舉，期從理性的思維中，嘗試地建構兩岸在軍事互信機制中的軍事互動模式。

本研究所持的基本看法如下：

一、兩岸信心建立措施應結合國際環境因素（結構的因素，區域安全的因素）。並且認為兩岸關係的和平解決，其決定之因素並不僅止於兩岸雙方而已，必須有世界或區域大國或國際性組織進行中介與協調，並且擔任公證者。

二、軍事信心機制的建立具有高度的政治屬性，需建構在政治的同意上。而軍事安全議題則為信心建立機制的核心問題。在軍事信心機制的建立上，兩岸軍事互動可列為具體的方案選項。

三、在兩岸軍事互動的模式上，可分為人與事的互動。在人的互動上，可採用軍事相關人員正式、非正式雙管進行，前線與第三地會晤互動等。在事的互動上，包括敏感議題的討論與共識建立，善意指標單方面的提出與雙方面的協商與認定、人道救援合作、搶災救險經驗分享與傳授、共同性安全議題的研討與合作等等。然而，衡諸目前兩岸互信基礎尚未穩固的現況，兩岸軍事人員互動似以非正式、第三地會晤為優先考量之作為。此外兩岸軍事議題互動之進行方式應預先擬定主旨、議題設定，其內涵可涵括學術性、事務性的意見交換。並在兩岸政治高層同意的前提下進行，並逐次地從比較低敏感度的議題開始，建立彼此信心與互信後，再延伸到相對敏感的議題上。

四、在彼此信任相對不高的狀態下，各種有利於和解的訊號傳遞都是有助於信心建立的進展。雙方長期以來彼此敵對的認知架構，以及依照此一認知架構所建立起來的論述方法均應有所調整。現階段，可以操之在我的方法是不斷的放出意願與善意，透過各種管道表達我方的意圖，從我方論述中共的方式著手，進而建立起雙方在論述兩岸問題與對方時的共同符號。並且透過善意的表達鼓勵雙方在彼此互信的作為上，膽子大一點，動作細一點，格局寬一點，好話多一點，關係親一點。不但要讓對方知道彼此合作的好處，也應該相互體諒對方處理兩岸問題上的難處，往正面好處思考，逐步建立雙方往來的信用模式。

本研究所採用多重交叉之研究途徑進行對此研究主題之探討，所採用之研究途徑，概略可以區分為以下幾種：

一、歷史研究途徑：根據歷史已發生之事實例證，運用歷史文獻收集與詮釋，還原事件之真實情境，並藉以建構出期間的可能因果關係。並且將所得出之可能發展模型，運用在信心建立措施發展與建構的解釋與預測上。

二、決策研究途徑：從理性人的假設出發，判斷中共在針對本研究主題時可能做出的決策反應。就中共的決策而言，本研究將觀察的重點集中在二個主要的面向上。第一是兩岸政治領導人的決策模式與對相關議題的政策主張；第二是兩岸負責兩岸政策機構的決策模式與政策主張。

三、國際政治的研究途徑：分別從現實主義的權力、利益的角度分析兩岸信心建立機制與軍事人員交流的意義與可能性。以及新自由主義的角度分析建立某種合作制度的可能性。並且從上述的兩種不同觀點，解讀學者學術論述的主張與看法。

在研究限制方面：由於歷史經驗中，處於敵對狀態下之雙方軍事互動實例並不多，在案例的數量上很難構成所謂經驗性的研究，故而以理性人為基本假設，在理性人假設的基礎上，運用演繹的方式，合理的建構可以推動的方案有哪些。這樣的推論是建構在不穩固的基礎上進行，並取決於兩岸政治氣氛的發展而定。

貳、軍事互信機制的源起與實踐

二次世界大戰之後，美蘇兩強在意識型態的對抗下，構成兩極對抗的世界格局。在歐洲，兩強為了鞏固自己之勢力範圍，確保自身之軍事安全，乃各自建構軍事同盟（或集體安全組織），以相對抗，此即「北大西洋公約組織」與「華沙公約組織」兩大軍事陣營對抗之由來。兩大陣營的對抗，標誌著二次世界大戰之後東西冷戰時期的開始，期間「柏林危機」、「古巴飛彈危機」等危機，幾乎掀起大戰，甚或核武戰爭。蘇聯為求德國問題和鞏固其於歐洲之勢力範圍，乃首倡召開「歐洲安全會議」，意圖以和平手段解決東西雙方之歧見，避免誤入戰爭陷阱。1969 年，美國尼克森總統就職，提出「以談判代替對抗」的外交政策，或簡稱為「低盪」政策，開始與蘇聯展開逐次的限制武器談判，以降低歐洲軍事衝突的可能性。其後在「歐洲安全合作會議中」【以下簡稱歐安會議】，簽署了「信心建立與特定層面安全及裁軍文件」，此文件成為爾後「信心建立措施」之基礎。在其後陸續之歐安會議中，「信心建立措施」逐漸發展成為一種預防衝突升高，減少戰爭發生的手段，其實際執行的成效良好，不僅減少了北約與華沙兩大軍事集團軍事衝突的可能性，也強化了歐洲各國之間的互信，增加區域的穩定與安全。

歐洲軍事互信機制地建立是經過逐步建立起來的。在參與歐安會議國家長年累月耐心談判之後，逐步修改大家之共識而成的。費雪（Cathleen S. Fisher）曾經將歐洲軍事互信機制的形成過程區分為四個階段：[2]第一階段為美蘇協議（Soviet-American Agreement）；第二階段是基礎建立（Ground Breakers the Helsinki CBMs）；第三階段是安全建立措施（Security-Building Measure: Stockholm and Vienna Accords）；第四階段是合作安全措施（Cooperative Security Measure）。

一、美蘇協議——歐安會議的發起

歐安會議是 1954 年之後蘇聯外交政策的新主張，但是卻一直到 1960 年代才真正成為蘇聯外交政策之主要內涵。其原始構想是將召開全歐會議與德國問題的解決銜接起來。[3]1954 年英、法、美、

---

[2] Liu Huaqiu, " Step-by-Step Confidence and Security Building for Asian Region: A Chinese Perspective," in Asian Pacific Confidence and Security Building Measures. Washington D.C.: Center for Strategic and International Studies, 1995, p. 121.

[3] 周世雄，國際體系與區域安全協商－歐亞安全體系之探討（台北：五南圖

蘇四國外長於柏林舉行會議，討論歐洲安全相關問題。蘇聯外長提出一項為期五十年的「歐洲集體安全條約」草案，希望建立一個從大西洋到烏拉山的一個歐洲地區集體安全體系[4]，但因各國立場不同而作罷。1955 年四國首長在日內瓦舉行高峰會，並通過一項聲明，要求各國外長對以下問題進行研議：第一、全歐或部分歐洲之安全協定；第二、武器及軍力的限制，管制與查證；第三、在東西方領土間建立一個相互協議的軍力部署地區；第四、設立全歐會議來研商自由選舉與德國政治發展事項。這些建議，引起廣泛迴響，其後波蘭外長提出「拉帕基計劃」(The Rapacki Plan)，呼籲成立中歐禁核區，兩德同時減少軍隊，捷克與波蘭同時裁軍。蘇聯則是對此建議表現高度興趣，曾多次建議北約與華約簽訂互不侵犯協定，並從外國領土撤出軍隊。蘇聯的目的在於鞏固其在東歐的地位，維持歐洲分裂狀態，促使西德中立化，破壞西歐團結，腐蝕美國與西歐的聯盟關係（同上註，124-125）。[5]1958 年柏林危機與 1962 年古巴飛彈危機的發生，使得美蘇之間瀕於戰爭爆發緣，甚至可能導致核武戰爭（Allison & Zelikow）。基於增加透明、防止戰爭之需要，1963 年美蘇兩國協議在華盛頓與莫斯科之間裝設「熱線」，兩國元首可就安全問題，透過「打字電報」進行直接溝通，此可謂軍事互信機制之濫觴。[6]

60 年代，蘇聯對於透過歐安會議召開和緩歐洲緊張態勢的態度轉向積極。1965 年蘇聯於華沙公約會議提出召開安全會議解決緊張關係的主張，華沙其他國家亦發表反對北約的核武態勢，並要

書出版公司，民 83 年），頁 169。

4 趙春山，〈蘇聯與歐洲安全合作會議〉，國立政治大學政治研究所博士論文，民 69 年 6 月，頁 118-119.

5 同上註，頁 124-125。

6 朱建松譯，歐洲共同體（台北：黎明文化出版公司，民 74 年），頁 484。

求召開全部歐洲國家出席討論並確立集體安全的會議，至此，共產陣營開始推銷「歐安會議」的概念。[7]1966 年 7 月歐洲共產國家在布加勒斯特舉行會議，並通過一份「歐洲和平與安全宣言」，主要內容強調尊重各國獨立、主權與不干涉他國內政，以及以和平共存原則，促進歐洲國家間的善鄰關係。並透過裁減軍備、取消軍事基地、承認兩個德國、召開歐洲會議等方式來達到目的。[8]面對蘇聯的和平攻勢，北約組織對歐洲安全的主要原則是「低盪」與「防衛」並重。雖不反對招開歐洲會議，但提出一些與防衛有關的先決條件，如柏林問題、中歐相互平衡裁軍問題等。[9]1971 年的柏林協定[10]與 1973 年初在日內瓦舉行的中歐相互平衡裁軍談判[11]，標誌著美蘇兩大陣營在歐洲軍事互信機制的初步成果。其間，兩大核武強國感於核武戰爭後果之嚴重，為防止誤解或意外發生，以及為顯現召開歐安會議誠意，雙方於 1971 年 9 月 30 日簽訂「避免核子意外協議」(Agreement to Reduce Risks of Nuclear War)，雙方同意採取措施應付意外或未經授權的使用核武。[12]1972 年 5 月 26 日美蘇第一階段限武談判獲得部分成功，同年雙方再簽訂「公海意外協議」(Incidents of Sea Agreement)，要求參與國遵守預防碰撞的國際公約；節制公海上挑釁行為；公海海空危險航行區之通告，如飛彈

---

7 周世雄，國際體系與區域安全協商－歐亞安全體系之探討（台北：五南圖書出版公司，民 83 年），頁 170。

8 趙春山，〈蘇聯與歐洲安全合作會議〉，國立政治大學政治研究所博士論文，民 69 年 6 月，頁 137-138.

9 黃瑞明，歐洲政治合作研究（台北：商務出版社，民 76 年），頁 24-25。

10 見羅運治，〈歐洲安全暨合作會議之研究〉，私立淡江文理學院歐洲研究所碩士論文，民 65 年 5 月，頁 73-73。周世雄，前揭書，頁 172。

11 同前駐，頁 65-69。

12 黃瑞明，歐洲政治合作研究（台北：商務出版社，民 76 年），頁 73-74。

測試等等。有助於去除潛在危機，並提供了軍事商議模式。[13]上述的共種措施與協議，基本上可以視為雙方彼此提供信息，並免誤解以及建立規範的一連串嘗試作為，這些作為可以被視為是軍事互信機制的先導。亦即在一片和解的氣氛下，全部歐洲國家（除阿爾巴尼亞外）、美國、加拿大，在芬蘭赫爾辛基舉行「歐安會議」之預備會議，決定歐安會議召開之方式與討論之議程，最後歐安會議在 1975 年 7 月 30 日至 8 月 1 日的赫爾辛基舉行第三階段會議，由與會各國首長簽訂協議書。[14]此次協議書的簽訂國認為，對於可能引起憂慮或因誤判軍事活動所造成的武力衝突及危機，特別是對軍事活動性質缺乏明確適時情報的狀況下，提出信心建立機制是有其必要性，而且對歐洲安全而言也是一種貢獻。在機制的內容中最重要的是，與會各國同意事前通知超過二萬五千人的主要軍事演習（蘇聯與土耳其再其歐洲領土邊境二百五十公里內舉行的軍事演習需事先通知），並且也規定了觀察與通知除軍事演習以外的重要軍事移動。而類似此類軍事信心機制的規範，在赫爾辛基會議之後的後續會議中，也陸續為與會國家所提出，其中包括了軍事信心建立措施的文件。[15]這些措施本身不僅是一種雙方善意的試驗，也是和解政策實際可行的途徑，其目的是在以軍事方面的和解來充實政治方面的和解。[16]畢竟，安全議題的核心仍然是以軍事範疇為主。

---

[13] John Borawski ed., Avoiding War in the Nuclear Age: Confidence-Building Measures for Crisis Stability（Borlder: Westview Press, 1986）, p.24.

[14] 翁明賢、林德皓與陳聰銘，歐洲區域組織新論（台北：五南書局，民 83 年），頁 73-75。

[15] Rolf Berg, Building Security in Europe（New York：Institute for East-West Security Studies, 1986）, p.24.

[16] 黃瑞明，歐洲政治合作研究（台北：商務出版社，民 76 年），頁 88。

二、斯德哥爾摩典則的建立

1977 年歐安會議在貝爾格勒進行後續檢討，但無任何具體成果。1978 年 5 月聯合國召開特別間段裁軍會議，當時的法國總統季斯卡建議召開一個新的歐歐裁軍會議，這個會議原本是預定與歐安會議分開舉行，最後卻合併召開。[17]第一階段協議屬於傳統武力軍事行動的新信心建立措施，其內涵與 1975 年的協議完全不同，法國提出的是命令性、可查證性和限制軍事行動範圍擴大到烏拉山區。會後，法國更提出召開第二階段歐洲裁軍會議的建議，並將會議內容限制在協調限制或減低傳統、空中及地面武力，特別是主要防禦性武器裝備上，而未將核子武器納入討論範圍。[18]1979 年 5 月 15 日，華沙組織建議召開軍事低盪會議，以促成全歐召開關於軍事低盪的安全會議。而蘇聯總書記布里茲涅夫則是在 1979 年 10 月 6 日的柏林演說中，再一次強調支持建立具體軍事信心措施的概念。其中除了蘇聯長期以來所建議的政治性信心建立措施（如不首先使用核武，非戰公約等），也提出北約與華沙雙方均不擴展其現有之成員國。1980 年 11 月 11 日和 1983 年 9 月 9 日在馬德里召開了軍事低盪安全會議之後續會議，在之前的貝爾格勒檢討會中，許多國家提出了各種不同的具體建議，如一萬至二萬五千人小範圍軍事演習通知、武力型態資訊、增加觀察員人數、對空降部隊主要演習採強制性通知、禁止靠近邊境演習等等。[19]而南斯拉夫所建議之「安全建立措施」（Security-Building Measures）為歐安會議所接

---

[17] Rolf Berg, op. cit (New York:Institute for East-West Security Studies, 1986), pp.24-25.

[18] 黃瑞明，歐洲政治合作研究（台北：商務出版社，民 76 年），頁 88-89。

[19] William Gutteridge ed., European Security, Nuclear Weapons and Public Confidence (Hong Kong：Macmillam Press, 1982), pp.18-19.

受，與赫爾辛基的信心建立措施，並列為歐安會議的結論文件，共十三條，稱為斯德哥爾摩典則（Stockholm Regime）。[20]1984 年起歐洲各國開始新一回合的「歐洲信心安全建立與裁武會議」，直到 1986 年 9 月 16 日達成一項共 104 條條文及 4 個附件的結論文件，其範圍涵蓋了馬德里會議中關於信心安全合作的結論文件之歐洲信心安全建立措施及裁武的斯德哥爾摩文件。[21]此外，本文件也允許各國以「技術方法」檢測其他國家是否遵守規定。整個文件於 1987 年 1 月 1 日生效。[22]

三、安全議題的核心——軍事透明化

在斯德哥爾摩點則中的規則成功實施之後，歐安會議在 1989 年舉辦「信心安全建立措施」的協商，規劃一系列新且又能相互補充的「信心安全建立措施」，以減少未來歐洲軍事對抗所產生的危機[23]，結果產生了 1990 年的維也納文件，其中內容超越了斯德哥爾摩會議所通過的信心安全建立措施條款。各國所達成的協議如下：[24]

第一、創造全面性的資訊交換規定，且比照歐洲傳統武力條約之資料要求。

第二、透過提供在場人員評估其他國家武力資訊的交換，補充斯德哥爾摩在場查證制度的不足。

---

[20] 莫大華，〈和平研究：另類思考的國際衝突研究途徑〉，問題與研究，第 35 卷 11 期（民 85 年 11 月），頁 78-79。

[21] Arie Bloed ed. The Conference on Security and Cooperation in Europe（The Netherlands:Kluwer Academic,1993）,p.68. 詳細條文參見 www.acad.gov/treaties/csbm1.htm.

[22] 莫大華，前揭書。

[23] 見 www.acad.gov/factshee/secbldg/csbms394.htm.

[24] Michael Krepon, A Handbook of Confidence-Building Measures (Washington D.C.：CSIS), P. 253.

第三、經由多邊電腦網路建立直接溝通線，以快速通知及交換資料。

第四、藉由定期訪問空軍基地和提昇軍事人員交流，促進軍隊間的接觸。

第五、建立一種不經常、不定期的軍事活動諮詢與合作的責任，對此責任必須履行且不設限。

第六、在維也納設置一個實施上述責任的機構－衝突預防中心，為所有與會國服務。

此外，更列舉了幾項對軍事活動的限制。90 年的維也納協議創造出全面性的資訊交換規定，藉由對武力評估的資訊，使在場查證制度更為可靠，設立衝突預防中心做為諮詢與合作的機制，可謂是一項創舉。而更具體對軍事活動規模、頻率的限制，使得軍事信心機制的內涵更趨成熟。

1992 年 11 月 17 日，在北約與華沙以及美蘇之間相互折衝之後，終於簽訂歐洲傳統武力裁減協定，此協定的簽約是傳統武器控制的一項重大成就，它限制了歐陸地區的戰鬥坦克、火炮組具、裝甲戰鬥車輛、戰鬥機、直昇機等五種重要武器數量，並且還包括義務交換一定層次的資訊和強制性檢驗措施。[25]此外，1992 年的維也納談判中，所簽訂的維也納文件更補充了軍事組織透明化的內涵，其中規定，第一、簽約國必須每年進行情報交換，超過一千五百人或後備部隊超過二千人的軍事活動，必須於二十一天前情報交換；第二、主要武器系統的情報交換；第三、各簽約國可自願性邀請他國實施觀察，惟需說明意圖與理由；第四、展示新武器系統時必須於二十四天前通知他國；第四、超過九千人、三百輛坦克或一個師、

[25] Malcolm Chalmers, Confidence-Building in South-East Asia（United Kingdom: University of Bradford, 1996），p.248.

兩個旅以上部隊活動，包括戰鬥支援部隊，均需通知其他國；第五、超過一萬三千人、三百輛坦克或兩棲、空降三千五百人之演習，需派觀察員視察；第六、超過九百輛坦克或四萬人之軍事活動，必須於兩年前通知他國，三百輛坦克或一萬三千人之活動需一年前通知他國，並限制一年只可以有六次大規模的軍事活動，其中三次不得超過二萬五千人或四百輛坦克；第七、可邀請他國前來檢查；第八、每個國家最多可前往他國評估六十個軍事單位，而一個至多只能接受他國十五個軍事單位的評估。[26]之後兩年，歐洲傳統武器條約締約國又簽署了歐洲傳統武力的人力協定最終法案，締約國將限制傳統軍隊人數，其中包括可以服役九十天的後備人員，全部軍事人員總數不得超過條約簽署時各國自行宣告的人數。[27]

1994 年歐安會議再次召開，結果通過新的維也納會議文件，其軍事互信機制措施重點包括：[28]一、情報交換；二、危機防制；三、聯繫訪問；四、通知確定之軍事演習；五、確定軍事演習之觀察；六、年度軍事計劃交換；七、禁止條款；八、順從與查證方式；九、傳達、交換意見與消息，建立溝通團；十、年度執行評估會議舉行。

四、歐洲軍事互信機制經驗之啓示

上述透過歷史研究途徑對歐洲軍事互信機制的起源、發展過程進行簡略的描述，透過上述的描述，可以歸納出以下幾點原則：

---

26 陳國銘，〈由建立信心措施論歐洲傳統武力條約之研究〉，淡江大學國際事務與戰略研究所碩士論文，民國 85 年 6 月，頁 202。

27 林碧炤，〈歐洲集體安全體制之建構〉，於田弘茂編，後冷戰時期亞太集體安全（台北：業強出版社，民 85 年），頁 363-364。

28 www.acda.gov/treaties/vienna.htr.

第一、軍事互信機制的原始發起動力屬於政治，必須在對抗雙方或多方在政治上展現出某種意圖，甚或是強烈的善意，方有啟動建構機制的可能。吾人若從歐洲裁軍與軍事互信機制建立的起點觀察，可以發現蘇聯積極主動的態度，可能可以被歸納為歐洲軍事互信機制的最初動力，儘管蘇聯最初是另有所圖。

第二、然而單靠善意並不足以成事。根據西方的經驗，軍事互信機制的濫觴是古巴飛彈危機後，美蘇兩強對於核子大戰意外發生的恐懼，所建構的熱線。

第三、歐洲軍事互信機制的建立是逐步完成的一個漫長的過程，其中除了歐洲各國的參與外，兩大超強所扮演的角色極為重要。也只有兩大超強在願意合作的前提下，方才有達成協議的可能。

第四、就歐洲軍事互信機制建構的模式而言，其步驟是經由協議、溝通、宣告、通知等手段，先建立彼此互信的基礎，在不強迫的前提下，各國體認互信比不信任所獲得的安全要多；其次是建立自願的基礎。志願邀請他國觀察員參加軍事活動、志願開放軍事基地供他國參觀，並在對等的基礎下，促進各國之間的互動；再次是情報交換、行為規範與義務性措施，使締約國必須遵守某種規範，此時這些措施不再是自願性的，而是義務性的。

第五、軍事資訊透明度的增加，以及驗證措施的被接受與驗證技術的強化，增加了安全感，使得軍事互信機制具有維持區域和平的功能。

這樣的一個建構過程的成功與具體內容逐步落實，實在可以供做其他區域安全建構模式的參考。

參、兩岸軍事信心機制建立之影響因素

歐洲軍事互信機制的成功導致此一地區避免了軍備競賽與戰爭。歐洲成功的經驗是否可以轉用到臺海兩岸或者是亞太地區呢？這裡面存在著幾個問題：第一是認知上的問題。中共對於軍事互信機制或者更大的信心建立機制的認識與態度為何，可以說是一個很重要的因素。軍事互信機制的成功與否，參與者的態度決定其成敗。其次是我國政府對軍事互信機制的態度如何？也是是否得以成功的一個變項。最後是國際環境所構成的結構性因素究竟為何？是否有利於此等機制的建立，或者國際強權對於此等機制抱持悲觀的看法，均能制約兩岸軍事信心機制的建構。基於上述的看法，本文擬從上述三方面逐一分析，以釐清兩岸軍事信心機制建構上的問題。

一、中共對建立互信機制的態度與實踐

在方法上，本研究擬依據中共官方與官員對於建立互信機制之言論主張分析中共在此問題上所採的態度。1990 年 1 月 30 日聯合國在尼泊爾加淂滿都召開的「亞太地區建立信任和安全措施會議」中，中共代表侯志通發言指出，不同地區，不同國家間建立信任和安全措施，應由有關國家根據其實際情況和具體條件在自願的基礎上協商解決。亞洲地區的和平與安全，必須排除超強大國對本地區的軍事干預和一切型式的霸權主義，結束侵略和干涉，使國家間關係建立在和平共處五項原則的基礎上。建立信任和安全措施只能做為裁軍的早期補充、輔助措施，而不能取代實際的裁軍步驟。[29]而

---

[29] Xia Liping, 'The Evolution of Chinese View toward CBMS,' in Michael Krepon ed., Chinese Perspectives on Confidence-Building Measures

1991年1月25日聯合國在加德滿都召開的「亞太地區建立信任措施研討會」，會中中共外交部國際司司長秦華孫發言指出：中共對亞太地區建立信任措施、安全與裁軍問題感到關切，願積極考慮一切有意於改善亞太地區和平與安全環境的主張與建議。要能根據亞太地區的具體情況，尋求解決辦法。關於分軍事性的建立信任措施，各國間在互相尊重主權與領土完整、互不侵犯、互不干涉內政、和平共處的原則基礎上建立和發展政治、外交和經濟關係，制止別國的干涉、侵略、佔領，反對擴張，以和平方式解決爭端。關於軍事性或準軍事性的建立信任措施，核國家應保證不對無核國家使用或威脅使用何武器，有關國家建立無核武器區或和平區，避免核武器的擴散，核國家尊重無核區、和平區的地位；撤除在別國領土上設置的軍事基地和部署的武器裝備，撤回在別國的駐軍。[30]1992年8月17日中共在上海承辦「聯合國亞太地區裁軍與安全問題研討會」，會中中共外長錢其琛提出促進地區和平與安全的五項主張：1.亞太國家之間發展關係應沿革遵循聯合國憲章與和平共處五項原則，互相尊重，至誠相待，平等合作，友好相處；2.任何亞太國家都不在本地區或次地區謀求霸權和建立勢力範圍，不組建和參加針對其他國家的軍事集團，不在國外建立軍事基地和派駐軍隊，不以任何藉口侵犯別國主權和領土完整、干涉別國內政；3.每個亞太國家都應致力於與其鄰國發展睦鄰友好關係。對領土、邊界爭端和其他歷史遺留問題，都應根據國際公約和聯合國決議和平協商解決，不訴諸武力和武力威脅；4.所有亞太地區國家都不搞軍備競賽。各國軍備應保持在正當防衛所需的水平；5.加強和完善

(Washington D.C.: The Henry L. Stimson Center, 1977), pp.82-101.

[30] 人民日報，1990年2月1日，第4版。

亞太經濟合作會議等區域性經濟何最組織，把亞太地區的經濟合作提高到一個新的水平。[31]

1993 年中共代表沙祖康在聯合國「亞太地區建立國家安全和國家間信任會議」上說，建立亞太安全機制應遵循和平共處五原則，他提出五點主張：1.在國家關係中反對霸權主義、反對以大欺小，以強凌弱，以富壓貧的霸權行徑。所有亞太國家都不應在本地區或其他地區謀求霸權，不在國外設軍事基地或駐軍，不搞針對其他國家的軍事集團或政治聯盟；2.和平解決國際爭端、解決各種歷史遺留問題和今後可能產生問題。對於一些一時難以解決的領土、邊界爭端，可以先擱置起來，等條件成熟時在談判解決。在爭議解決之前，有關國家可以採取建立安全與信任措施，以便保持正常的國家關係和經濟合作；3.亞太各國將軍備保持在各國正當防衛所需的水平上，美俄兩國在裁減核武庫和常規武器時，應銷毀其裁減下來的武器，不應移轉到亞太地區。此外，美俄應著手削減在亞太地區龐大的海軍力量。4.所有何武器國家應該承諾不首先使用核武器和不對無核國家及地區使用或威脅使用何武器，保證支持有關建立無核區和和平的主張；5.各國應繼續加強經貿合作，促進科技交流與合作，支持區域性經濟組織國家應扶助不發達國家。[32]

1993 年 4 月 11 日，中共人大常委會委員彭清源發表中共年度軍備透明的五項原則：1.軍備透明的目的是增進各國、各地區及世界的和平、安全和穩定。適當可行的軍備透明措施有助於建立和促進國際信任，和緩緊張國際關係，幫助各國確立合理的軍備水平；2.軍備透明應遵循各國安全縮減的基本原則。各國有權擁有並維持其合理自衛需要相符的軍事防衛能力任何軍備透明的措施應有助

---

[31] 新華月報，1992 年 8 月，總 574 期，頁 151。

[32] 人民日報，1993 年 2 月 3 日，第 6 版。

於維護和增進而不是減損和削弱各國的自衛權力和正當的防衛能力。同時各國軍有義務不謀求超出安全需要的軍備；3.軍備透明的具體措施應適當、可行應由各國通過平等協商，共同確定。這些措施及其範圍應依據各國商訂的目標予以確定，並可根據形勢的發展變化和各國需要通過協商加以調整；4.軍備透明難以孤立地實現，需要必要的國際環境。聯合國所有會員國均應嚴格遵循聯合國憲章的宗旨和原則，和平解決國際爭端，反對並消除國際關係中干涉別國內政、使用武力或武力威脅的霸權主義和強權政治行為；5.由於各國軍事力量不同，它們對地區和全球安全的影響也不同。因此，擁有最大和最精良與常規武庫的國家，在大幅度消減其重型進攻型武器，特別是其海空力量的同時，有義務率先公開其軍備及其部署情況。這將有助於大幅度降低全球軍備水平，增加其他國家和地區的安全感，並未各國普遍參與軍備透明創造條件。[33]

1994 年 7 月第一屆東協區域論壇部長會議，會中錢其琛建議亞太安全合作應遵循以下的原則和措施：1.以聯合國憲章和和平共處五項原則，建立互相尊重、有好相處的新行國家關係；2.以促進經濟共同發展為目標，建立平等互利、互相協作的經濟關係；3.以平等協商、和平解決為準則，處理亞太國家間的爭端和糾紛，逐步消除地區不穩定因素；4.以促進本地區的和平與安全為宗旨，堅持軍被指用於防禦的原則，不搞任何形式的軍備競賽。不搞核武擴散，不對無核國家和無核地區使用或威脅使用核武器。支持建立無核區、和平區的主張；5.以增進瞭解和信任為目的，促進多種形式的雙邊與多邊安全對話與磋商。[34]1995 年 8 月第二屆東協國家區域

---

[33] 軍事科學院世界軍事年鑑編輯部，世界軍事年鑑 1995-1996（北京：解放軍出版社，1996 年）頁 13-14。

[34] 人民日報，1994 年 7 月 26 日，第 6 版。

論壇部長會議，錢其琛表示各國可以對安全合作的原則、內容、範圍、方式進行醞釀和磋商，同時展開一些具體的、各方已達成共識或爭議不大的合作項目，逐步建立一些實際可行的信任措施。建立信任措施只限於軍事領域是不夠的，應包括政治、經濟、和社會等多項內容，根據亞太地區形式的特點，推進廣義的建立信任措施，以利整體上改善安全環境。[35]1996 年第三屆東協區域論壇部長會議中，錢其琛表示，中共願意與其他周邊國家在互相尊重和平等的基礎上，共同探索，逐步建立起適宜的信任措施。[36]

1997 年 7 月第四屆東協部長會議中，錢其琛表示東協區域論壇應始終從本地區的實際出發，以維護地區和平與安全為目標，以平等相代、和平相處為宗旨，以建立信任為核心，以對話合作為手段。在新的國際情勢下，應當有新的安全觀。安全不能依靠增加軍備，也不能依靠軍事同盟。安全應當依靠相互間信任和共同利益的聯繫。[37]1998 年東協區域論壇部長會議中，中共外長唐家璇表達中共國防白皮書的相關立場，並支持 199 7 年 11、12 月在汶萊及澳洲召開的「建立信心措施議題支援小組」會議的結論，進一步推動「建立信任措施」。[38]

1999 年 3 月 26 日江澤民在日內瓦裁軍談判會議上提到，新安全觀的核心應該是互信、互利、平等、合作。各國相互尊重主權和領土完整，互不侵犯，互不干涉內政，平等互利，和平共處五項原則以及其他公認的國際關係準則，是維護和平的政治基礎。互利合作，共同繁榮，是維護和平的經濟保障。建立在新的安全觀和公正

[35] 新華月報，第 611 期，1995 年 9 月，頁 149。
[36] 新華月報，第 623 期，1996 年 9 月，頁 151。
[37] 人民日報，1997 年 7 月 28 日，第 6 版。
[38] 域論壇網址 http://www.asean.or.id/polilcs/arf5xc.htm.

合理的國際新秩序，才能從根本上促進裁軍進程的健康發展，使世界和平與國際安全得到保障。[39]1999 年 9 月 22 日中共外長唐家璇於聯合國大會中發言，提到樹立新安全觀，維護國際安全。以軍事聯盟為基礎，以加強軍備為手段的舊安全觀，無助於保障國際安全，更不能營造世界的持久和平。當今世界需要建立適應時代要求的新安全觀，探索維護和平與安全的新途徑。新安全觀的核心應該是互信、互利、平等、合作。[40]

綜觀中共對於軍事互信機制或信心建立措施的認知與立場，可以歸納為以下幾點：

第一、強調政策的宣示性，在相關的論述中，經常性的出現和平共處五原則，而缺少具體的實踐細節規定，立場宣告的務虛性強。有時會使人產生單向溝通或各說各話的感覺。不易迅速達到信心建立的目的。

第二、建立在自願的基礎上，反對義務性或強制性的信心建立措施。中共主張亞太地區環境與歐洲不同，因此由歐安會議發展而來的信心建立措施並不完全適用於亞太地區。亞太地區的信心建立措施應建立在自願的基礎上，各國協商，雙邊優先，小範圍多邊，由雙而多，由小範圍而大範圍。除此之外，強調內政、主權的不可侵犯性，信心建立機制必須尊重各國內正與主權完整，反對國際霸權式的干預手段。

第三、以建立綜合性的信心措施為主，強調非單一軍事性的信心建立措施，非軍事性的信心建立措施尤為重要，對區域安全的助益更大。

---

[39] 上海國際問題研究所編，2000 年國際形勢年鑑（上海：上海教育出版社，2000 年），頁 364。

[40] 同上註，頁 396-400。

第四、信心建立措施是一個漸變得過程，是一連串逐漸累積的成果，非能一蹴可成，需要耐心與時間。

第五、政治宣傳的意味大，實質的效果不易確定。

第六、在處理協商與談判的步調與時間觀念上具有彈性與韌性。要談多久就談多久。[41]

此外，針對中共近幾年對於臺海兩岸軍事互信機制或和緩兩岸關係的談話進行觀察，亦可以了解中共對於台海軍事互信機制的態度與認知。

1995 年 1 月 30 日江澤民在新春茶會發表「為促進祖國統一大業的完成而繼續奮鬥」談話，提出舉行海峽兩岸和平統一談判。雙方可先就結束兩岸敵對狀態進行談判，並歡迎兩岸領導人互訪。[42]1995 年 3 月 6 日第八屆第三次會議解放軍代表郭玉祥表示希望兩岸能展開軍事交流合作，並提出「在兩岸會談中加入軍事交流」的建議。[43]1998 年 12 月香港虎報引述北京消息人士報導指出，中共中央軍委會為了和緩兩岸提對緊張關係，透過國務院台灣辦公室提出「兩岸軍事交流計劃」，希望開啟兩岸的政治談判，終止敵對狀態。[44]1999 年海協會會長汪道涵接受亞洲周刊訪問時，對於兩岸軍事交流提出看法，認為在一定的條件下，既然是一個中國，軍隊當然可以互訪。並指出，鄧小平已經說得很清楚，允許台灣保存軍

---

[41] 中共在朝鮮半島問題上，對於「六方會談」的基本態度是談比不談好，要談多久就談多久，逐步建立各個階段，從大框架到小細節等特徵，也可以觀察到中共對於區域安全議題與用談判協商解決衝突時的手法與策略。見阮宗澤，中國崛起與東亞國際秩序的轉型：共有利益的塑造與拓展（北京：北京大學出版社，2006 年），第七章。

[42] 陸委會，大陸工作參考資料（合訂本）第二冊（台北：陸委會，民 87 年），頁 365-370。

[43] 青年日報，民 87 年 12 月 16 日，第二版。

[44] 青年日報，民 87 年 12 月 16 日，第二版

隊，那時的軍隊，兩岸是國防的友軍，既然是友軍，為甚麼不能互訪？我想到那時是可能的。[45]1999 年 1 月 18 日共軍重要智庫「中國戰略協會」高級研究員王在希則是在紐約公開指出：「兩岸應儘速進行結束敵對狀況談判；在此談判中，雙方可商議設立軍事熱線，先行告知軍事演習的規模、內容、時間與軍力配置等資訊。」此可謂是中共有關方面首次在海外提出兩岸可建立軍事互信機制的構想。[46]

2005 年 3 月中共政協第十屆三次會議中，胡錦濤針對兩岸關係發表四點意見：第一是堅持一個中國原則絕不動搖；第二是爭取和平統一絕不放棄；第三是寄希望於台灣人民的方針絕不改變；第四是反對台獨分裂活動絕不妥協。其中，提到「只要臺灣當局承認「九二共識」，兩岸對話和談判即可恢復，而且什麼問題都可以談。不僅可以談我們已經提出的正式結束兩岸敵對狀態和建立軍事互信、臺灣地區在國際上與其身份相適應的活動空間、臺灣當局的政治地位、兩岸關係和平穩定發展的框架等議題，也可以談在實現和平統一過程中需要解決的所有問題。我們希望臺灣當局早日回到承認「九二共識」的軌道上來，停止「台獨」分裂活動。只要確立了一個中國的大前提，我們對任何有利於維護台海和平、發展兩岸關係、促進和平統一的意見和建議都願意作出正面回應，也願意在雙方共同努力的基礎上尋求接觸、交往的新途徑」。[47]同時中共全國人大會第十屆第三次會議中通過了「反分裂國家法」，其中第六條與第七條中對於兩岸的和平有所描述。[48]

---

[45] 亞洲周刊，第 13 卷第 16 期，1999 年 4 月 25 日，頁 18-23。

[46] 中國時報，民 88 年三月十日，第三版。

[47] 「胡錦濤提新形勢下發展兩岸關係四點意見」，http://news.xinhuanet.com/newscenter/2005-03/04/content_2649780.htm

[48] 中共「反分裂國家法」http://big5.xinhuanet.com/gate/big5/news.xinhuanet.

中共的反分裂國家法與胡錦濤的談話雖然在因應防制民進黨政府走向「法理台獨」的道路，但也為兩岸關係的新發展預先埋下了一個可能性。亦即在「九二共識」的基礎上，確立「一個中國」的前提（大陸與台灣同屬一個中國），雙方可以談判正式結束敵對狀態與建立軍事互信等議題。

2007 年中共十七大中，胡錦濤所作的政治報告中，對於兩岸關係有以下的說法：「臺灣任何政黨，只要承認兩岸同屬一個中國，我們都願意同他們交流對話、協商談判，什麼問題都可以談。我們鄭重呼籲，在一個中國原則的基礎上，協商正式結束兩岸敵對狀態，達成和平協定，構建兩岸關係和平發展框架，開創兩岸關係和平發展新局面。」[49]胡錦濤的談話基本上仍保持的基本調性，強調一個中國，九二共識，至於九二共識的內容為何？中共認為應該是著重於一個中國，而非各自表述。

從上述的相關言論分析，中共在某些場合上對於臺海兩岸軍事互信機制的可能性預留了一些可能的空間，然而並需是在其所謂的「一個中國前提」的情境之下方有可能。這可以說是一種利用安全議題，達到所望政治目的的手法。

就實際的作為而言，中共在信心建立措施方面，雖然已經與俄羅斯、哈薩克、吉爾吉斯與印度等國分別簽訂有關「信心建立措施」的協議。但對台灣則多所保留。基本上，中共對台灣的認知是屬於其內政的範疇之一，而信心機制的建立基本上是屬於國對國之間的問題，台灣地位的問題涉及到敏感的政治神經，要在政治上解套，在現階段並不容易。

---

com/tai_gang_ao/2005-03/14/content_2694168.htm

49 「胡錦濤在中國共產黨第十七次全國代表大會上的報告」，http://news.xinhuanet.com/newscenter/2007-10/24/content_6938568_9.htm

二、我國政府對建立軍事互信機制的態度

關於我國政治精英對於兩岸建立軍事互信機制的主張歸納如後：

1990 年 11 月 5 日時任立法委員之陳水扁曾提出兩岸可仿效兩德模式，簽訂「兩岸基礎條約」，和平共存，互不侵犯，並以此做為兩岸交流的基本規範。[50]1992 年 5 月 12 日總統府前副秘書長兼國統會研究委員會召集人邱進益提議，兩岸仿效東西德於 1972 年簽訂「基礎條約」的方式，與中共簽訂「互不侵犯協定」，以達到相互承認為對等政治實體之目的。[51]1995 年前總統李登輝在國統會第 10 次全體委員會中提出六點主張，並且對兩岸結束敵對狀態提出正面而具體的回應。當中共正式宣佈放棄對我使用武力後，即在最適當的時機，就雙方如何舉行結束敵對狀態的談判，進行預備性協商。[52]1998 年 4 月 17 日，前行政院長蕭萬長在立法院答覆質詢時表示：「從兩岸整體關係之現狀和未來發展而言，他贊成與北京交換軍事演習資訊，建立軍事互信機制以避免因誤判而引發戰爭，如果演習可以透明化，不只可以降低敵意，更正面的影響是可以維持兩岸與亞太地區的和平穩定。」[53]前國防部長蔣仲苓在 1998 年 7

---

[50] 中國時報，民國 79 年 11 月 16 日，第 3 版。陳水扁認為自民國 76 年 11 月 2 日政府開放大陸探親後，兩岸人民接觸日益頻繁，衍生許多問題，而當時法律無法規範，因此提出其草擬之「中華民國與中華人民共和國基礎條約」，主張兩岸本和平共處之原則，相互保證放棄武力之使用或威脅，雙方之事實領土主權均不可侵犯，以平等為基礎，創造兩岸共同合作之條件，以確保兩岸人民之福祉。

[51] 中國時報，民國 81 年 5 月 11 日，第 3 版。

[52] 行政院大陸委員會，大陸工作參考資料（合訂本）第一冊（台北：陸委會，民國 87 年），頁 423-430。

[53] 聯合報，民國 87 年 4 月 18 日，第 1 版。答覆張俊雄委員對於兩岸建立軍事互信機制時如此回答。

月 15 日表示，有關建立軍事預警制度，不是我方一廂情願便可以做到的事情，其中牽涉到兩岸的態度，一切言之過早，必須在「國統綱領」進入道第二階段之後方有可能。[54]民進黨政府執政後，逐漸調整其台獨黨綱中所明示的台灣獨立主張，以「四不一沒有」取代過去針鋒相對的立場，在兩岸關係的政策上，極力保持台海的和平與穩定，並對臺海兩岸的安全議題，提出新的思維。2000 年 12 月中，陳水扁總統在接見參加台灣綜合研究院舉辦之「二千年台灣安全－回顧與展望」學術研討會外國學者時表示，兩岸關係的穩定是第一要務，希望兩岸關係能早日正常化，常加強與大陸的經貿關係外，為避免隔閡導致對軍事資訊不必要的誤解和誤判，兩岸有必要建立軍事互信機制。[55]而國軍對於臺海兩岸軍事互信機制的構想一直抱持著正面且積極的態度，當時的國防部長伍世文也曾經多次表達此種態度，國防部更曾經舉辦相關議題的學術研討會，邀請學者集思廣益，希望思考出一套可行的方案供作決策參考。[56]

此外根據報刊報導，國防部為因應日後兩岸軍事交流與建立軍事互信機制之準備，已經派員前往美國國防部相關軍事單位和學術單位，接受有關軍事交流和談判的訓練，同時學習美軍在建立軍事互信機制方面累積的經驗，以備將來之需。[57]當時的國防部副部長陳必照更在立法院專案報告中提出建立兩岸軍事互信機制的說法。[58]

2008 年 3 月 18 日我國總統大選結果揭曉，國民黨總統候選人馬英九當選，為兩岸的重新展開對話建立了正當性的基礎。隨之而

---

[54] 中國時報，民國 87 年 7 月 16 日，第 4 版。
[55] 自由時報，民國 89 年 12 月 16 日，第 2 版。
[56] 聯合晚報，民國 89 年 12 月 7 日，第 2 版。
[57] 自由時報，民國 89 年 12 月 25 日，第 1 版。
[58] 台灣日報，民國 90 年 1 月 3 日，第 9 版。

來於同年 4 月 12 日，博鰲會談中副總統當選人蕭萬長與胡錦濤會談時，對於兩岸關係的發展提出了「正視現實、開創未來、擱置爭議、追求雙贏」，而胡錦濤也以「四個繼續」做出善意正面的回應，緊接著馬英九總統 5 月 20 日的就職演說中對於兩岸關係提出了，未來將就國際空間與兩岸和平協議進行協商。並肯定胡錦濤最近三次有關兩岸關係的談話：3 月 26 日與美國布希總統談到「九二共識」、4 月 12 日在博鰲論壇提出「四個繼續」、以及 4 月 29 日主張兩岸要「建立互信、擱置爭議、求同存異、共創雙贏」。認為這些觀點都與我方的理念相當一致。並提出了兩岸人民同屬中華民族的觀點，強調台灣與大陸一定可以找到和平共榮之道。[59]海峽兩岸的領導人物基本上都表達出願意進行和平協商的善意，對兩岸關係而言，是一個具有正面意義的發展。

前國防部長陳肇敏 97 年 6 月 3 日在答覆立法院質詢時，答覆國防部已訂出政策草案，將區分近、中、遠程建立兩岸軍事互信機制。近程，推動非官方接觸，優先解決事務性議題；中程，推動官方接觸，降低敵意，防止軍事誤判；遠程，則是確保兩岸永久和平。我方初期將公佈「國防報告書」，預先公告軍事演習，保證不率先攻擊，並遵守核武五不政策，同時主動公佈海峽行動準則。[60]這可說是我方對於軍事互信機制建構所提出最具體的一次說法。

上述關於軍事互信機制的論述，基本上屬於政府機構甚或是軍方對於此一議題採取積極正面的態度，主觀上認為如果軍事互信機制建構成功，將有助於台海安全與穩定。然而，這些論述或主張，在實際意義上仍屬於政策宣示的階段，如何落實，甚至是如何進

---

[59] 馬英九總統就職演說全文。ttp://www.idn.com.tw/news/news_content.php?catid=1&catsid=2&catdid=0&artid=20080520andy004

[60] 李風，「建立軍事互信：兩岸和平發展的保障」。http://www.chinareviewnews.com

行，基本上仍屬未定。況且，對於此等議題，我國朝野各界之態度並非一致，缺乏真正共識，例如立委蔡同榮便認為，軍事互信機制的建立應該是在中共正式宣佈放棄武力犯台的前提下，此一互信機制才有實施的可能，認為軍方放出希望建立兩岸互信機制的訊息是一廂情願的做法，兩岸不可能在沒有建立政治性互信機制的狀況下，先建立軍事互信機制。[61]此外，從兩岸的大格局來看，兩岸問題如同跳探戈，單靠一方的善意或者是獨腳戲並不足以成事，此為我方與大陸建立軍事互信機制最大困難所在。此外，我國在關於「一個中國」問題上的態度尚未獲得內部共識與中共對我方立場充分理解之前，兩岸關係要有進一步的突破在可預見的未來似乎是不是那麼的樂觀。現階段也僅能做出儘量利用機會表達我方善意，以及尋求各種可能的信心建立機制模式的意圖，希望對方了解，並在內部事先做好規劃，一旦時機成熟才不至於手忙腳亂，無法因應。

三、兩岸軍事互信機制的國際環境

目前亞太地區並未出現類似歐安會議之類的軍事互信機制，東協組織或許可以被視為是此一地區的一個多邊安全機制。在東協國家與中共相繼進行軍事現代化的情勢下，除了官方第一軌道的「東協區域論壇」之外，東協在「資深官員會議」、「後部長會議」中，均積極推動有關軍事政策、軍事採購、軍事演習及其他國防相關活動的「信心建立措施」，以增加亞太區域各國軍事活動的透明度。此外在非官方、由各國戰略研究機構所組成「第二軌道」的「亞太安全合作理事會」，也設立了「信心安全建立措施工作小組」，研究「信心建立措施」在亞太區域運作的相關問題。凡此種種，均顯示

[61] 台灣日報，民國90年1月3日，第9版。

亞太區域國家對於信心建立措施、協商對話的共同性及合作性安全的日益重視。[62]

目前東南亞地區最受重視的安全議題為南海問題，1992 年東協部長會議曾發表南海宣言，主張和平解決南海爭議。[63]而由此地區國家召開之「處理南海潛在衝突眼討會」，對南海問題的主張是以和平方式解決，以營造週邊環境之和平、穩定，以致力於經濟發展。中共雖有參加會議，但卻不支持在此地區運用「信心建立措施」。[64]此外，中共也不允許任何國家在其主權領土的問題上進行干預。[65]

雖然東協國家在台海問題上的立場，懾於中共的壓力明顯偏向中共，但對於台灣在亞太安全上所隱含的意義卻知之甚深。印尼與澳洲在 1995 年所簽訂之軍事合作協議中便宣告，任何一方或雙方共同安全異議遭到不利挑戰時，雙方得磋商並考慮採取妥式的個別或聯合行動予以回應。南海與台海一旦發生危機，危及海上交通航線安全與區域經濟成長，即構成澳洲與印尼安全協議所規定的磋商程序，兩國應進行部長及會議研商因應之道。[66]由此可知，雖然東協國家關切台海安全，但卻缺乏一套有效的機制，將台海安全問題納入整個東協集體安全機制中加以討論，仍然維持在一個關切但不表態度的狀態下。

---

[62] Carolina Hernandez 著，〈東協國家的亞太安全戰略〉，田弘茂編，後冷戰時期亞太集體安全（台北：業強出版社，民 85 年），頁 314。

[63] 同上註，頁 312。

[64] 宋燕輝，〈第六屆印尼「處理南海潛在衝突研討會」的觀察〉，國策雙周刊，第 124 期，1995 年 12 月。

[65] Gurtov Melvin, China's Security : The New Role of the Military（Boulder: Lynne Rienner Publisher:1998）, p.234.

[66] 林正義，〈台灣與澳洲、東協的安全合作關係〉，國策雙周刊，第 146 期，1996 年 9 月。

1996 年初美國國防部長裴利曾經建議亞太地區，包括中共、日本、美國等強權組成國防部長聯合會議，建立定期磋商制度，以因應未來可能的軍事危機。這樣的思維正是採取歐安會議的模式，來促進東亞地區的安全。[67]1998 年 5 月美國副助理國務卿謝淑麗在眾院國際事務委員會亞太小組作證時指出，兩岸應該朝向和解方向走，並認為美國維護台灣安全的政策包括三個層面：堅持和平解決、繼續對台軍售、維持在亞太地區的前進部署武力。而整個安全政策則是「維持一個穩定的環境，使兩岸能採取步驟，邁向和解。」[68]1998 年 7 月 11 日，裴利在發表演說時指出，美國認為一個中國政策是正確的，並且鼓勵兩岸能夠儘早就增加海峽兩岸交流、提供台灣一定程度的國際空間與發展建立互信的方法等三項主要議題達成協議。[69]

美國著名智庫史丁生（The Henry L. Stinson Center）研究員艾倫（Kenneth W. Allen）曾經對台海兩岸軍事互信機制的建立認為可以透過宣示性措施、溝通性措施、約束性措施、透明性措施、海上安全措施、查證性措施等方式，達到降低兩岸敵意，減少衝突發生的機率。例如：在宣示性措施上，各方在對對方的政策宣示上，在語氣與措詞上可以更加的和緩與精確，避免引起不必要的誤解或錯讀；在溝通性措施上，可以嘗試建立軍事交往的可能，如中共曾經透過「中國國際戰略研究所」與「國防大學」的名義，邀請台灣安全問題專家參加研討會，台灣方面也曾經邀請「軍事社會科學院」的教授到台灣參加學術研討會。兩岸的軍官也曾經在國外交流、受

---

67 吳東野，〈美日兩國在台海衝突中的利益及角色評析〉，政策月刊，第 17 期，1996 年 6 月。

68 中國時報，民國 87 年 5 月 26 日，第 4 版。

69 中國時報，民國 87 年 7 月 15 日，第 4 版。

訓中接觸。而熱線電話的建立則是可以提供兩岸相當層級的領導人有一條直接溝通的管道，不論是象徵或實質的意義上均能降低兩岸的緊張情勢。甚至是透過熱線可以對他方進行軍事演習的告知。雙方可以透過退休軍官的互訪建立起第一線的溝通管道，然後逐漸擴大到現役軍人的交流互訪。在海上安全措施上，包含救援協定的達成，並可以舉行聯合搜救演習。1997 年 11 月，兩岸的海上救難協會達成了建立熱線電話的協議。根據此協議，只要有一方的船隻在台灣海峽發生意外事故，雙方都可以透過熱線電話聯繫救援行動。在約束性措施方面：兩岸的空軍事實上早已經建立起約束性的機制，從 1958 年台海危機之後，我國空軍在執行大陸沿海偵防時，都保持在大陸海岸線 30 海浬以外，大陸戰機通常不會越過一條虛擬的海峽中線。基本上，雙方均維持著某種非正式的默契；在透明化措施上，目前兩岸均已經建立定期公佈國防報告書的制度，儘管並不一定是針對對方，但在軍事透明化方面已經有了初步的成效。而北京與台北均曾經透過雙方的國防部或政府發言人，針對軍事演習進行公開的告知；在查證措施方面，1994 年中共加入國際化學武器公約時，曾經同意接受定點查驗。[70]1999 年美國中國問題專家蘭普敦（David Michael Lampton）也表示，應鼓勵兩岸進行對話，加強兩岸的信心建立措施，強化各自的透明度，以避免意外或錯估發生。[71]

基本上，由於缺乏一個制度性的架構將兩岸安全問題納入，因此儘管國際上與我方對於臺海兩岸軍事互信機制採取積極而正面

---

[70] Kenneth W. Allen, `Military Confidence-Building Measures Across The Taiwan Strait', Paper presented in the Conference on " Building New Bridges for a New Milennum" Sponsored by The Public Policy Institute of Southern Illinois University, 1998, pp.9-14.

[71] 工商時報，民國 88 年 2 月 25 日，第 2 版。

的態度推動，甚至有些美國學者已經認定，兩岸已然具備某種形式的軍事互信機制存在，只是不加以制度化或明朗化而已。這樣的看法雖然具有某些事實作其立論之根據，然而軍事互信機制應該建立在雙方均同意的基礎上，方有真正落實的可能。時至今日，關於兩岸互信機制的建構，中共迄今尚未做出明確之宣示，仍停留在其「一個中國」前提等諸如此類的論述窠臼之中，因此儘管我方與國際對此議題所傳達出之善意頻頻，在實際的作為上並未獲得實質的進展。

肆、兩岸軍事互信機制建立可能模式想定與發展階段與策略

一、兩岸軍事互動的可能模式想定

在了解到當前兩岸雙方與國際環境對於台海軍事互信機制的基本看法之後，吾人可以歸納出，當前兩岸軍事互信機制仍無法擺脫「政治問題」的侷限。中共認為只要政治談判開始，台灣當局接受一個中國前提，則一切都好談，不論是國際空間、軍事互信機制，都不是問題。而我方則認為中共不應堅持「一個中國」為兩岸復談的前提，而只能當作談判的一項議題。此即兩岸一直無法打開僵局的主要原因。事實上，不論是信心機制或軍事互信機制，基本上均屬於高度政治性議題。必須雙方在政治上先建立有避免衝突的需要或對於可能因誤判、誤解所造成的衝突災難，有無法承受的共識之後，方有可能進一步從事信心機制的建構。此點吾人可以從古巴飛彈危機之後，美蘇兩國領導人對於「驚爆 13 天」中可能使人類淪入核子大戰危險的驚覺，才有雙方領袖「熱線」的建構。事實上，1996 年中共第二次在台海附近試射飛彈時，台海雙方雖然沒有直

接溝通的管道與查證虛實的方法。但是遠在美國華盛頓的外交圈卻是動作不斷。根據中共資深外交官陳有為的說法，當時美國國務院便積極地與正在美國訪問的國務院外事辦主任劉華秋查詢中共軍演的虛實，且提出嚴正的警告[72]，並希望台灣能派遣專人向美國說明台灣需要甚麼武器裝備以應付此等危機，最後由當時的國安會副秘書長丁懋時負責與美國溝通。[73]換言之，儘管兩岸之間尚未出現正式的信心建立機制，並且在外表上呈現某種程度的僵局，但是仍然有其間接溝通、傳達訊息的管道。此外，僵局並不代表兩岸之間的信心建立機制就無法發展。前面述及之美國學者艾倫，在「大陸改革二十年」學術研討會中提到對兩岸信心建立措施的看法。他認為，第一、兩岸必須在政治議題上有了進展，軍事上的信心建立機制才能談；第二、中共對於台灣主權的認定與不能與台灣展開主權國家間的信心建立措施的看法，兩者之間並非沒有不可以平行進展的可能，但需要領導者的「想像力與勇敢的領導」。[74]綜觀政治實務界與學界對於「信心建立機制」的建構模式，臺海兩岸之間的軍事互信機制，基本上可以區分為以下三種主要類型：[75]

---

[72] 林添貴譯，James H. Mann 著，轉向－從尼克森到柯林頓美中關係揭密（台北：先覺出版股份有限公司 1999 年），頁 496。

[73] 淡江大學黃介正教授於政戰學校政治研究所演講時，曾說明當時華府對台海危機的處理折衝過程。

[74] 中國時報，民國 88 年 4 月 9 日，第 4 版。

[75] 研究信心建立機制的學者基本上將信心建立機制區分為五種類型：宣示性措施，溝通性措施，透明化措施，限制性措施與驗證性措施。見 M. Susan Pederson and Stanley Week, “A Survey of Confidence and Security Building Measures” in Ralph A. Cossa (ed.), Asia Pacific Confidence and Security Measures (Washington, D.C.: The Center for Strategic and International Studies, 1995), pp. 83-96; John Borawsku, “The World of CBMs,” in John Borawski (ed.), Avoiding War in Nuclear Age: Confidence-Building Measures for Crisis Stability (Boulder, Colorado: Westview Press, 1986), pp. 10-17.

第一、意思表示性作為：其中可包括宣示、通知與情報交換等措施。

第二、避免誤判性作為：其中可包括溝通、會商、驗證等措施。

第三、行為規範性作為：其中可包括行為規則、相互接近方式與彼此限制等措施。

雙方關於軍事互信機制可為的具體措施可依分類歸納如下表：

意思表示性作為	宣示性措施	雙方對對方宣示軍事力量不用於攻擊；不打不獨、不獨不打。 我方宣布放棄發展核武，中共宣布對台不使用核武。
	通知性措施	軍演活動應於一定時間前將軍演區域、大約人數、相關性質，以公告方式提出（如透過新華社、中央社）。
	資訊透明措施	出版國防報告書；公佈每年軍費與軍備計劃大綱；軍事資訊交流。
避免誤判性作為	溝通性措施	建立兩岸負責軍事事務人員熱線溝通管道。
	會商性措施	建立年度軍事人員會議機制（含第一線最高指揮官）、定期或不定期召開軍事學術研討會、退役高階軍官互訪、兩岸軍官參與第三國智庫研究對話。
	驗證性措施	透過第三國或國際組織採用科技偵測方式進行。
行為規範性作為	迴避性措施	軍演迴避敏感地區； 避免言語攻擊或刺激對方； 相互尊重彼此有效控制區域。 遵守中共不越中線與我機離大陸海岸三十海浬飛行之默契；

		中共逐步撤離針對台灣之短程導彈。 我方不採購攻擊性武器；
	雙方接近遭遇處置	雙方機艦應建立維持一定距離與姿勢之共識；避免用射控雷達鎖定對方之行為；雙方潛艦避免進入敏感海域（兩岸共同協商劃定）；雙方遭遇時避免危害措施；緊急通訊頻道建立。
	限制性措施	雙方接觸線兩側軍力部署與武器裝備數量、質量之限制。（金馬地區與福建省軍分區部署兵力設限，中共先進戰機遠離台海地區，對台短程導彈數量削減與撤離對台射程範圍） 提出台海地區和平化，放棄以武力解決爭議。台灣宣示不首先使用武力，中共宣示放棄對台軍事威懾的手段。
	合作性措施	共辦台海和平研究中心，針對兩岸和平議題共同合作進行研究，定期發表研究成果，建構台海和平論述。 共同合作維護雙方共同海洋利益。 雙方海軍合作輪流巡弋保衛固有疆域。 共同執行國際性維持和平活動。 共同參與非戰爭性行動。 人道救援 軍事醫學合作與研究

二、兩岸軍事互動的發展步驟

在時間順序與議題敏感程度上，宜從意思表示開始著手，逐步進入信心建立機制的核心，因此，在規劃上，基於中共過去對信心建立機制的認知與實際實踐的經驗顯示，對於兩岸軍事互信機制的建立，基本上，可以區分為初期、中期與遠期三個階段逐步進行。就初期階段而言，雙方似乎可以從宣示性的措施著手，強調雙方和平解決彼此差異與爭議的原則，雙方可以思考展開「終止敵對狀態」的談判，同時雙方避免在言行上刺激對方。我方少提台獨，中共少提動武，以增加彼此的好感與善意。其次，雙方可以在某些共同的議題上尋求合作，例如雙方協助救助對方重大天災地變，對對方進行人道救援，共同協商海上救難行動，共同打擊海上非法行為。此外，鑒於台商投資大陸人數與金額屢屢升高，兩岸經貿關係已然形成互賴與互補之勢，雙方應就保障台商權益，兩岸人民往訪便利性與經濟性進行協商。透過彼此密切的互動關係，互信程度增加後，雙方可以協商訂定友好指標，協商兩岸進一步交往之進程、中程與遠程目標，設定友好議題，並於適當時機對外公佈。俟時機成熟時，雙方可以在第三公證人的見證下，正式簽訂「終止敵對狀態」之協定，正式終止兩岸之間正式的軍事對峙狀態。

當雙方簽訂「終止敵對狀態」和約之後，雙方可以進入中期階段，可就如何避免敏感性接觸進行磋商，例如，就過去彼此之間的默契進行確認，如中共飛機不超越海峽中線，我國軍機不靠近中共海岸三十海浬；中共逐步移開部署在福建、江西地區的地對地飛彈，離開台灣六百海里的範圍，雖然這項舉措象徵意義大於實質意義，但代表中共願意放鬆對台軍事壓力的善意，我方則是將部署在外島可以威脅大陸地區的飛彈撤出；雙方同意在第一線地區將兵力部署降至不構成攻擊態勢的兵力；彼此在這樣的基礎上協商兩岸軍備管制措施，避免陷入軍備競賽旋渦；兩岸負責軍事日常事務的最高領導人彼此之間可以建立溝通線路（熱線）；彼此交換年度例行性軍事訓練演習之時間表，大陸軍演地區基於對台之善意應遠離台海敏感地區，我國軍事演習則以防衛性演練為主要著眼，並遠離西部海岸與地區，在時間的選擇上應避免敏感與相對性，必要時可先互派退役將領或者是現任軍官擔任觀察員。此外，雙方可以就軍事交流方式進行互動，採行之模式可以先民間、準官方後官方，先由兩岸民間軍事研究相關團體與學者互訪，定期輪流於兩岸召開國際性質關於兩岸安全與關係之學術研討會，並推動兩岸離（退）休老將互訪聯誼。

當雙方進行交流一段時間彼此對於對方均有所理解與信任後，軍事信心建立機制可以進後遠程的階段，兩岸可以就軍事資訊與軍事刊物的交流進一步進行討論與實施，進一步開放彼此軍事院校、軍校學生、研究生互訪、雙方智庫與國防大學之教學與研究人員相互交流，考慮建立第一線指揮官建立互動的模式，並定期召開會議；進入此階段後，雙方可以就「互不侵犯」與「軍事合作」的議題進行磋商，而軍事互信機制將從強調宣示性、透明性、溝通性、限制性與規範性等措施，進入查證性措施與合作性措施的階段，雙方可以議定固定的查證模式，進行對相關資訊的現場查證。並且應升級進入戰略階層的安全合作協商，如設立台海為永久和平區等議題。

總之，兩岸軍事信心互信機制的建立，基本上是屬於一種從屬於政治的工具性的作用，此一機制之建立主在協助兩岸避免不必要的軍事衝突與誤解產生之可能，兩岸就最敏感的軍事議題進行資訊與意見的交換，藉以建立彼此朝向和平解決兩岸爭議的最大可能性。儘管中共目前對於政治性的議題仍設有先決條件，在這先決條件尚未解決之前，似乎很難在兩岸問題上獲得實質性的進展，儘管如此，我方如能就軍事互信機制建立的各種可能方案加以提出，供對方考慮，至少在善意的提出上我方可以採取主動，並邀國際參與盛事。兩岸的信心建立措施主動權在中共手中，睽諸中共涉台事務領導人近期之言論，和平統一是其主要基調，在這樣的輿論氛圍下，中共似乎可以考慮更具彈性、不設定先決的政治議題，以展現中共輿論與實際之間的結合，一方面可以消除我方人民之疑慮，並可以增進週邊地區國家對於中共處理區域問題之信心，增加亞太地區「信任建立措施」成功的機率，而這樣的善意絕對有利於中共所言之「和平統一」進程，而對台海地區和平與穩定的維持亦有其正面性的作用。

伍、結論

信心建立機制是二戰之後時期美蘇兩大陣營對抗環境下所逐步發展出來的產物，冷戰期間這樣的機制在東西方關係改善與避免戰爭上扮演著重要的角色。證諸歐洲的經驗，信心建立機制是從一種非強制性或稱之為非義務性的自願方式開始，逐步發展出具有義務性質的措施，這是一條漫長的道路。歐洲經驗的成功，不僅為歐洲帶來了和平與繁榮，同時這種寶貴的經驗，亦被有創意的運用到其他潛存軍事衝突的區域，如中東、南亞、非洲、中亞與拉丁美洲，都以歐洲信心建立措施的經驗來發展、設計適合其地區的信心措施，以促進區域的和平與穩定。

中共在軍事互信機制上運用最好的例子是與其接壤的中亞地區五國。中共分別與俄羅斯、吉爾吉斯斯坦、塔吉克斯坦與哈薩克斯坦等四國，建立了彼此之間的軍事互信機制，並在 1996 年共同簽訂「關於在邊境地區加強軍事領域信任的協定」，內容包括：雙方互不進攻、雙方互不進行針對對方之演習、限制軍事演習的規模、範圍與次數、彼此互相通報邊境一百公里縱深地區的重要軍事情況、彼此邀請觀察實兵演習、預防危險軍事活動、加強雙方過境地區軍事力量和邊防部隊之間的友好交往等等。[76]並在這樣個架構下，逐步發展出上海五國安全合作的機制，分別在經濟合作領域、遏阻民族分裂、加強中亞地區和平穩定方面進行合作。顯示出合作性安全已經可以從概念性的討論，轉化成可供具體實踐的層次。其所顯示的意涵是，各國合作降低緊張必須要各國具有共同利益和政治意願，只要有意願與共同的利益，便可獲得實質的進展。[77]中共也強調，「安全不能依靠增加軍備，也不能依靠軍事同盟，安全應依靠相互之間的信任和共同利益的聯繫，通過對話增加信任，通過合作謀求安全。」[78]

檢視目前兩岸關係與信心互信機制建立之狀況，當前最主要的問題仍然在溝通管道不順暢與雙方彼此信任程度不足，導致在許多措施上無法逐漸推動，而使得許多論述皆淪為空談。目前兩岸最大的障礙的政治問題如果無法達成彼此的諒解，在這樣的政治環境下，希冀信心互信機制或軍事互信機制有所突破的機會並不太大。

在「中共被動、我方主動」的限制條件下，國際政治中關於「軍備控制的單方面途徑」似乎可以做為我國在推動與中共信心互信機制的可行途徑。透過單方面的倡議，採取數個片面的、合作性的行動，將可以創造一種互惠的動力，產生一種信任的氣氛，引來對方的互惠以待。如 Charles E. Osgood 的「漸進式互惠的降低緊張關係途徑」（Graduated Reciprocation in Tension-Reduction, GRIT）。在美蘇核武對峙期間，他建議，美國在維持核子武器與強大的第二擊能力之同時，採取某些開創性的單方面措施，並宣佈實施這些措施的

---

[76] 傅耀組、周啟明，聚焦中國外交（北京：中共黨史出版社，2000 年），頁 323-324。

[77] Robert Karniol, "Why Asia must Search for a Security Formula," Jane's International Defense Review, vol. 11,（February 2000）, p. 43.

[78] 「中國的國防白皮書」，文匯報（香港），1998 年 7 月 28 日，第 c4 版。

時間表，並使其可獲得證實，並鼓勵對方做出類似的回應。基本上這些提議的目標在於使互惠式的軍備管制的傳播過程得已啟動。[79] 在目前中共對兩岸信心互信措施建立表現逐漸升溫之際，Charles E. Osgood 的漸進式互惠降低緊張關係途徑似乎可以做為我國在採取相對主動地推動兩岸軍事互信機制上的一種啟發。我方可以發揮想像力與創意，針對雙方均感興趣的議題表達我方善意，以吸引對方之注意與考慮，不斷的釋出善意的與規劃構想，有助於對方對我方想法的更進一步了解，進而提出他們的條件與構想，如此方有可能開啟互信機制的第一步。

在技術層面上我方必須先行規劃，做好準備。就西方軍事互信機制或信心建立措施的經驗觀察，其中涉及許多專業領域與技術層面的問題。單單軍備控制談判的內容就包含了極為專業性的議題在其中，絕對不是臨陣上場便可以應付。因此，在規劃與預想未來可能兩岸政治性談判[80]或軍事互信機制的建立等等議題時，如何解決有關專業知識方面的準備，將會是一個很重大的挑戰。此外，當政治談判開啟後，雙方認為有需要營造一個相對和平與穩定的局面，避免軍事上造成的緊張關係，以有利於政治性談判的順利進行時，這樣的機制將有可能會實現。兩岸政治性談判開啟後，各種不同的議題需有各方面的人員參與，其中負責軍事安全的軍方將無法避免地必須參與其中有關國防安全議題的細節與實務層面的談判與討論。

就兩岸軍事人員互動的議題而言，就目前的觀察顯示，兩岸間的溝通協商機制正在逐步開啟，制度性的兩岸會談隨著兩岸氣氛的

---

[79] Charles E. Osgood, “Reciprocal Initiative,” in James Roosevelt, ed. The Liberal Papers (Garden City, NY: Doubleday, 1962), pp. 155-228.

[80] 西方國家關於政治性談判時，均未排除軍方人士參與，提供與軍事議題相關問題的意見諮詢。

逐漸緩和，出現了新的契機，兩岸雙方的執政黨、領導人均在言詞上表現出極大的善意，為持一個和平穩定的兩岸關係，似乎已經是雙方執政者的主要思維。在這樣的大環境下，如何營造一個有利於兩岸關係發展的條件，建立一個相對和平穩定的局面，避免軍事上的差錯造成不必要的緊張關係，以有利於兩岸協商對話的進展，兩岸的軍事互信機制，雙方軍事人員的和平互動將有利於維持兩岸和平穩定這種共識的發展，這樣的機制將有可能實現。然而長時期的敵對狀態，要在一夕之間轉變在事實上是有所困難的，不管是新態的調適或彼此的信認上，均無法在一時之間轉變。故而透過逐步的軍事人員接觸互動，運用創意與現有科學技術，逐步建立溝通管道，控制彼此敵意，控制雙方暴力機器，改善雙邊關係，建立合作模式。

故而兩岸軍事人員互動的模式，似乎以雙方高階人員定期視訊會談方式進行對話較為可行，當雙方對話習慣逐漸養成，並適應此種模式之後，再逐次的發展更進一步面對面對的會談。在多種管道的互動上，透過退休或文職人員第三地或國外智庫研習的接觸，在授命的範圍內交換意見，先以以雙方均感重要或必要，且敏感程度不高的議題為開端。如兩岸間的海上救援與共同搜尋等活動的協調，可以在現有的基礎上（1997 年 11 月，兩岸的海上救難協會達成了建立熱線電話的協議。根據此協議，只要有一方的船隻在台灣海峽發生意外事故，雙方都可以透過熱線電話聯繫救援行動），進行演練與實際的操作，讓雙方彼此習慣對方的模式，奠定互信的基礎之後，在逐次升級至其他軍事議題上（如互相通知演訓訊息、協議共同輪流巡弋海疆、進行共同護漁行動、協力打擊海上犯罪與海盜行為、雙方軍事醫學共同合作與研究等等活動）。

誠如學者 Marie-France Desjardins 對信心建立措施的思考，大多數的信心建立措施是建立在某些假設上面的，最重要的假設是信心建立措施的兩方均有加入信心建立措施程序的意願，各方因此才有機會進入信心建立措施的細節與設計的討論，而對話的過程中才有機會進行條件的談判，有談判才有機會達成某種協議，有協議才有機會轉變成為執行。因此，意願將會是信心建立措施中最重要的先決條件，除非雙方在某個特定的信心建立措施上有強烈且自我的利益，否則要在信心建立措施上見到任何的成果將會是不大容易的事。[81]彼此信任度不足與中共無意願，是兩岸目前在交往上最大的問題所在，透過信心建立措施的漸進式途徑，提起中共的意願與彼此的信任感與可預測性，應可以逐漸改善這種彼此互不信任的狀況。在維護台海和平的前提下，如何發揮創意，激起對方願意溝通的意願，建立彼此溝通的管道，避免誤解、誤判所導致的危機與緊張，是一項非常值得深入研究的議題。

就總體的角度觀察兩岸軍事互信機制的建構上，兩岸的領導人必須具備勇氣與眼光承認與整合五個關鍵性的問題，將它們放入兩岸的政策中。這五個關鍵分別為：第一是兩岸之間的議價需將台灣需要國際空間的需求納入考量；台海非軍事化，在北京的政治需求下，台灣的領導人必須經常需要選擇一個可以滿足台灣內部需求與獲得北京妥協的政策，這是無法逃避的議價主題。第二是包含著北京的政治與機會成本。北京的台海政策存在於較大的政治與安全系絡中。北京必須把握用軍事威脅台灣政策來交換擁抱台北的政策。中國的領導者有義務重新思考在其對台政策中，保留值得保留者，修正過時者。第三，雙方的政策制定者必須明確的判斷他們願意接受以某些特定價值作為代價的成本與風險。第四，雙方必須決定在

[81] Marie-France Desjardins, Rethinking Confidence-Building Measures：Obstacles to Agreement and the Risk of Overselling the Process（New York: Oxford University Press, 1996）, p.63.

某種特殊狀況下會設定有限的付出，或者是要努力地去獲得更大的收穫。第五是時間的問題。何時是雙方重新接觸的最好時機？如果雙方都無法乘機取得長久的和平，它將會是一個戰略上的盲目，台海做為和平區的主張將協助影響這些機會。[82]另外，從建構主義的角度看，兩岸之間如何彼此看待，彼此對對方的想像與雙方的共同想像為何，都將影響著兩岸關係發展的進與退，是越看月順眼，還是越看越不對盤，其實是受到雙方對雙方關係與對對方的基本看法的影響，而這樣的認知建構則是需要不斷的嘗試與改變方能做到，軍事互信機制最起碼可以表達出雙方不願意使用武力對付對方的態度，從表意到牽手合作是一個漫長且既期待又怕被傷害的過程，為了台海兩岸的和平與發展，都有必要誠意地走出艱難的第一步。

[82] I. Yuan, Confidence-Building Across the Taiwan Strait: Taiwan Strait as a Peace Zone Proposal. (August 25,2008).

第八章　美「中」台建構互信機制的關鍵要素

（曾復生　博士）

壹、前言

二〇〇九年七月二十七日，美軍太平洋總部司令基亭將軍，參加「中美戰略與經濟對話」，並針對美「中」台軍事關係，接受媒體訪問時表示，馬英九總統上台後，兩岸都採取降低緊張的行動；今日沒有跡象顯示，美國應該比昨天更憂慮台海情勢；只要台海一天不緊張，就離和平解決兩岸歧異更近一天；美國讚賞兩岸朝解決問題的方向前進，也鼓勵這些行動。此外，基亭將軍強調，美「中」兩軍的關係時斷時續，現在雙方整體上有恢復交流的共識；目前雙方可能最先恢復的，是美「中」海上軍事安全磋商會談；同時，美方正密切注意中共潛艦武力和其他軍事能力的發展，準備與中共軍方就此議題進行對話，希望多瞭解中共發展軍力的意圖，因為雙方交流對話，才能增進瞭解與互信，進而降低誤判與衝突的可能性。

二〇〇九年八月上旬，大陸中國社科院台研所所長余克禮，在八月號的「中國評論」發表專文「兩岸應正視結束敵對狀態簽訂和平協定的問題」，並列出五項研究議題包括：（一）兩岸尚未統一的特殊情況下的政治關係；（二）台灣當局的政治地位，即如何解決

「中華民國」的地位；（三）結束兩岸軍事對峙狀態，建立軍事安全互信機制；（四）化解兩岸政治意識形態對立；（五）兩岸和平協議框架。

美國總統柯林頓主政時期的對華政策核心智囊之一，現任華府喬治城大學教授唐耐心博士（Nancy Bernkopf Tucker），在美國研究亞太重要議題的智庫「國家亞洲研究局」（The National Bureau of Asian Research）所出版的「亞洲政策」（Asia Policy,No.8,July 2009），發表一篇題為”At the Core of US-China Relations”的研究報告指出，「台海議題」仍是美「中」之間敏感的重要議題，同時美「中」台間的互信基礎依然脆弱。目前，台灣的主流民意傾向於維持政治自主性的現狀，但是中共方面限制台灣國際空間的能力與資源卻越來越多；此外，當中共所擁有的軍事和經濟優勢增強之際，反觀台灣的政治制度與民眾所享受的民主權利，對大陸人民的吸引力卻正在逐漸減弱。

唐耐心認為，由於中共實力的強化與台灣實力的弱化，已經影響到美國在台海地區戰略與利益。更值得注意的是，台海新形勢的消長變化，將會對「雷根總統對台六大保證」的政策基礎，造成明顯的衝擊，同時，華府與台北若缺少穩固的互信基礎，將導致台北方面很難有充份的信心與北京進行對話。

最後，唐耐心建議，歐巴馬、胡錦濤與馬英九三位領導人，必須建立一個透明互信的對話平台與政策共識基礎，以維持台海地區的和平與穩定，其中的具體措施包括：（一）交換重要的政策資訊以增進互信；（二）定期的高層對話以減少誤判與誤解；（三）互相體諒彼此內部的政治壓力與限制；（四）強化政治、文化與社會的溝通互動。

貳、美「中」建構互信機制的虛實

二〇〇九年十一月中旬，美國總統歐巴馬出席在新加坡舉行的亞太經濟合作論壇（APEC）領袖峰會，並前往北京進行訪問。中共駐美大使周文重表示，歐巴馬總統訪問北京是「中」美雙方加強對話、增進互信、擴大合作的重要機遇；同時，周文重指出，「中」美已經建立起六十多個對話磋商機制，兩國戰略對話也從無到有，為雙方加強對話與合作提供重要平台。

然而，美國方面推動的美「中」軍事交流對話，仍面臨相當明顯的限制因素，其中包括：（一）中共軍方瞭解美「中」的軍事科技能力差距仍大，因此不願在增加透明度的壓力下自曝其短；（二）中共軍方不願公開其積極強化戰力的重點項目；（三）中共軍方不願意加入美俄戰略性武器的裁軍對話，導致美俄中共三方面的「軍事互信機制」無法有效建構發展；（四）美「中」雙方的政治領導人，都傾向於把雙邊的軍事交流與對話活動，納入彼此政治互動關係的重要環節，成為提升或降低政治關係的籌碼。

整體而言，美國的戰略規劃圈正在深思如何轉化共軍的戰略意圖，使中共的軍力成為亞太地區和平穩定的貢獻者，而不是破壞者，其中包括：發展區域性的安全合作架構、增加各國間在經貿等領域的互動關係、強調此地區若爆發軍事衝突所必須付出的社會經濟代價、鼓勵中國大陸周邊國家與中共發展雙邊或多邊性質的軍事互信機制，以及加強美軍與中共軍方高階和中階軍官的交流互動，進而能夠增加彼此間的軍事活動透明度，並降低雙方因誤判或無法直接溝通，而爆發軍事衝突的風險。

不過，從中共軍方的角度觀之，美「中」軍事交流與對話的限制因素關鍵，在於美國對中共的戰略意圖不明確。雖然美國不斷的表示願意透過交流互訪與聯合軍事演習的方式，建立雙方的軍事互信機制，但是，中共軍方認為，只要美日軍事同盟，仍然把中共視為假想敵，雙方要想建立深層次的軍事交流對話，恐怕還有許多障礙有待克服。

參、台美建構互信機制的共識基礎

美國戰略規劃圈人士自二〇〇九年五月上旬，正式啟動新一輪的「對台政策檢討」，分別由國務院、國防部、中情局，以及國家情報總監辦公室，負責相關議題的研究討論，最終由白宮國安會亞洲部門資深主任貝德（Jeffrey Bader）綜合彙整，並於九月下旬完成對台政策檢討報告，做為美國總統歐巴馬於十一月中旬訪問中國大陸，與胡錦濤溝通台海議題的政策對話基礎。

隨著台海兩岸互動關係的質量俱進，以及美「中」之間建設性合作互動的議題日益深廣。美國將面對美「中」台互動新形勢的重大議題包括：（一）如何促使中共對台灣的要求做出更多折衷讓步？（二）如何面對處理日益明顯的兩岸互動失衡趨勢？（三）萬一兩岸關係的融合程度超過美國所能接受的動態平衡程度，美國政府將如何向美國人民解釋這種情況？（四）倘若台灣的主流民意傾向與中國大陸加強互動，甚至展開實質性的經濟與社會融合，並進一步朝向政治議題的協商談判時，美國將如何因應這種結構性轉變，並繼續維持美國在台海地區的戰略經貿利益？

二〇〇九年八月中旬，前美國務院副發言人容安瀾（Alan D. Romberg），在史丹佛大學胡佛研究所出刊的「中國領導人觀察」

（China Leadership Monitor No.29,2009）中，發表一篇題為”A Confederacy of Skeptics”的專題指出，雖然美國與中共間的「共同利益」關係，已經明顯的超過「分歧利益」的干擾；與此同時，台海兩岸當局也有意積極提升互動關係的質量，藉以共同維護台海地區的和平穩定，但是，美「中」和台灣內部朝野政黨間的互信基礎依然脆弱。具體而言，美「中」就「對台軍售與軍事交流」的議題仍然各有堅持且不易輕言讓步；同時，中共方面對於大幅度放鬆對台灣國際活動空間的限制，亦有相當程度的疑慮，因為中共方面擔心，萬一台灣又再度出現政黨輪替執政，屆時情況恐將難以掌握；此外，美國方面亦擔心台灣方面若選擇加速與大陸進行經貿社會甚至政治性的整合，則美國將被迫調整其對華政策及亞太安全戰略，因此美方正慎重的考慮如何支持台灣，並且能夠彈性運用二〇〇九年五月參與「世界衛生大會」的成功模式，繼續爭取參加聯合國專門組織機構的年會和相關活動，以增加台灣的國際活動空間。

過去十六年，台海兩岸當局每年九月間「循例」在聯合國大會的場合，進行激烈的外交戰，但二〇〇九年，台北方面決定停止這項策略措施。二〇〇八年五月，馬政府上台後，推出「活路外交」及「兩岸外交休兵」的策略，並且與中共達成默契，成功地在二〇〇九年五月間，順利地以「中華台北」的名義，獲邀為觀察員身份，參加聯合國專門機構「世界衛生組織」的年會活動，並與世界各國就衛生防疫議題進行互動合作。

隨著全球氣候變遷所造成的影響日益明顯，台灣方面對於參與「聯合國氣候變化綱要公約」、「世界糧農組織」等聯合國專門機構的功能性活動，以共同面對處理「災難常態化」的新形勢，更顯迫切。目前，美國方面在新的「對台政策檢討」中，認真地思考將基於人道考量，和共同合作因應人類社會面臨嚴峻新威脅的基礎，支持台灣方面參加聯合國所屬的專門機構活動，以維護台灣人民的利益，並且讓台灣的人民，也能夠為世界其他地區受到災難威脅和傷害的人民，做出支援和貢獻。

現階段，美方戰略規劃圈的主流意見認為，中共方面雖然在經濟上與軍事力量上，明顯地超越台灣的水準，但是這些並不能夠保證，中共就有足夠的能力，可以使用威脅暴力的手段，逼迫台灣就範，因為中共方面尚未贏得台灣多數人民的支持。基本上，美國對台海地區的戰略目標就是「和平穩定與和平解決」，並希望中共與台灣方面也都能夠共同支持這個目標。

同時，台灣在面對美「中」互動關係的變化，以及台海兩岸互動關係的複雜性，仍然存有生機和努力的重點，其中包括：（一）結合跨國企業，振興台灣經濟；（二）維持健康的政黨政治；（三）擁有適當的軍事嚇阻能力；（四）發展有實質意義與價值的外交關係；（五）保持堅強穩固的台美關係。

整體而言，如果美國認為台灣的戰略觀點與美國牴觸，美國對台灣的承諾力道就會減弱。目前，美國方面認為台美間的戰略觀有重歸一致的趨向，這種重歸一致是基於台灣的領導階層願意向北京重申，其無意挑戰中華人民共和國的基本利益；同時，美國瞭解到，台灣願意與中共發展良性互動關係，並不是投降，而是希望能夠營造兩岸雙贏的結果；此外，美國也將向中共強調，北京如何處理台海議題，將是其成為何種強權的關鍵指標。

肆、兩岸建構互信機制的核心議題

二〇〇八年十二月三十一日，中共總書記胡錦濤公開呼籲，兩岸可適時就軍事問題進行接觸交流，探討建立軍事安全互信機制問題。隨後，馬英九總統於二〇〇九年五月九日，接受新加坡「聯合早報」專訪時明確表示，如果能在二〇一二年連任，並在「有迫切需要協商」的前提下，「不排除觸及」政治議題的兩岸協商；同時馬總統指出，對簽署兩岸經濟合作架構協議（ECFA），台灣「有急迫感，但沒有時間表」；此外，關於兩岸建立軍事互信機制的議題，馬總統強調，「這個議題太敏感，涉及台灣和美國的關係，我們主要軍備來自美國，因此我們非常謹慎」。據瞭解，大陸國台辦主任王毅曾經於二〇〇九年六月下旬訪美，並拜會國務院副國務卿史坦伯格和國安會亞洲部門資深主任貝德。在會談中，王毅向美方表示「兩岸若簽署軍事互信機制協議，華府應拒絕出售 F-十六 C/D 型戰機給台灣」。

隨著台海兩岸互動關係的質量俱進，擁有關鍵性指標作用的台美軍售關係，在美「中」台建構互信機制的複雜過程中將益顯敏感。首先，從台灣利益角度觀之，台美軍售與軍事合作關係的維持，是保障台海和平穩定與軍力動態平衡的重要支柱，當馬政府積極推動兩岸經貿互動交流之際，台灣仍然需要獲得美國在軍事上的支持與協助，以確保兩岸互動能維持在「互利雙贏」的軌道上前進。不過，台灣的執政當局在國家安全戰略的選擇上，遲早都必須面對「台美軍售及軍事合作關係」的形勢變化。一旦台灣當局選擇逐步與大陸進行政治經濟融合，美方勢必會調整其對台軍售的政策與質量；另若台灣當局選擇繼續保持美「中」台軍力動態平衡的現狀，則兩岸軍事互信機制的建立仍將遙不可及，更遑論兩岸融合了。

其次，從中共利益的角度觀之，美國雖然有意擴大與中共進行戰略性的對話，並增加經貿、環保、能源、安全等多項重大議題的合作，同時也一再強調，維持台海地區和平穩定及保障台海議題和平解決，是美國的政策與目標，但是，中共方面認為，美國顯然還不願意放棄對台灣的影響力，或者美國仍然有意運用台灣，做為牽制中國大陸發展的棋子，所以，中共方面認為在兩岸互動日益密切頻繁之際，台美軍售關係的維持，代表中共方面仍有必要在主權議題上緊守立場，以防範台美之間形成「兩個中國」或「一中一台」的利益共同體。

最後，從美國利益的角度觀之，美國為確保台海地區的和平穩定，並朝向和平解決的方向努力，仍有必要繼續依據台灣關係法，對台灣提供防禦性的武器和適當的軍事合作關係，其一方面可以維護美國在此地區的影響力，同時也可以保證台海兩岸的歧見，必須以和平的方式化解。然而，美國也會擔心，一旦兩岸從經貿融合進入政治性整合階段，台美軍售與軍事合作關係在新形勢中，恐將面臨調整。

伍、美國對台軍售與兩岸建構互信機制

美國對台軍售的決定是基於美國在西太平洋整體戰略利益的考量，並依據「一法三公報」和「對臺六項保證」，所組成的「一個中國政策」來推動執行。目前台海兩岸所進行的良性互動是美國所樂見，但美國仍將視台灣在防衛上的需要，繼續出售相關的武器裝備，以強化台灣在與大陸對話時的信心。不過，美國方面也開始注意到，一旦兩岸互動關係更加密切時，美國也必需提防其重要的軍事科技會從台灣流入共軍手中。因此，對台出售先進戰機及潛艦等敏感性高的武器裝備也會有所保留。

現階段，美國支持台海兩岸建構有意義的軍事互信機制，以達到台海地區和平穩定的目標，並避免美國在台海發生軍事衝突時，被迫捲入其中。同時，美國強調台海兩岸歧見，必需透過對話協商和平化解，但是，美國仍堅持不介入、不施壓的立場。

北京方面的態度則是希望，美國敦促台灣推動建構兩岸軍事互信機制，但卻不希望美國直接參與討論，同時，北京也希望透過兩岸軍事互信機制，促使美國與台灣中止軍售關係；至於台北方面的主流意見認為，台美關係必需先鞏固，才能進一步探討兩岸建構軍事互信機制的議題。同時，台北方面強調，台海兩岸建構軍事互信機制，不能夠影響到美國對台軍售與軍事合作能量；此外，台北方面希望美國能夠積極參與並成為兩岸簽署和平協議的保證人。因此，台北方面希望美國採取具體的步驟，強化鞏固台美關係，以增加台北與北京協商建構軍事互信機制的信心與安全感。

整體而言，台海兩岸建構軍事互信機制的議題，需要同時考量的因素包括：（一）美國與中共的競合關係變化；（二）台美平行利益關係的變化；（三）台灣內部凝聚共識基礎的強度；（四）兩岸對主權議題的彈性處理程度；（五）兩岸針對性軍力部署的調整；（六）兩岸經貿文化交流所累積的善意基礎；（七）美國對台軍售的質量變化等。

目前，有部份的北京戰略規劃者認為，北京當局應把握「戰略機遇期」，加速推動兩岸軍事互信機制的建構工程，並形成一種無法逆轉的新格局。不過，也有部份的戰略規劃者強調，台美軍售與軍事合作關係不停止，兩岸要建構軍事互信機制，根本就是緣木求魚。同時，北京軍方鷹派人士對胡錦濤的懷柔策略，仍有疑慮並認為，台北的國際活動空間逐漸擴大的同時，將會鼓勵美國支持「兩個中國」政策，導致中國和平統一的進程更加複雜化。

因此，美國方面主流意見認為，美國對華政策必需保持明確與一致，以防範北京與台北任何一方有所誤判；同時，美國對台灣的支持強度與兩岸關係良性發展的程度，應同步成長。換言之，美國對台的軍售決定、台美軍事合作質量，以及美國在西太平洋地區的軍事部署，都必須把美國保障台海議題「和平穩定與和平解決」的關鍵利益，納入考量。

陸、結語

探討美「中」台建構互信機制的議題，三方面都必須密切關注一個關鍵性的變數，也就是台灣人民意願的變化。面對中國大陸經濟發展的磁吸效應，台灣的經濟與政治結構，已經遭逢巨大而且前所未見的結構性挑戰。這種肇因於兩岸經貿互動所產生的變動與衝擊，對於台灣的主流民意而言，是既有期待又怕受傷害。一方面，台灣的主流民意期待兩岸能在良性互動的基礎上，擴大經貿的交流與合作關係，達到兩岸雙贏的目標；另一方面，其對中共的一黨專政體制，仍然充滿不信任感，因此對維持台灣的政治自主性亦相當堅持。

換言之，台灣主流民意支持台海兩岸「不統不獨不武」現狀的心理基礎，確實有其務實面的政治經濟考量。更值得重視的是，這種「不統不獨不武」的內涵，反映出台灣民眾「有些人不想統一、有些人不想獨立」的多元性，而其間最具有影響力的關鍵要素，就是中國大陸政治經濟發展的速度、程度、深度，以及廣度。倘若中國大陸的經濟發展深度與廣度，能夠進一步帶動政治體制朝民主化的方向改革，讓大陸的生活方式、生活環境、政治制度、經濟機會等，都能逐漸形成對台灣人民的吸引力，屆時，兩岸在共創雙贏的格局下，進一步協商建構軍事互信機制和簽署「和平協議」的政治議題，才有水到渠成的落實機會。

參考書目

一、中文部份（含外文中譯）

（一）一般書籍

丁渝洲主編，臺灣安全戰略評估。台北：遠景基金會，2004。
中央通信社編，世界年鑑。台北：編者印 2007、2008。
中華民國紅十字會編，中華民國紅十字會總會九十二年災害救助與管理及心理輔導研討會。台北：編者印，2003。
王美音譯，比爾·蓋茲著，擁抱未來（The Road Ahead）。（台北，遠流出版社，1996）。
王萬里，台灣與歐盟。台北：五南圖書出版股份有限公司，2002。
王崑義等合著，兩岸關係與信心建立措施。台北：華立圖書有限公司，2005。
亓樂義，捍衛行動：1996 臺海飛彈危機風雲錄。台北，黎明出版社 2006。
包宗和，美國對華政策之轉折：尼克森時期之決策過程與背景。台北：五南圖書出版股份有限公司，2002。
台灣研究基金會國防研究小組編，國防白皮書。台北：台灣研究基金會印，1989。
台大政治系編，務實外交與兩岸關係學術研討會。台北：編者印，1994。
田弘茂編，後冷戰時期亞太集體安全。台北：業強出版社，1996。
行政院陸委會編，大陸工作參考資料（合訂本）第一冊。台北：編者印 1998。
行政院陸委會編，大陸工作參考資料（合訂本）第二冊。台北：編者印，1998。
朱章才譯，Wilfried Loth 著，和解與軍備裁減：1975 年 8 月 1 日，赫爾辛基。台北市：麥田初版社，2000。
朱建松譯，歐洲共同體。台北：黎明文化出版公司，1985。
朱志宏，公共政策。台北：三民書局，1999。

朱浤源主編，撰寫碩博士論文實戰手冊。台北：正中書局，1999。
行政院研考會編，二〇一〇年社會發展策略：國家安全研究報告。台北：編者印，2003。
伍忠賢，策略管理。台北：三民書局，2002。
杜衡之等著，台灣關係法及其他。台北：台灣商務印書館，1983。
李英明，全球化時代下的台灣和兩岸關係。台北：生智文化事業有限公司，2001。
李英明，重構兩岸與世界圖象。台北：生智文化事業有限公司，2002。
李英明，全球化下的後殖民省思。台北：生智文化事業有限公司，2003。
李酉潭等譯，Georg Sørensen 著，民主與民主化。台北：韋伯文化事業出版社，2000。
何清漣，中國的陷阱。台北：台灣英文雜誌社，2003。
吳曉波，中國崛起：中國企業發展史：1978-1992。台北，遠流出版社，2007。
吳彩光，中共統戰及對策研究。台北：黎明文化公司，1996。
吳家恆等譯，James Canton 著，超限未來 10 大趨勢。台北：遠流出版公司，2007。
林鍾沂，行政學。台北：三民書局，2001。
林添貴譯，James H. Mann 著，轉向－從尼克森到柯林頓美中關係揭密。台北：先覺出版股份有限公司，1999。
林正義，1958 年台海危機期間美國對華政策。台北，台灣商務出版社，1985。
周世雄，國際體系與區域安全協商－歐亞安全體系之探討。台北：五南圖書出版股份有限公司，1994。
杭亭頓（Samuel P. Huntington），第三波：二十世紀末的民主化浪潮。台北：五南圖書出版股份有限公司，2008。
邱強，危機處理聖經。台北：大和圖書書報有限公司 2001。
倪世雄、包宗和校訂，當代國際關係理論。台北：五南圖書出版股份有限公司，2003。
姚海里與斐曉亮譯，埃里克・伊茲拉萊維奇著，當中國改變世界。台北：英屬維京群島商高寶國際有限公司台灣分公司，2006。
胡祖慶譯，國際關係理論導讀。台北：五南圖書出版股份有限公司 1993。
郝柏村，對戰力應有的基本認識（總長郝上將主持三軍四校 72 年反共復國革命教育開訓典禮講話）。台北：國防部編，1983。

翁明賢、林德皓與陳聰銘合著，歐洲區域組織新論。台北：五南圖書出版股份有限公司，1994。
翁毓秀，災害救助及其運作模式之研究。台北：內政部委託研究報告，2003。
陳志奇，戰後美國對華政策之蛻變。台北：帕米爾書店，1981。
陳國銘，由建立信心措施論歐洲傳統武力條約之研究。台北：淡江大學國際事務與戰略研究所碩士論文，1996。
陳怡如，從中共對台政策與我國大陸政策發展歷程分析兩岸共識建立的可能性。台北：國立政治大學公行系碩士論文，2004。
鈕先鐘，現代戰略思潮。台北：黎明文化公司，1989。
鈕先鍾譯，Andre Beaufre 著，戰略緒論。台北：麥田出版有限公司，1996。
許舜南，台海兩岸建立軍事互信機制之研究。台北：國立政治大學公行系碩士論文，2001。
莊文瑞譯，Karl Popper 著，開放社會及其敵人。台北，桂冠圖書有限公司，1992。
黃瑞明，歐洲政治合作研究，台北：商務出版社，1987。
國家政策研究基金會編，國家政策研究基金會國政研究報告。台北：編者印，2006。
國家安全會議編，國家安全報告。台北：國家安全會議印，2006。
國防部編，國防部委託研究報告，如何落實全民國防。台北：編者印 1999。
國防部編，國軍統帥綱領。台北：編者印，2001。
國防部頒，國軍軍事思想。台北：頒者印，2001。
國防部史編局譯印，2001 美國四年期國防總檢報告。台北：譯者印，2002。
國防部總政治作制戰局編，湯部長主持國防部九十一年三月份國父紀念月會講話。台北：編者印，2002。
國防部後備司令部編，國防部後備司令部簡介。台北：頒者印，2002。
國防部編，國軍 91 年度軍事教育學術研討會論文集。台北：編者印，2002。
國防部編，中華民國 91 年國防報告書。台北：譯者印，2002。
國防部編，國軍軍語辭典。台北：編者印，2004。
國防部編，民國 93 年國防報告書。台北：編者印，2004。
國防部編，中華民國 95 年國防報告書。台北：編者印，2006。
國防部譯，策略過程：軍事與商業之比較。台北：譯者印，2007。
國防大學編，全民國防與國家安全之剖析。桃園：編者印，2008。
國防大學編，中共「三戰」策略大解析。桃園：編者印，2008。

張亞中，歐洲統合：政府間主義與超國家主義的互動。台北：揚智文化事業股份有限公司，2001。

張亞中，全球化與兩岸統合。台北：聯經出版事業股份有限公司，2003。

張虎，剖析中共對外戰爭。台北：幼獅文化有限公司，1996。

黃城，中華民國國家發展體系研究。台北：嵩山出版社，1991。

曾復生，中美台戰略趨勢備忘錄。台北：秀威資訊科技公司，2004。

曾章瑞等合著，新世紀國家安全與國防思維。台北：國立空中大學印行，2005。

曾祥穎譯，Terry Farrel 等著，軍事變革之根源。台北：史政編譯室，2005。

賀力行等合譯，Rue & Byars 合著，管理學技巧與運用。台北：前程企管有限公司，1999。

溫哈溢譯，謝淑麗著，脆弱的強權（Fragile Superpower：How China's Internal Politics Could Derail Its Peaceful Rise）。台北，遠流出版社，2008。

楊日青等譯，Andrew Heywood 著，政治學新論。台北：韋伯文化事業出版社，1999。

趙春山，蘇聯與歐洲安全合作會議。台北：國立政治大學政治研究所博士論文，1980。

趙明義，國家安全的理論與實際。台北：時英出版社，2008。

趙華等譯，Schelling, Thomas C.著，入世賽局：衝突的策略。台北：五南圖書出版股份有限公司，2006。

劉慶祥，我國政府遷台後國防政策的政經分析。台北：政戰學校政研所博士論文，2003。

歐信宏與胡祖慶合譯，Joshua S. Goldstein 著，國際關係。台北：雙葉書廊公司，2003。

樂為良與黃裕美譯，CSIS・IIE 著，重估中國崛起：世界不能不知的中國強權。台北：聯經出版社，2006。

蔡承旺，以互賴理論建構金門經濟發展策略。台北：台灣師範大學政治學研究所博士論文，2006。

鍾堅主編，張延廷著，國防通識教育（上冊）。台北：五南圖書出版股份有限公司，2007。

韓應寧譯，菲克著，危機管理。台北：天下叢書公司，1987。

顏良恭，公共政策中的典範問題。台北：五南圖書出版股份有限公司，1996。

羅運治，歐洲安全暨合作會議之研究。台北：私立淡江文理學院歐洲研究所碩士論文，1976。

（二）大陸出版品

上海國際問題研究所編，2000 年國際形勢年鑒。上海：上海教育出版社，2000。

中共中央文獻研究室編，三中全會以來重要文獻選編。北京：人民出版社，1982。

中共中央文獻研究室編，建國以來毛澤東文稿（七）。北京：中央文獻出版社，1992。

中共中央台灣辦公室海研中心、中國國民黨國政研究基金會，兩岸經貿論壇文集。北京：九州出版社，2006。

卡爾・巴柏，猜想與反駁：科學知識的增長。上海：上海譯文出版社，2005。

汪斌，中國產業：國際分工地位和結構的戰略性調整。北京：光明日報出版社，2006。

阮宗澤，中國崛起與東亞國際秩序的轉型：共有利益的塑造與拓展。北京：北京大學出版社，2006。

沈偉光，傳媒與戰爭。杭州：浙江大學出版社，2000。

李慎明、王逸舟主編，2005 年全球政治與安全報告（Report on International Politics and Security 2005）。北京：社會科學文獻出版社，2005。

門洪華譯，Robert O. Keohane and Joseph S. Nye 著，權力與相互依賴（Power and Interdependence）。北京：北京大學出版社，2002。

軍事科學院世界軍事年鑑編輯部編，世界軍事年鑑 1995-1996。北京：解放軍出版社，1996。

俞可平，民主與陀螺。北京：北京大學出版社，2006。

香港年代月刊編，中美關係文件彙編 1940-1976。香港：70 年代月刊 1997。

徐焰，金門之戰 1949-1959。北京：中國廣播電視出版社，1992。

徐學增，蔚藍色的戰場－大陳列島之戰紀實。北京：軍事科學出版社，1995。

黃衛平、汪永成，當代中國政治研究報告Ⅳ。北京：社會科學文獻出版社，2005。

張文木，中國新世紀安全戰略。山東：山東人民出版社，2000。

張幼文，新開放觀。北京：人民出版社，2007。

傅耀組、周啟明，聚焦中國外交。北京：中共黨史出版社，2000。

劉華秋主編，軍備控制與裁軍手冊。北京：國防工業出版社，2000。

（三）期刊

王直，「加入 WTO、大中華自由貿易區、和兩岸經濟整合」，《遠景基金會研究期刊》，2003 年第 3 期，頁 9-10。

王崑義，蔡裕明，「和平崛起：轉型中的中國國際戰略與對台戰略思考」，全球政治評論，2005 年，第 9 期，頁 43-84。

王鵬、歐立壽，「試論心理戰的地位與作用」，國防科技，2006 年第 3 期，頁 77。

立法院公報，「委員會紀錄」，立法院公報，第 97 卷第 51 期，民國 97 年 10 月 16 日。

江啟臣，「新區域主義浪潮下台灣亞太區域經濟戰略之研析」，第四戰略學術研討會（2008 年 4 月 18 日），頁 18。

行政院陸委會，「中共「十七大」會議初析」，大陸與兩岸情勢簡報（2007 年 11 月），頁 8。

行政院陸委會「日本 2008 年「防衛白皮書」有關中共軍事內容重點及各界反應」，大陸與兩岸情勢簡報（2008 年 10 月 9 日），頁 13。

沈明室，「2006 年的東北亞安全情勢」，刊於亞太安全合作理事會中華民國委員會秘書處編，戰略安全研析，第二十三期（民國 96 年 3 月），頁 32 至 35。

宋燕輝，「第六屆印尼『處理南海潛在衝突研討會』的觀察」，國策雙周刊，1995 第 124 期。

李風，「建立軍事互信：兩岸和平發展的保障」，中國評論月刊第 128 期，2008 年 8 月號。

李酉潭，「民主化與台灣的國家安全」，新世紀智庫論壇，第 42 期（2008 年 6 月 30 日），頁 51。

邱立本、江迅，「兩岸和平的最新機遇」，香港：亞洲週刊，第 13 卷第 16 期，1999 年 4 月 25 日，頁 18~23。

吳東野，「美日兩國在台海衝突中的利益及角色評析」，政策月刊，1996 第 17 期。

吳忠吉，「台灣經濟與兩岸貿易分析」，世界經濟與政治論壇，2004 年第 1 期。

吳瑟致，林佩霓，「台灣面對中國崛起的區域戰略與兩岸關係之初探」，展望與探索，第 6 卷第 9 期（2008 年 9 月），頁 29。

林正義，「台灣與澳洲、東協的安全合作關係」，國策雙周刊，第 1996 年 146 期。
高朗，「如何理解中國崛起？」，遠景基金會季刊，第 7 卷第 2 期（2006 年 4 月），頁 63。
高孔廉、鄧岱賢，「美中台三邊激盪下的兩岸關係」，中華戰略學會 2008 年 3 月 31 日春季刊。
秦亞青，「國際政治的社會建構：溫特及其建構主義國際政治理論」，美歐季刊，第十五卷第二期，民國 90 年夏季號。
耿曙，林琮盛，「全球化背景下的兩岸關係與台商角色」，中國大陸研究，2005 年，第 48 卷第 1 期，頁 1-25。
黃炎東，「組織管理與危機管理」，國民學校教師研習會研習資訊第十九卷，2002 年。
亞洲周刊編，亞洲周刊，第 13 卷第 16 期，頁 18-23，1999。
陳世昌，「災害救助金發放之檢討與省思」，社區發展季刊第九十期，2000 年。
陳德昇、陳欽春，「兩岸學術交流政策與運作評估」，遠景基金會季刊，第 6 卷第 2 期，2005 年 4 月，頁 40～43。
郭迺鋒、周濟、方文秀、陳美琇，「東亞經濟整合對台灣經濟的影響」，經濟評論暨評論，第 10 卷第 4 期，2005 年。
國民黨政策會編印，大陸情勢雙週報，第 1530 期（97 年 6 月 4 日）、1531 期（97 年 6 月 18 日）、1533 期（97 年 7 月 23 日）、1534 期（97 年 8 月 13 日）。
莫大華，「和平研究：另類思考的國際衝突研究途徑」，問題與研究，第 35 卷 11 期，民國 85 年，頁 73-79。
陸以正，「不再是機密的外交秘辛」，國家政策研究基金會，民國 91 年 7 月 24 日。
郭瑞華，「中共十七大之後的對台政策」，展望與探索，第 5 卷第 12 期（2007 年 12 月），頁 95。
張麟徵，「兩岸關係和平發展的前瞻論其契機與隱憂」，刊於海峽評論第 212 期，2008 年 8 月號。
楊永明，「台灣民主化與台灣安全保障」，台灣民主季刊，第 1 卷第 3 期（2004 年 7 月），頁 1-25。
楊仕樂，「中國威脅？經濟互賴與中國大陸的武力使用」，東亞研究，第 35 卷第 2 期，2004 年，頁 108-139。

楊開煌，「兩岸維持現狀的三大支柱」，刊於海峽評論月刊 177 期，2008 年 9 月號。
趙建民，「兩會復談後的兩岸關係展望」，歐亞專欄，2008 年 8 月 12 日。
遠見雜誌，「政府滿意度與對外政策；民眾終極統獨關」，遠見雜誌，2008 年 9 月號、10 月號。
歐陽亮、楊曉光、程建華，「中國經濟增長：2006 年回顧及 2007 年預測」，2006 年預測中心研究報告第 25 期，北京：中國社會科學院預測研究中心。
歐陽國南，「發揚抗戰精神落實全民國防」，國防雜誌，第 22 卷第 4 期（2007 年 7 月），頁 101。
劉昊洲，「論危機與危機處理」，游於藝雙月刊第 16 期第 4，1999 年版。
劉紅，「兩岸關係進入戰略機遇期」，華夏論壇，2008 年 9 月 16 日。
蔡明彥，「胡錦濤訪日與中日關係近期走向」，大陸與兩岸情勢簡報（2008 年 6 月），頁 3。
錢振勤，「從國家安全戰略高度認識和研究資訊心理戰」，南京理工大學學報（社會科學版），第 21 卷第 4 期（2008 年 8 月），頁 109。
邁克爾・麥克德維爾，「論安全對話、信心建立措施和聯盟的作用」，香港：中國評論，第 13 期，1999 年 1 月，頁 20。
閻學通，「中國崛起的可能選擇」，戰略與管理，第 2 期（1995 年 3-4 月），頁 11-14。

（四）報紙

人民日報，「中共國務院台灣事務辦公室、國務院新聞辦公室中聯合公布：《台灣問題與中國統一白皮書》」，北京，1993 年 8 月 24 日。
人民日報，「中共國台辦：海協負責人就所謂『辜董事長談話稿』發表談話」，北京，1999 年 7 月 31 日。
工商時報，「錢其琛：主要承認一個中國，台灣不接受一國兩制也可談」，台北，民國 89 年 9 月 10 日。
文匯報，「Sino-Indian BM Agreements」，香港，1998 年 7 月 28 日，版 4。
文匯報，「張銘清指出不能模糊和回避一個中國原則」，香港，2000 年 05 月 26 日。
中新社，「中國常駐聯合國副代表說：武力解決台問題不違反任何國際法」，紐約報導，1999 年 9 月 4 日。

中新社，「郭艦、陳建：國台辦副主任解讀錢其琛統一問題『新三句』」，2001 年 02 月 20 日。

中國新聞社，「不排除武力制止台獨立，李肇星促美勿介」，北京，1999 年 8 月 20 日。

中國評論網，「胡錦濤會見台灣海基會董事長江」，2008 年 6 月 13 日。

中國共產黨新聞網，「李彥增：重要戰略機遇期」，北京，2008 年 9 月 25 日。

中央社，「李總統登輝先生接受『德國之聲』專訪全文」，台北，1999 年 7 月 10 日。

中央社，「陳正杰：陳水扁接受華盛頓郵報專訪問答全文」，台北，2004 年，3 月 29 日。

中央社，「楊明娟：馬總統接受紐時專訪強調開展兩岸經貿關係」，台北，2008 年 6 月 18 日。

中央社，「李佳霏：未來施政主軸劉兆玄提五實踐策略」，台北，2008 年 7 月 25 日。

中央社，「林憬屏：馬總統投書泰媒：台灣是亞太和平締造者」，台北，2008 年 12 月 20 日。

中國時報，「逾二千億，最大規模，我獲美 5 項軍售，攻防兼備」，台北，民國 97 年 10 月 5 日，A1 要聞版。

中國時報，「莫瑞刺蝟戰略馬政府重視」，台北，民國 97 年 10 月 22 日，版 A11。

自立晚報，「郭穗：具發展亞太資產中心優勢，台灣稅改會成立」，台北，2008 年 6 月 26 日。

青報社論，「以全民國防的總體意志確保台海和平」，台北，民國 94 年 1 月 13 日，版 2。

青報專論，「大陸觀察：中共軍事戰略發展面臨的難題」，台北，民國 95 年 12 月 29 日，版 4。

青年日報，「新聞辭典－日本自衛隊」，台北，民國 96 年 1 月 15 日，版 4。

青年日報，「日本防衛廳改制後的安全戰略」，台北，台北，民國 96 年 1 月 22 日，版 4。

青年專論，「澳洲師法美國，防堵中共覬覦南太平洋」，台北，民國 96 年 3 月 18 日，版 3。

青年日報，「台海生波，不能寄望美國馳援」，台北，民國 96 年 4 月 6 日，版 2。

青報社論，「全民國防教育已獲具體成效，為確保國家安全扎下深厚根基」，台北，民國 96 年 6 月 14 日，版 2。

青年日報，「肆應挑戰，美國防總檢報告觀點精闢」台北，民國 96 年 7 月 26 日，版 6。

青報社論，「暑期戰鬥營激揚愛國意識對宣揚『全民國防』深具效益」，民國 96 年 8 月 27 日，版 2。

青年日報專訪，「王崑義：致力堅實國防追求兩岸和平維持區域穩定」，台北，民國 97 年 5 月 21 日。

青年日報，「董立文：新政府上任後的兩岸關係形勢評估」，台北，民國 97 年 5 月 25 日。

青報社論，「強化後備動員驗證協調機制，達成全民防衛作戰任務」，台北，民國 97 年 5 月 30 日，版 2。

青報社論「暑戰營青年學子滿載而歸，全民國防紮根收效宏大」，民國 97 年 7 月 26 日，版 2。

青報社論，「落實全民防衛動員演練有效提升國土安全防護效能」，台北，民國 97 年 7 月 27 日，版 2。

青報社論，「『萬安演習』為驗證協同應變機制建立居安思危憂患意識」，台北，民國 97 年 8 月 6 日，版 2。

青報社論，「同心演習有效驗證動員機制，蓄積堅實防衛戰力」，台北，民國 97 年 9 月 27 日，版 2。

青年日報，「王崑義、古明章：波羅的海三小國同舟共濟共禦強權」，刊於「小國安全戰略」專欄，台北，民國 97 年 10 月 19 日。

青年日報，「總統參加國軍 97 年重要幹部研習會」，台北，民國 97 年 10 月 21 日，版 2。

青報社論「全民國防教育見成效國家安全有保障」，民國 98 年 9 月 12 日，版 2。

東森新聞，「胡錦濤：兩岸關係呈現良好勢頭，續推動和平發展」，台北，2008 年 4 月 30 日。

鳳凰博報，「紀碩鳴：胡錦濤認為國共是第一軌」，香港，2008 年 6 月 17 日。

解放軍報社論，「世界並不太平，戰爭並不遙遠」，北京，19999 年 8 月 1 日。

解放軍報，「中國解決台灣問題決心不會被現代化武器嚇阻」，北京，1999 年 8 月 18 日。

聯合報，「辜振甫：願再赴大陸進行對話」，台北，民國 88 年 10 月 15 日。
聯合報，「中共軍事科學院 2000-2001 年戰略評估報告」，台北，民國 88 年 9 月 3 日，版 13。
聯合報，「國安會擬國家戰略軍方未參與」，台北，民國 97 年 9 月 8 日，版 4。
BBC 中文網，「林楠森：兩會台北協商簽署四項協議」，2008 年 11 月 4 日。

二、外文部份

(I) Books

Allen,Kenneth W. 1998. " Military Confidence-Building Measures Across The Taiwan Strait." Paper presented in the Conference on " Building New Bridges for a New Milennum." Sponsored by The Public Policy Institute of Southern Illinois University.
Allison, Graham & Zelikow Philip. 1999. Essence of Decision: Explaining the Cuban Missile Crisis, 2nd ed. New York: Addison Wesley Longman, Inc.
Berg, Rolf. 1986.Building Security in Europe. New York: Institute for East-West Security Studies.
Bloed , Arie. ed. 1993. The Conference on Security and Cooperation in Europe. The Netherlands: Kluwer Academic.
Borawski, John. ed. 1986. Avoiding War in the Nuclear Age:
Confidence-Building Measures for Crisis Stability. Borlder:
Westview Press.
Boutros Boutros-Ghali,1993, Study on Defensive Security Concepts and
Politics New York：United Nations.
Chalmers, Malcolm. 1996. Confidence-Building in South-East Asia. United Kingdom: University of Bradford.
Cossa, Ralph A. ed. 1995. Asia Pacific Confidence and Security Measures. Washington, D.C.: The Center for Strategic and International Studies.

Desjardins, Marie France. 1996. Rethinking Confidence-Building Measures: Obstacles to Agreement and the Risk of Overselling the Process. New York: Oxford University Press.

Dahl, Robert A 1998., On Democracy . New Haven, Conn.: Yale University Press.

David A. Baldwin 1985, Economic Statecraft.Princeton, NJ: Princeton University Press.

Gutteridge, William. ed.. 1982. European Security, Nuclear Weapons and Public Confidence. Hong Kong: Macmillan Press.

Huaqiu, Liu. 1995. " Step-by-Step Confidence and Security Building for Asian Region: A Chinese Perspective," in Asian Pacific Confidence and Security Building Measures. Washington D.C.: Center for Strategic and International Studies.

Jordon, A., and Taylor, W. J. 1984, American National Security: Police and Process. Baltimore: The John Hopkins University Press.

K. J. Holsti 1983, International politics: A framework for analysis Prentice Hall, Englewood, N.J.

Kenneth Waltz 1979, "Reductionist and Systemic Theories", Theory of International Politics Mass: Addison-Wesley.

Krepon, Michael. ed. 1977. Chinese Perspectives on Confidence-Building Measures. Washington D.C.: The Henry L. Stimson Center.

Krepon, Michael. 1977. A Handbook of Confidence-Building Measures. Washington D.C.: CSIS.

Melvin, Gurtov. 1998. China's Security: The New Role of the Military. Boulder: Lynne Reinner Publisher.

Michael Krepon et. Al.,1998, A Handbook of Confidence-Building Measure for Regional Security , 3rd Edition Washington DC: The Stimson Center.

Nye, Joseph S. Jr. 1997. Understanding International Conflicts. New York: Addison Wesley Longman, Inc.

Osgood, Charles E. 1962. "Reciprocal Initiative." in Roosevelt, James ed. The Liberal Papers. Garden City, NY: Doubleday.

Pederson, M. Susan and Week, Stanley. 1995. "A Survey of Confidence and Security Building Measures."in Ralph A. Cossa ed. Asia Pacific

Confidence and Security Measures.Washington, D.C.: The Center for Strategic and International Studies.

Robert Gilpin 1981,"The nature of international political change", War and Change in World Politics Cambridge: Cambridge University Press.

Robert H. Scales & Larry M. Wortzel 1999., The Future U.S. Military
Presence in Asia: Landpower and the Geostrategy of American
Commitment Carlisle Barracks, PA: Strategic Studies Institute, U.S.
Army War College.Roosevelt, James ed. 1962. The Liberal Papers. Garden City, NY: Doubleday.

Terry L. Deibel 1992., "Strategies Before Containment," in Sean M.
Lynn-Jones & Steven E. Miller, ed al, America's Strategy in a Changing World Cambridge, Massachusetts: the MIT Press.

Victor-Yves Ghebali,1989, Confidence-Building measures within the CSCE Process: Paragraph -by-paragraph Analysis of Helsinki and
Stockholm Regimes New York: United Nations.

Xia Liping 1997,"The Evolution of Chinese Views toward CBMs,"in
Michael Krepon(ed.), Chinese Perspectives on Confidence-building
Measures, The Henry L. Stimson Center, Report 23, May.

Zalmay M. Khalilzad, Shulsky, Abram N., Byman, Daniel L., Cliff, Roger,
Orletsky, David T., Shalapak, David, Tellis, Ashley J. 1999., The
United States and a Rising China Washington, D. C.: RAND.

Zbigniew Brzezinski 1997., The Grand Chessboard: American Primacy and Its Geostrategic Imperative N.Y.: Basic Books/Harper Collins Publishers, Inc

（II）Articles

Harvey J. Feldman, "The U.S.-PRC Relationship: Engagement vs. Containment or Engagement with Containment," paper presented to The Inaugural Conference of Asia-Pacific Security Forum, held in Taipei Grand Hotel, 1-3, September 1997.

James R. Holmes & Toshi Yoshihara, "The Influence of Mahan upon China's Maritime Strategy," Comparative Strategy, Vol.24, No.1 （January/March 2005）, pp.23-29.

John Jorgen Holst, ”Confidence building measures: a conceptual framework,” Survival, Vol. 25, No. 1,（January/February 1983）, p.1.

Karniol, Robert. 2000. “Why Asia must Search for a Security Formula,” Jane’s International Defense Review, vol. 11, （February）.

Liu Huaqiu, “Step-By-Step Confidence and Security Building for the Asian Region: A Chinese Perspective , ” in Asia Pacific confidence and security building measures （Washington D.C.: Center for Strategic and International Studies, 1995）p.121.

Ralph A. Cossa,, Asia Pacific Confidence and Security Measures, Significant Issues Series, Vol.17, No.3（Washington D.C.:The Center for Strategic & International Studies,1995）, p.7.

Richard A. Bitzinger, “Arms to Go: Chinese Arms Sales to the Third World,” International Security, Vol. 17, No. 2（Fall 1992）, pp.84-111.

Sean M. Lynn-Jones, “Realism and American’s Rise,” International Security, Vol. 23, No.2（Fall 1998）, pp.157-182.

Thomas J. Christensen, “Posing Problems without Catching up,” International Security, Vol. 25, No. 4（Spring 2001）, pp. 14, 17

三、相關網路資源

（一）網路資料

◎中文部分

丁樹範，「2006 QDR（美國四年國防總檢報告）與美中安全關係」，刊於《戰略安全研析》第十一期（民國 95 年 3 月），網址：http://iir.nccu.edu.tw:8080/cscap/pic/newpic/戰略安全研析 No.11.pdf

「大溪會議／陳總統裁示全文」，網址 http://www.ettoday.com/2002/08/25/319-1344056.htm

立法院公報第 95 卷第 39 期，「立法院第 6 屆第 4 會期國防委員會第 2 次全體委員會議紀錄」，民國 95 年 10 月 2 日，網址：http://lci.ly.gov.tw/doc/communique/final/pdf/95/39/LCIDP_953901_00007.pdf

中華民國國家安全局全球資訊網，網址：http://www.nsb.gov.tw/index01. html

中央通信社，「立院三讀，義務役除役年齡從 40 降為 36 歲」，民國 96 年 3 月 5 日，網址：http://tw.myblog.yahoo.com/jw!f7hJqnmGH xqCKqM1 I19arOoXxIQpzPk-/article?mid=567

中央網路報，「大陸/美公佈『中共軍力報告』承認軍事透明化有『改善』」，民國 98 年 3 月 26 日，網址：http://www.cdnews.com.tw/cdnews_site/docDetail.jsp?coluid=109&docid=100709620

中央網路報，「美對台軍售不致引起中美衝突」，民國 99 年 2 月 2 日，網址：http://tw.news.yahoo.com/article/url/d/a/100201/53/1ztbt.html

中時電子報，「美強調中共軟實力，首次列入三戰」，民國 97 年 3 月 5 日，網址：http://news.chinatimes.com/2007Cti/2007Cti- News/2007Cti-News-Print/0,4634,110505x112008030500073,00.html

中時電子報，「立委：雲母飛彈只剩卅八枚堪用，幻象將有機無彈」，民國 97 年 9 月 2 日，網址：http://chinatimes.com/2007Cti/ 2007Cti-Rtn/2007Cti-Rtn-Content/0,4526,110101+112008092200461,00.html

中時電子報，「國防部業務報告，募兵制國防法制化列首務」，民國 97 年 9 月 20 日，網址：http://news.chinatimes.com/2007Cti/2007Cti-Rtn/2007Cti-Rtn-Content/0,4526,110101+112008092000408,00.html

中時電子報，「軍方也要大裁員，只留 18 萬人」，民國 98 年 1 月 19 日，網址：http://n.yam.com/chinatimes/politics/200901/20090119896841. html

中央研究院歐美研究所，「二〇二五年國家安全戰略規畫案」，民國 90 年 4 月 20 日，網址：http://www.sinica.edu.tw

「中台辦、國台辦主任陳雲林就當前兩岸關係發表談話」，2008 年 5 月 22 日，網址：http://www.gwytb.gov.cn/gzyw/gzyw1.asp?gzyw_m_id=1581

台灣大學軍訓室編，國家安全概論（台北：編者印，民國 86 年 3 月 21 日）。網路版網址：http://www.hlbh.hlc.edu.tw/office6/70.htm

《台灣關係法》第二條，全文公布於美國在台協會（AIT）網站：http://www.ait.org.tw/zh/about_ait/tra/.

「外交部歐部長立法院第七屆第一會期外交業務報告」，2008 年 6 月 25 日，網址：http://www.mofa.gov.tw/webapp/ct.asp?xItem=32211&ctNode=112&mp=1

《民防法》，民國 90 年 12 月 26 日（93 年 5 月 5 日修正），網址：http://lis.ly.gov.tw/npl/law/01208/901206.htm

立法院公報，第 95 卷第 39 期，「立法院第 6 屆第 4 會期國防委員會第 2 次全體委員會議紀錄」，民國 95 年 10 月 2 日，網址：ttp://lci.ly.gov.tw/doc/communique/final/pdf/95/39/LCIDP_953901_00007.pdf

《行政程序法》，民國 90 年 12 月 28 日修正版，網址：http://host.cc.ntu.edu.tw/sec/All_Law/1/1-49.html

行政院國家資通安全會報，網址：http://www.nicst.nat.gov.tw/index.php

行政院研考會，「政府部門成功導入風險管理的關鍵要素」，網址：http://www.rdec.gov.tw/public/Data/87816123971.pdf

行政院經濟部國際貿易局，「兩岸貿易情勢分析」，2007 年 12 月，網址：http://cweb.trade.gov.tw/kmi.asp?xdurl=kmif.asp&cat=CAT322

行政院陸委會，「民眾對當前兩岸關係之看法」，民國 87 年 9 月 29 日至 10 月 2 日，網址：http://www.mac.gov.tw/

行政院陸委會，《試辦金門馬祖澎湖與大陸地區通航實施辦法》全文，民國 89 年 12 月 15 日，網址：http://www.mac.gov.tw/big5/law/cs/law/ 95-2.htm

行政院陸委會，「海峽兩岸關紀要」民國八十八年七月版，網址：http://www.mac.gov.tw/big5/mlpolicy/cschrono/8807.htm

行政院陸委會，大陸資訊及研究中心提供之「江八點」全文，網址：http://www.mac.gov.tw/big5/rpir/1_4.htm

行政院陸委會，大陸資訊及研究中心提供之「李六條」全文，網址：http://www.mac.gov.tw/big5/rpir/1_5.htm

行政院陸委會，「兩岸大事記」時間序，網址：http://www.mac.gov.tw/big5/mlpolicy/cschrono/scmap.htm

行政院陸委會，故蔣總統經國先生於民國六十八年四月四日提出「三不」政策全文，網址：http://www.mac.gov.tw/big5/rpir/3_6.htm

行政院陸委會，一九七九年元旦中共人大常委會「告臺灣同胞書」全文，網址：http://www.mac.gov.tw/big5/rpir/1_1.htm

行政院陸委會，美國與中共簽定之「上海公報」及「八一七公報」全文，網址：http://www.mac.gov.tw/big5/rpir/1_11.htm

行政院陸委會，黃昆輝：當前大陸政策與兩岸關係「公益系列講座」，81 年 12 月 20 日，網址：http://www.tpml.edu.tw/TaipeiPublicLibrary/download/eresource/tplpub_periodical/articles/1004/ 100401.pdf

行政院大陸委員會，「兩岸歷次會談總覽」，網址：http://www.sef.org.tw/lp.asp?ctNode=4306&CtUnit=2541&BaseDSD=21&mp=19

行政院大陸委員會，「兩岸經貿統計月報」，2007 年 12 月，網址：http://www.mac.gov.tw/

行政院陸委會，「2007 年兩岸關係各界民意調查綜合分析」，民國 97 年 1 月 16 日，網址：http://www.mac.gov.tw/

行政院陸委會，「2008 年兩岸關係國內各界民意調查綜合分析」，民國 98 年 2 月 16 日，網址：http://www.mac.gov.tw/

行政院陸委會，「民眾對第四次『江陳會談』結果看法民意調查」，民國 98 年 12 月，網址：http://www.mac.gov.tw/public/Attachment/9122919513636.pdf

行政院陸委會新聞稿，「六成以上民眾肯定兩岸制度化協商有助於兩岸關係有序發展」，民國 98 年 12 月 29 日，網址：http://www.mac.gov.tw/ct.asp?xItem=72603&ctNode=5649&mp=1

行政院新聞局，2006 台灣年鑑，「兩岸軍事互信機制規畫構想」（取材 93 年版國防報告書，頁 70 至 72），網址：http://www7.www.gov.tw/EBOOKS/TWANNUAL/show_book.php?path=8_005_025

行政院新聞局，2006 台灣年鑑，「我國國防科技研發現況」，網址：http://www7.www.gov.tw/EBOOKS/TWANNUAL/show_book.php?path=8_005_025

行政院新聞局，2006 世界年鑑，「國軍持續推動募兵」，網址：http://www7.www.gov.tw/todaytw/2006/TWtaiwan/ch05/2-5-19-0.html

行政院新聞局，「行政院劉院長施政方針報告」（立法院第 7 屆第 1 會期行政院劉院長施政方針口頭報告；民國 97 年 5 月 30 日），網址：http://info.gio.gov.tw/ct.asp?xItem=37037&ctNode=919

行政院全球資訊網，「行政院 98 年度施政方針（行政院第 3106 次會議通過）」，民國 97 年 8 月 21 日，網址 http://www.ey.gov.tw/public/Attachment/882916302371.pdf

行政院全球資訊網，「立法院第 7 屆第 2 會期行政院劉院長施政報告全文」，民國 97 年 9 月 2 日，網址：http://www.ey.gov.tw/public/Attachment/8921614571.doc

行政院全球資訊網，「立法院第 7 屆第 2 會期行政院劉院長口頭施政報告全文」，民國 97 年 9 月 19 日，網址：http://www.ey.gov.tw/public/Attachment/892292002.doc

行政院兒童 E 樂園，「認識國防政策」，網址：http://kids.ey.gov.tw/ct.asp?xItem=23718&CtNode=844&mp=61

行政院內政部消防署，「凝結民力參與緊急災害救援工作——睦鄰計畫」，網址：http://www.nfa.gov.tw/ Show.aspx?MID=73&UID=818&PID=73

自由電子報，「國家安全報告：中國武嚇，添 2 攻台新武器」，民國 97 年 4 月 3 日，網址：http://www.libertytimes.com.tw/2008/new/apr/3/today- fo5.htm

自由電子報，「國民黨勝選，衝擊美台關係」，民國 97 年 4 月 4 日，網址：http://www.libertytimes.com.tw/2008/new/apr/4/today-fo1.htm

自由電子報，「美公布中國軍力報告」，民國 98 年 3 月 27 日，http://www.libertytimes.com.tw/2009/new/mar/27/today-t1.htm

自由電子報，「救災，將可動員後備軍人」，民國 98 年 12 月 20 日，網址：http://www.libertytimes.com.tw/2009/new/dec/20/today-p3.htm

自立晚報，「災害防救 先學自救 組織區域救災聯盟」，民國 98 年 12 月 27 日，網址：http://www.idn.com.tw/news/news_content.php?catid=1&catsid=2&catdid=0&artid=20091227abcd013

江丙坤，「第一線談判要支援也需鼓勵」，民國 97 年 6 月 24 日，網址：http://www.cdnews.com.tw/cdnews_site/docDetail.jsp?coluid=111&docid=100423782

李風。「建立軍事互信：兩岸和平發展的保障」，網址：http://www.chinareviewnews.com

我的 E 政府，2005 年版「台灣年鑑」，第四章外交與國防之「國防部規劃新一代戰力部署」資料，網址：http://www7.www.gov.tw/EBOOKS/TWANNUAL/show_book.php?path=3_004_073

青年日報，「國家安全報告：中共不透明擴軍已成區域安全隱憂」，民國 97 年 3 月 31 日，網址：http://news.gpwb.gov.tw/newpage_grey/news.php?css=2&rtype=1&nid=40158

青年日報，「宣揚全民國防今年營區開放時程公布」，民國 98 年 1 月 5 日，網址：http://news.gpwb.gov.tw/newpage_blue/news.php?css=2&rtype=2&nid=69481

汪啟疆（前海軍中將），「從國家安全探討台海戰略關係」，網址：http://www.wufi.org.tw/forum/wan111700.htm

《災害防救法》，民國 97 年 5 月 14 日修正版，網址：http://db.lawbank.com.tw/FLAW/FLAWDAT0201.asp

沈明室，「從中共十七大軍隊人事佈局看中共對台戰略」，刊於《戰略安全研析》第三十一期（民國 96 年 11 月），網址：http://iir.nccu.edu.tw:8080/cscap/pic/newpic/戰略安全研析 No.31.pdf

沈明室，「美國《2008 年中國軍力報告》的延續與新意」，刊於《戰略安全研析》第三十六期（民國 97 年 4 月），網址：http://iir.nccu.edu.tw:8080/cscap/pic/newpic/戰略安全研析 No.36.pdf

林正義，「台海兩岸信心建立措施：『兩岸過渡性協議』」，刊於國策專刊第 11 輯（1999 年 7 月 15 日），網址：http://www.inpr.org.tw/publish/pdf/m11_6.pdf

林正義，「美中台新形勢下的台海安全戰略」（民國 91 年 10 月 20 日），網址：http://www.taiwanncf.org.tw/seminar/20021020/20021020-3.pdf

林正義，「美國國防部《2008 年中國軍力報告》」，刊於《戰略安全研析》第三十六期（民國 97 年 4 月），網址：http://iir.nccu.edu.tw:8080/cscap/pic/newpic/戰略安全研析 No.36.pdf

邵宗海，「兩岸談判，著重實質結果」，民國 97 年 7 月 10 日，網址：http://www.worldjournal.com/wj-forum-news.php?nt_seq_id=1743062&sc_seq_id=81

周力行（佛光人文社會學院教授），「資訊時代的非傳統性軍事衝突」，民國 91 年 5 月 8 日，網址：http://old.npf.org.tw/PUBLICATION/IA/091/IA-R-091-041.htm

吳祥億，「資訊時代對國家安全的挑戰」，刊於民國 97 年 2 月號清流月刊，網址：http://www.moeasmea.gov.tw/public/Data/86310112471.pdf

吳東野，「未來兩岸和平發展的一些觀察」，2008 年 10 月 5 日，網址：http://www.cdnews.com.tw

東森新聞電子報，「國軍 43 次演習、26 次屬三軍聯訓，打破歷年紀錄」，民國 96 年 3 月 20 日，網址：http://news.yam.com/ettoday/politics/200703/20070320046282.html

奇摩新聞，「柏格森點頭，敏感軍售……郭手抄 1 小時」，民國 97 年 2 月 13 日，網址：http://tw.news.yahoo.com/article/url/d/a/080213/2/tdl1.htm

奇摩新聞，「海軍：紀德艦武器沒問題，長期可獲美軍售支援」，民國 97 年 2 月 13 日，網址：http://tw.news.yahoo.com/article/url/d/a/081014/58/17m2g.html

奇摩新聞，「軍機遭竊 台美進行損害控管」，民國 97 年 10 月 14 日，網址：http://tw.news.yahoo.com/article/url/d/a/080213/78/td9p.html

金秀琴，「東亞區域經濟整合之發展及對我國之影響」，網址：http://www.cepd.gov.tw/dn.aspx?uid=1167

軍聞通信社，「國防部三月一日正式依國防二法運作」，民國 91 年 2 月 26 日，網址:http://mna.gpwb.gov.tw/
軍聞通信社，「湯部長今赴立法院進行國防業務報告」，民國 92 年 3 月 10 日，網址：http://mna.gpwb.gov.tw/
軍聞通信社，國軍兵推驗證可「有效嚇阻」敵犯台企圖，民國 96 年 11 月 28 日，網址：http://mna.gpwb.gov.tw/
軍聞通信社，「國軍九十六年重要施政回顧」，民國 97 年 1 月 2 日，網址：http://mna.gpwb.gov.tw/
軍聞通信社，「國防部專案小組針對華府間諜案實施損害評管」，民國 97 年 2 月 12 日，網址：http://mna.gpwb.gov.tw/
軍聞通信社，「戰備演習透明化，國軍公布年度重大演訓」，民國 97 年 3 月 25 日，網址：http://mna.gpwb.gov.tw/
軍聞通信社，「陳肇敏主持軍校畢業生愛國教育開訓」，民國 97 年 6 月 24 日，網址：http://mna.gpwb.gov.tw/
軍聞通信社，「我國常備兵法定役期維持一年不變」，民國 97 年 6 月 25 日，網址：http://mna.gpwb.gov.tw/
軍聞通信社，「漢光演習兵推重點為聯合反擊與反登陸作戰」，民國 97 年 7 月 15 日，網址：http://mn a.gpwb.gov.tw/
軍聞通信社，馬總統勉國軍建立現代專業化、可依靠的戰力，民國 97 年 9 月 2 日，網址：http://mna.gpwb.gov.tw/
軍聞通信社，陳肇敏：無論兩岸情勢如何，國軍戰訓絕不鬆懈，民國 97 年 9 月 8 日，網址：http://mna.gpwb.gov.tw/
軍聞通訊社，「池玉蘭：我向美五項軍購將儘速簽署發價書」，民國 97 年 10 月 4 日，網址：http://mna.gpwb.gov.tw/
軍聞通信社，「陳肇敏：『全募兵制』明年底前完成調整規劃」，民國 97 年 10 月 22 日，網址： http://mna.gpwb.gov.tw/
軍聞通信社，「立法院初審通過兵役法第十六條修正案」，民國 97 年 12 月 3 日，網址：http://mna.gpwb.gov.tw/mnanew/internet/NewsDetail.aspx?GUID=44016
軍聞通信社，「陳肇敏：全募兵制實施期程將延後一年」，民國 97 年 12 月 18 日，網址：http://mna.gpwb.gov.tw/mnanew/internet/NewsDetail.aspx?GUID=44212

軍聞通訊社，「國軍兵力結構調整，提升作戰戰力為考量」，民國 98 年 1 月 20 日，網址：http://mna.gpwb.gov.tw/mnanew/internet/NewsDetail.aspx?GUID=44666

軍聞通信社，「國防部說明國軍九十八年重大演訓規劃」，民國 98 年 2 月 10 日，網址：http://mna.gpwb.gov.tw/mnanew/internet/NewsDetail.aspx?GUID=44916

軍聞通信社，「高華柱：彰顯政戰功能，再創新猷」，民國 98 年 12 月 21 日，網址：http://mna.gpwb.gov.tw/

柯承亨，「國軍常後分立政策未來精進作為」，刊於立法院第 6 屆第 3 會期委員會第 12 次會議紀錄（民國 95 年 4 月 3 日），詳如帥化民立委個人網站，網址：http://www.ans.org.tw/detail_page.php?category=22&sub_category=2&tid=157

政大國際關係研究中心，台灣主要智庫，網址：http://iir.nccu.edu.tw/lib/intlib.htm

徐錫源，「強化自我防衛能力追求兩岸和平穩定」，2008 年 10 月 15 日，國防部網站網址：http://72.14.235.104/search?q=cache:GnDJewlFZJMJ:%E5%9C%8B%E9%98%B2%E9%83%A8.tw/Publish.aspx%3Fcnid%3D65%26p%3D28899+%E5%9C%8B%E9%98%B2%E8%BD%89%E5%9E%8B&hl=zh-TW&ct=clnk&cd=19&gl=tw

海基會，「第一屆兩岸談判人才研習營：定位與目標」，民國 96 年 10 月 19 日，網址：http://www.tass.org.tw/content/view/45/1/

海基會，兩會歷次會談總攬（自 80 年 11 月起，迄 98 年 12 月止）， 網址：http://www.sef.org.tw/lp.asp?CtNode=4306&CtUnit=2541&BaseDSD=21&mp=19

馬英九，「一個 SMART 的國家安全戰略」，發表於「財團法人國家政策基金會」，民國 97 年 2 月 26 日，網址：http://www.npf.org.tw/particle-3939-11.html

馬蕭部落格，「馬英九國防政策」，民國 97 年 4 月 15 日。網址：http://www.ma19.net/policy4you/defence

後備司令部全球資訊網，「後備軍人輔導組織概況」，民國 97 年 4 月 10 日，網址：http://afrc.mnd.gov.tw/Publish.aspx?cnid=1384&p=13731&Level=2

「連胡新聞公報」，2005 年 4 月 29 日，網址：http://old.npf.org.tw/Symposium/s94/940615-3-NS.htm

黃偉偉，「台灣「活路外交」與「務實外交」的區別」，2008 年 9 月 25 日，網址：http://www.chinareviewnews.com

國科會社會科學研究中心補助，中央研究院歐美研究所執行，「二〇二五年國家安全戰略」專案研究（民國 90 年 4 月），網址：http://www.sinica.edu.tw/

國防法規資料庫，《全民防衛動員準備法》，民國 90 年 11 月 14 日，網址：http://law.mnd.gov.tw/Scripts/Query4B.asp?FullDoc=所有條文&Lcode=A007000013

國防法規資料庫，《國防部組織法》（民國 91 年 02 月 06 日修正），網址：http://law.mnd.gov.tw/Scripts/Query4A.asp?FullDoc=all&Fcode=A000000001

國防法規資料庫，《全民國防教育法》，民國 94 年 2 月 2 日，網址：http://law.mnd.mil.tw/Scripts/NewsDetail.asp?no=1A008000013

國防法規資料庫，《召集規則》，民國 95 年 6 月 2 日修正版，網址：http://law.mnd.gov.tw/Scripts/Query4B.asp?FullDoc=所有條文&Lcode=A004000009

國防法規資料庫，《兵役法施行法》，民國 96 年 1 月 3 日修正版，網址：http://law.mnd.gov.tw/Scripts/Query4B.asp?FullDoc=所有條文&Lcode=A004000002

國防法規資料庫，《兵役法》，民國 96 年 3 月 21 日修正版，網址：http://law.mnd.gov.tw/Scripts/Query4B.asp?FullDoc=所有條文&Lcode=A004000001

國防法規資料庫，《後備軍人輔導組織設置辦法》，民國 96 年 5 月 17 日，網址：http://law.mnd.gov.tw/Scripts/Query4A.asp?FullDoc=all&Fcode=A007000020

國防法規資料庫，《國防法》（民國 97 年 8 月 6 日修正），網址：http://law.mnd.gov.tw/Scripts/Query4B.asp?FullDoc=所有條文&Lcode=A000000033

國防部，第三五九次例行記者會答詢資料，民國 94 年 9 月 27 日，網址：http://www.mnd.gov.tw/Publish.aspx?cnid=69&p=7611

國防部，「國防部 96 年度施政績效報告」，民國 97 年 3 月 7 日，網址：http://www.mnd.gov.tw/UserFiles/施政績效報告——本文(1).doc

國防部，「國防部簡介」，民國 97 年 9 月 9 日，網址：http://www.mnd.gov.tw/Publish.aspx?cnid=23&p=38

國防部，民國 95 年國防報告書網路版，網址：http://report.mnd.gov.tw/95/

國防部，民國 97 年國防報告書網路版，網址：http://report.mnd.gov.tw/chinese/a6_1a.html

國防部，國防部中程施政計畫（98 至 101 年度），網址：http://www.mnd.gov.tw/Publish.aspx?cnid=2244&p=29062

國防部後備司令部，「後備軍人輔導組織概況」，網址：http://afrc.mnd.gov.tw/Publish.aspx?cnid=1384&p=13731&Level=2

國家安全會議，「國家安全報告」修訂版（民國 97 年 3 月 26 日），總統府網站《2006 國家安全報告》，網址：http://www.president.gov.tw/download/download.html

國務院台灣事務辦公室，「一個中國的原則與台灣問題白皮書」，2000 年 2 月，網址：http://www.gwytb.gov.cn/bps/bps_yzyz.htm

國立中央大學「台灣教學歷史資料網」，公開之《中美共同防禦條約》，2008 年 12 月 23 日擷取，網址：http://140.115.170.1/Hakka_historyTeach/relation_detail.php?sn=12

「綠營：蕭胡會擱置主權爭議恐埋未來障礙」，網址：http://n.yam.com/cna/politics/200804/20080413037218.html

「陳肇敏：兩岸和解之路國安應列第一優先」，網址：http://tw.news.yahoo.com/article/url/d/a/080930/5/16t3o.html

陳子平，「美國《2008 年中國軍力報告》之剖析」，刊於《戰略安全研析》第三十六期（民國 97 年 4 月），網址：http://iir.nccu.edu.tw:8080/cscap/pic/newpic/戰略安全研析 No.36.pdf

陳勁甫、邱榮守合著，「美國 QDR 運作機制對我之啟示」，刊於《戰略安全研析》第十一期（民國 95 年 3 月），網址：http://iir.nccu.edu.tw:8080/cscap/pic/newpic/戰略安全研析 No.11.pdf

張中勇，「國土安全的定義」，國土安全論壇，網址：http://www.crime.cpu.edu.tw/twhomeland/report.html

「創造雙贏的兩岸關係」，2002 年 8 月 10 日，國家政策研究基金會網址：http://old.npf.org.tw/monthly/series-ns.htm

經濟部工業合作推動小組，「C4ISR 與博勝案工業合作」，民國 94 年 9 月 10 日，網址：http://www.cica.com.tw/doc/icpnews-10.pdf

楊志恆，「武器採購 爭取技轉助益經濟產業」，2004 年 7 月 7 日，網址：http://news.gpwb.gov.tw/project/purches/ap/index_c.htm

楊志恆，「戰後中共與東亞國家軍事衝突原因的研析」，台北市：台灣大學法學院，民國 86 年 8 月 31 日，網址：URL<<Http://aff.law.ntu.edu.tw/china21/yang002.htm.>>

賈慶林，「兩岸談判，先易後難」，民國 97 年 6 月 4 日，網址：http://paper.wenweipo.com/2008/06/04/TW0806040003.htm

維基百科全書，網址：http://zh.wikipedia.org/wiki/%E6%99%BA%E5%BA%AB

監察院國防及情報委員會專案調查研究小組，「中科院、漢翔及中船國防關鍵科技人才流失情形專案調查研究報告」（民國 93 年 5 月），網址：http://www.cy.gov.tw/AP_Home/op_Upload/eDoc/%A5X%AA%A9%AB~/93/0930000101009301387b.PDF

蕭萬長，「兩岸共同市場的理念與實踐」，網址：http://www2.tku.edu.tw/~ti/new-inf/Shiou.pdf

總統府新聞稿，「中華民國第 12 任總統馬英九先生就職演說」，民國 97 年 5 月 20 日，網址：http://www.president.gov.tw/php-bin/prez/shownews.php4?_section=3&_recNo=594

總統府新聞稿，「總統接見美國國會聯邦眾議院交通委員會訪問團」，民國 97 年 8 月 11 日，網址：http://www.president.gov.tw/php-bin/prez/shownews.php4?_section=3&_recNo=213

總統府新聞稿，「總統主持『國軍 97 年軍人節暨全民國防教育日表揚大會』」，民國 97 年 9 月 2 日，網址：http://www.president.gov.tw/php-bin/prez/shownews.php4?_section=3&_recNo=198

總統府新聞稿，「總統府聲明——美國政府同意軍售台灣」，民國 97 年 10 月 4 日，網址：http://www.president.gov.tw/php-bin/prez/shownews.php4?_section=3&_recNo=16

總統府新聞稿，「總統主持中華民國建國 97 年國慶典禮」，民國 97 年 10 月 10 日，網址：http://www.president.gov.tw/php-bin/prez/shownews.php4?_section=3&_recNo=48

總統府新聞稿，「總統參加國軍 97 年重要幹部研習會」，民國 97 年 10 月 21 日，網址：http://www.president.gov.tw/php-bin/prez/shownews. php4?_section=3&_recNo=6

總統府新聞稿，「總統召開中文記者會」，民國 98 年 8 月 18 日，網址：http://www.president.gov.tw/php-bin/prez/shownews.php4?_section=3&_recNo=443

總統府新聞稿，「總統出席『國防部 99 年春節餐會』」，民國 99 年 02 月 10 日，網址：http://www.president.gov.tw/php-bin/prez/shownews.php4?_section=3&_recNo=9

總統府第 6839 期公報（民國 97 年 12 月 30 日華總一義字第 09700282051 號公布）網址：http://www.president.gov.tw/php-bin/prez/showpaper.php4?_section=6&_recNo=86

盧德允，「兵役改革，八年後可能全募兵」，民國 93 年 11 月 15 日，網址：http://yam.udn.com/yamnews/daily/2348931.shtml

聯合報，「郭台生共諜案，美未知會台灣」，民國 97 年 2 月 12 日，網址：http://udn.com/NEWS/NATIONAL/NATS6/4214419.shtml

聯合報，「兩岸談判順序：經濟、和平、國際空間」，民國 97 年 3 月 29 日，網址：http://mag.udn.com/mag/vote2007-08/storypage.jsp?f_MAIN_ID=358&f_SUB_ID=3416&f_ART_ID=1179

聯合報，「五年後全募兵，不當兵要受軍訓」，民國 97 年 8 月 1 日，網址：http://udn.com/NEWS/NATIONAL/NATS6/4451743.shtml

聯合新聞網，「2 千億！美宣布對台 5 軍售」，民國 99 年 1 月 30 日，網址：http://www.udn.com/2010/1/30/NEWS/NATIONAL/NAT2/5397249.shtml

蘇進強，「台海安全與國防戰略（下）」，刊於新世紀智庫論壇第 21 期，民國 92 年 3 月 30 日，網址：http://www.taiwanncf.org.tw/ttforum/21/ 21-01.pdf

蘋果日報，「飛彈不足，兵推國軍慘勝：抗 40 萬共軍，5 天耗 9 百億，我傷亡 30 萬」，民國 95 年 5 月 1 日，網址：http://www.appledaily.com.tw/AppleNews/index.cfm?Fuseaction=Article&NewsType=twapple&Loc=TP&showdate=20060501&Sec_ID=5&Art_ID=2577399

◎英文部分

Office of the Secretary of Defense, “Annual Report to Congress: Military Power of the People Republic of China 2008” http://www.defenselink.mil/pubs/pdfs/China_Military_Report_08.pdf

Yuan, I. 2000. Confidence-Building Across the Taiwan Strait: Taiwan Strait as a Peace Zone Proposal.http:www.brookings.edu/papers/2000/09 northeastasia_yuan.aspx

（二）相關參考網站

中時電子報 http://news.chinatimes.com/
未來中國研究 http://www.future-china.org/index_o.html
台灣新世紀文教基金會 http://www.taiwanncf.org.tw/
史丁生研究中心 URL:<<http://www.stimson.org/cbm/cbmdef.htm>>
行政院大陸委員會 http://www.mac.gov.tw/
自由新聞網 http://www.libertytimes.com.tw/
帥化民立法委員個人網站 http://www.ans.org.tw/detail
財團法人海峽交流基金會 http://www.sef.org.tw/
國務院台灣事務辦公室 http://www.gwytb.gov.cn/
經建會網站 http://www.cepd.gov.tw/m1.aspx?sNo=0001997&key=&ex=%20&ic=
聯合新聞網 http://udn.com/NEWS/main.html
WTO 官方網站 http://www.wto.org/english/tratop_e/region_e/region_e.htm.

國家圖書館出版品預行編目

兩岸和平發展與互信機制之研析 / 李承禹等作
劉慶祥主編. -- 一版. -- 臺北市 : 秀威
資訊科技， 2010.06
面； 公分. -- (社會科學類 ; AF0141)
BOD 版
參考書目 : 面
ISBN 978-986-221-467-1 (平裝)

1. 國家安全 2. 兩岸關係

599.8 99007423

社會科學類 AF0141

兩岸和平發展與互信機制之研析

主　　編 / 劉慶祥
作　　者 / 李承禹　段復初　夏國華　曾復生
　　　　　張延廷　趙哲一　劉慶祥
發 行 人 / 宋政坤
執行編輯 / 林世玲
圖文排版 / 陳宛鈴
封面設計 / 蕭玉蘋
數位轉譯 / 徐真玉　沈裕閔
圖書銷售 / 林怡君
法律顧問 / 毛國樑　律師
出版發行 / 秀威資訊科技股份有限公司
台北市內湖區瑞光路 583 巷 25 號 1 樓
電話：02-2657-9211　傳真：02-2657-9106
E-mail：service@showwe.com.tw

2010 年 6 月 BOD 一版
定價：340 元

讀者回函卡

感謝您購買本書，為提升服務品質，請填妥以下資料，將讀者回函卡直接寄回或傳真本公司，收到您的寶貴意見後，我們會收藏記錄及檢討，謝謝！
如您需要了解本公司最新出版書目、購書優惠或企劃活動，歡迎您上網查詢或下載相關資料：http:// www.showwe.com.tw

您購買的書名：____________________

出生日期：________年________月________日

學歷：□高中（含）以下　□大專　□研究所（含）以上

職業：□製造業　□金融業　□資訊業　□軍警　□傳播業　□自由業
　　　□服務業　□公務員　□教職　□學生　□家管　□其它_____

購書地點：□網路書店　□實體書店　□書展　□郵購　□贈閱　□其他

您從何得知本書的消息？
　□網路書店　□實體書店　□網路搜尋　□電子報　□書訊　□雜誌
　□傳播媒體　□親友推薦　□網站推薦　□部落格　□其他__________

您對本書的評價：（請填代號　1.非常滿意　2.滿意　3.尚可　4.再改進）
　封面設計____　版面編排____　內容____　文／譯筆____　價格____

讀完書後您覺得：
　□很有收穫　□有收穫　□收穫不多　□沒收穫

對我們的建議：____________________

____

____

____

請貼
郵票

11466
台北市內湖區瑞光路 76 巷 65 號 1 樓
秀威資訊科技股份有限公司　收
BOD 數位出版事業部

(請沿線對折寄回，謝謝！)

姓　名：＿＿＿＿＿＿　年齡：＿＿＿＿　性別：□女　□男

郵遞區號：□□□□□

地　址：＿＿＿＿＿＿＿＿＿＿＿＿＿＿＿＿

聯絡電話：(日)＿＿＿＿＿＿＿＿(夜)＿＿＿＿＿＿＿＿

E-mail：＿＿＿＿＿＿＿＿＿＿＿＿＿＿＿＿